国家示范性高等职业院校重点建设专业教材

Zhileng yu Kongtiao

制冷与空调

（轮机工程技术专业）

主编　郑仲金
主审　张端翔［福州民天集团有限公司闽光冷冻厂］

人民交通出版社

内 容 提 要

本书是国家示范性高等职业院校重点建设专业教材。全书共包括8个学习情境，分别是：了解制冷基础、认知制冷设备、应用制冷装置、有关制冷装置的案例分析、了解空调基础、认知空调设备、应用空调装置、有关空调装置的案例分析。每个学习情境分别从三个方面进行论述，包括：目标要求、工作任务、评价反馈。

本书既可以作为高职院校轮机工程技术专业群制冷与冷藏专业学生的教材，也可以作为有关人员的参考读物。

图书在版编目(CIP)数据

制冷与空调/郑仲金主编.—北京：人民交通出版社，2009.8

ISBN 978-7-114-07859-0

I.制… II.郑… III.①制冷技术－基本知识②空气调节设备－基本知识 IV.TB657

中国版本图书馆CIP数据核字(2009)第108257号

国家示范性高等职业院校重点建设专业教材

书　　名：制冷与空调
著 作 者：郑仲金
责任编辑：张　放
出版发行：人民交通出版社
地　　址：(100011)北京市朝阳区安定门外外馆斜街3号
网　　址：http://www.ccpress.com.cn
销售电话：(010)59757969，59757973
总 经 销：北京中交盛世书刊有限公司
经　　销：各地新华书店
印　　刷：北京市密东印刷有限公司
开　　本：787×1092　1/16
印　　张：14.5
字　　数：356千
版　　次：2009年8月第1版
印　　次：2009年8月第1次印刷
书　　号：ISBN 978-7-114-07859-0
定　　价：36.00元

序

2006年是中国高等职业教育的春天。这一年，我国教育部、财政部启动了国家示范性高等职业院校建设计划，高等职业教育首次被定性为中国高等教育发展的一种类型。时代赋予了高等职业教育非常广阔的发展空间。

2006年也是福建交通职业技术学院发展的春天。同年12月，这所有着140多年办学历史的百年老校，被确定为全国首批国家示范性高等职业院校建设单位。这对学校而言，是荣誉更是责任，是挑战更是压力。

国家示范性院校建设的核心是专业建设，而课程和教材又是专业建设的重要内容之一。如何通过课程的建构来推动人才培养模式的改革和创新？教材编写工作又如何与学校人才培养模式和课程体系改革相结合？如何实现课程内容适合高素质技能型人才的培养？这均是我校示范性建设中的重要命题。

难能可贵的是，3年来，在全体教职员工的不懈努力下，我校8个重点建设专业(6个为中央财政支持的重点建设专业)在实验实训条件建设、师资队伍建设、人才培养模式与课程体系改革等方面，都取得了突破性的进展。

更令人欣慰的是，我院教师历经3年的不断探索和实践，为我院的教材建设作出了功不可没的成绩。一系列即将在人民交通出版社出版的国家示范性高等职业院校重点建设专业教材，就是我院部分成果的体现。在这些教材中，既有工学结合的核心课程教材，也有专业基础课程教材。无论是哪种类型的教材，在编写中，我院都强调对教材内容的改革与创新，强调示范性院校专业建设成果在教材中的固化，强调教材为高素质技能型人才培养服务，强调教材的职业适应性。因为新教材的使用，必须根植于教学改革的成果之上，反过来又促进教学改革目标的实现，推进高职教育人才培养模式改革。

培养社会所需要的人，是我院一直不懈的努力方向，而这些教材就是我们努力前行的足迹。

在这些教材的编写过程中，也倾注了相关企业有关专家的大量心血和辛勤劳动，在此谨向他们表示衷心的感谢！

福建交通职业技术学院院长
福州大学博士生导师 沈regarding

前　　言

根据国家示范性高等职业院校建设的精神，结合 STCW78/95 公约的要求，依照《制冷与冷藏技术专业人才培养方案》的大纲，为了培养学生的职业岗位核心能力，我们尝试编写了这本轮机工程专业群制冷与冷藏技术专业的核心课程教材。

本教材体现了以下几个特点：

一、体现了“基于工作过程”的特点。

以“基于工作过程”为主线，由浅到深地安排了八个学习情境，每个学习情境体现了“目标要求”的提出、“工作任务”的安排、“评价反馈”的要求的工作思路。另外，安排两个进行真实案例分析的学习情境，使学习者感到自己是在“有我之境，我于境内”而不是“无我之景，我在景外”地学习了。

二、体现了“工学结合”和“理论与实践交替互动”的特点。

在每个目标要求上，综合地点出“主要知识目标”和“主要能力目标”。

在每个工作任务上，交替地进行“知识点导入”、“理论信息获取”和“实践技能展现”。

在每个评价总结上，重点地提出“内容评价”和“问题反馈”。

三、体现了“校企合作”的特点。

福建交通职业技术学院船政学院教师郑仲金负责编写学习情境 1、2、5、6 的内容并进行全书统稿；福建交通职业技术学院船政学院教师方小明参与编写学习情境 3、7 的内容；福建海事局葛晓峰轮机长参与编写学习情境 4、8 的内容；福州民天集团有限公司闽光冷冻厂副厂长张端翔高级工程师负责审阅了本书的全部内容。

四、体现了“精简实用”的特点。

依照制冷专业的相关大纲，简单系统地对相关内容进行归纳总结；同时，相关职业技能的切入引出尽量符合高职学生的认知规律，方便学生掌握运用，使之具备进行解决实际问题的各种相关能力。

本教材适合于“工学结合、校企合作”的培养模式，适应于制冷专业学生的能力培养要求，适用于相关院校单位有关人员的参考使用。

感谢各位朋友的大力支持，他们的热情关心和积极帮助使我们在编写此书时受益匪浅。

由于编者学识有限，书中难免存在不妥之处，恳请各位专家批评指正。

编者

2009 年 6 月于福州

目　　录

学习情境1　了解制冷基础 …… 1
目标要求 …… 1
工作任务1.1　制冷相关知识的预备 …… 1
工作任务1.2　制冷相关方法的简介 …… 7
工作任务1.3　单级压缩式制冷原理的分析 …… 11
工作任务1.4　单级压缩式制冷循环的分析 …… 15
工作任务1.5　单级压缩式制冷工况的分析 …… 24
工作任务1.6　两级压缩式制冷的介绍 …… 30
工作任务1.7　制冷剂的介绍 …… 35
工作任务1.8　载冷剂的介绍 …… 46
工作任务1.9　制冷系统的介绍 …… 49
评价反馈 …… 54
学习情境2　认知制冷设备 …… 55
目标要求 …… 55
工作任务2.1　制冷压缩机的拆装维护 …… 55
工作任务2.2　冷凝器的拆装维护 …… 81
工作任务2.3　节流阀的拆装维护 …… 85
工作任务2.4　蒸发器的拆装维护 …… 93
工作任务2.5　辅助设备的拆装维护 …… 97
工作任务2.6　自控设备的拆装维护 …… 108
评价反馈 …… 115
学习情境3　应用制冷装置 …… 116
目标要求 …… 116
工作任务3.1　制冷装置的匹配 …… 116
工作任务3.2　制冷装置的验收 …… 120
工作任务3.3　制冷装置的操作 …… 123
工作任务3.4　制冷装置的维护 …… 125
工作任务3.5　制冷装置的故障排除 …… 131
评价反馈 …… 134
学习情境4　有关制冷装置的案例分析 …… 135
目标要求 …… 135
工作任务4.1　船舶制冷压缩机起停频繁的解决 …… 135
工作任务4.2　船舶伙食冷库温度异常的解决 …… 137
评价反馈 …… 140
学习情境5　了解空调基础 …… 141

目标要求…………………………………………………………………………………………… 141
工作任务 5.1　空调相关知识的预备 …………………………………………………………… 141
工作任务 5.2　空气基本理论的简介 …………………………………………………………… 146
工作任务 5.3　空调负荷和送风量的确定 ……………………………………………………… 150
工作任务 5.4　空调原理的分析 ………………………………………………………………… 154
工作任务 5.5　一次回风式空调循环的分析 …………………………………………………… 156
工作任务 5.6　空调系统的介绍 ………………………………………………………………… 160
评价反馈…………………………………………………………………………………………… 164
学习情境 6　认知空调设备 ……………………………………………………………………… 165
目标要求…………………………………………………………………………………………… 165
工作任务 6.1　热源设备的拆装维护 …………………………………………………………… 165
工作任务 6.2　冷源设备的拆装维护 …………………………………………………………… 173
工作任务 6.3　空气热湿处理设备的拆装维护 ………………………………………………… 180
工作任务 6.4　空气输送设备的拆装维护 ……………………………………………………… 187
工作任务 6.5　空气分配设备的拆装维护 ……………………………………………………… 193
工作任务 6.6　空气自控设备的拆装维护 ……………………………………………………… 201
评价反馈…………………………………………………………………………………………… 206
学习情境 7　应用空调装置 ……………………………………………………………………… 207
目标要求…………………………………………………………………………………………… 207
工作任务 7.1　空调装置的操作 ………………………………………………………………… 207
工作任务 7.2　空调装置的管理 ………………………………………………………………… 211
评价反馈…………………………………………………………………………………………… 212
学习情境 8　有关空调装置的案例分析 ………………………………………………………… 213
目标要求…………………………………………………………………………………………… 213
工作任务 8.1　船舶空调主机损坏的解决 ……………………………………………………… 213
工作任务 8.2　船舶空调蒸发器结霜的解决 …………………………………………………… 218
评价反馈…………………………………………………………………………………………… 221
附图一　R22 的压焓图…………………………………………………………………………… 222
附图二　空气的焓湿图…………………………………………………………………………… 222
参考文献…………………………………………………………………………………………… 223

学习情境1　了解制冷基础

目标要求

主要知识目标	主要能力目标
1. 食品冷藏原理； 2. 制冷的应用、定义和分类； 3. 物质相变制冷法； 4. 单级蒸气压缩式制冷装置的组成和原理； 5. 制冷剂的压焓图； 6. 理论制冷循环及其压焓图的表示； 7. 制冷循环的热力计算； 8. 冷凝温度变化对装置性能的影响； 9. 蒸发温度变化对装置性能的影响； 10. 制冷压缩机的名义工况； 11. 多级压缩式制冷的必要性； 12. 两级蒸气压缩式制冷循环的形式； 13. 制冷剂的要求和特性； 14. 制冷剂的种类和分类； 15. 载冷剂的要求和特性； 16. 制冷系统的分类； 17. 制冷系统的设备及作用	1. 具备制冷方法的选择的能力； 2. 具备制冷装置中蒸发压力和冷凝压力的判断的能力； 3. 具备制冷循环的制冷量、轴功率和制冷系数的计算的能力； 4. 具备装置性能影响因素的判断的能力； 5. 具备两级蒸气压缩式制冷循环的比较分析的能力； 6. 具备制冷剂的选用的能力； 7. 具备载冷剂的选用的能力； 8. 具备单级压缩制冷系统的比较的能力

工作任务1.1　制冷相关知识的预备

● 知识点导入

理论知识点	实践知识点
1. 温度与物态关系； 2. 食品冷藏原理； 3. 制冷的应用； 4. 制冷的定义和分类； 5. 制冷的发展史	制冷相关知识应用的调研技能

● 理论信息获取

一、温度与物态关系

在夏天奔泻呼啸的黄河到冬天可以走汽车；人们天天呼吸的空气到零下196℃都会变成

液体,如果进一步降温到零下 217℃,则空气也冻成了坚硬的固体。总之,随着温度降低,人们生存必需的氧气,用于电弧焊接保护的氩气,占空气 77% 的氮气,充霓虹灯的氖气和充灌气球的氢气都相继液化和冻结。氦气是最后被液化的气体,在大气中氦气含量不到百万分之一,原先只在太阳光谱中发现氦的谱线,后来也发现在铀矿和天然气中存在,由于它的液化温度低,直到 20 世纪初才被液化,液氦在大气压下无论如何降温也不冻结成固体,只有在 25 个大气压以上才会凝结成固体。

由上面叙述可见,随着温度降低,室温时的气态物质可以转化成液态、固态。如果升高温度(数百万度),气态可以转化为等离子态,所有原子和分子游离成带电的电子和正离子,人们常称等离子态为物质的第四态。一些金属、合金、金属间化合物和氧化物,当温度低于临界温度时出现超导电性(即零电阻现象)和完全抗磁性(把磁力线完全排除出体外现象)。液氦温度低于零下 271℃时还出现超流现象,液体的黏度几乎为零,杯子内的液氦会沿器壁爬到杯子下面,液体的传热系数比铜还好。上述两种现象可称为超导态和超流态,人们常把超导态和超流态称为物质的第五态。

那么低温是否有尽头?对此问题英国科学家开尔文在 1848 年已做了回答,从理想气体的压力、体积与温度的关系式,他推论绝对温标的 0°是低温的尽头。所谓绝对 0°,即摄氏零下 273.15℃(记为 0 K,绝对温度 = 摄氏温度 + 273.15),正如理论上所说它是分子运动完全停止的温度。在自然界,运动是物质存在的形式,运动是物质的固有属性,要物质的热运动完全停止是办不到的,但人们可以不断地接近绝对零度。

二、食品冷藏原理

(一)食品贮藏的条件

1. 合适的温度

低温是食品冷藏最重要的条件。低温可以抑制微生物的活动,并抑制水果、蔬菜等的呼吸,延缓其成熟。储藏冻结的肉、鱼类食品的船舶伙食冷库习惯称为低温库。长航线航行的船舶低温库储藏温度以 -20 ~ -18℃为宜,肉类能较长时间(半年以上)保存;短航线冷冻食物保存期不超过 2 ~ 3 个月,库温控制在 -12 ~ -10℃较为经济。库温保持在 0℃以上的船舶伙食冷库习惯称为高温库,其中菜库温度多保持在 0℃ ~ 5℃,粮库可选择为 15℃左右。

2. 合适的湿度

相对湿度过低会使未包装的食品因水分散失而干缩;而湿度过高又使霉菌容易繁殖,但对冷冻食物影响不大。因此,高温库适宜的相对湿度为 85% ~ 90%,低温库可保持在 90% ~ 95%。冷库一般在降温过程中能保持适宜的湿度,不需要专门调节。

食品在冷藏期间会发生干缩。这是因为食品在降温过程中温度比库温高,其表面的水蒸气分压力高于冷库内的水蒸气分压力,因而食品的水分不断散失。食品干缩速度不仅取决于库内空气的含湿量,还与库内空气流速及食品的性质、外形和包装方式有关。侵入库内的热量越多,制冷装置工作的时间越长,则食品的水分转移到制冷蒸发器表面的霜露就越多。

3. 合适的二氧化碳和氧气浓度

蔬菜和水果在储存期间的呼吸作用将不断消耗 O_2,并使 CO_2 的浓度增高。适当减少 O_2 和增加 CO_2 的浓度,能抑制水果蔬菜呼吸和微生物的活动,储藏期可比普通冷藏库延长 0.5 ~ 1 倍,但如果 CO_2 浓度过高呼吸就会过弱,菜、果反而更快变质腐烂。菜、果库一般以 CO_2 浓度控制在5% ~8%(大气中含量约为0.4%)、O_2 浓度控制在2% ~5%为宜。

船舶冷库采用适当的通风换气来保持合适的气体成分。所谓舱室的换气次数是指更换了相当于多少个舱室容积的新鲜空气量。果蔬类冷藏舱或冷藏集装箱的换气次数以每昼夜2~4次为宜。船上菜库由于每天开门存取食品,一般无须特意换气。

4. 合适的臭氧浓度

臭氧是分子式为 O_3 的气体,它在一般条件下极易分解,即 O_2 + [O],产生的单原子氧其氧化能力很强,能使细菌、霉菌等微生物的蛋白质外壳氧化变性而死亡。臭氧除杀菌作用外,还可抑制水果的呼吸,防止其过快成熟,这是因为水果在呼吸时会放出少量的乙烯,对水果有催熟作用,而臭氧能使乙烯氧化而消除。此外,臭氧还有除臭作用。但臭氧也会使奶制品和油脂类食物的脂肪氧化,产生脂肪酸而变质,故目前在船上臭氧多用于菜库。

臭氧可由臭氧发生器产生,它是利用两个金属电极间的高压放电,使空气中的氧气转变成臭氧,这和夏季雷雨时天空中的闪电能使大气产生臭氧一样。臭氧发生器宜装设在冷库高处,因为臭氧在空气中相对密度较大,放在高处有利于臭氧散播。

臭氧一般来说是无毒安全的,呼吸0.1ppm以下体积分数的臭氧对人体还有保健作用。但由于其强氧化作用,体积分数超过1.5ppm(空气中含量约 $2mg/m^3$)时,会刺激人的呼吸道黏膜并使人头疼,故进冷库前应停止臭氧发生器的工作。国际臭氧协会制定的卫生标准是0.1ppm,接触不超过10h(我国标准是0.15ppm,不超过8h)。臭氧体积分数达到0.02ppm时嗅觉灵敏的人可嗅到草腥味,体积分数超过0.15ppm时一般人都能嗅出。

在上述4个条件中,温度条件是最主要的,其他条件并不是所有冷库都具有的。

(二)食品冷藏的原理

食品变质的原因,主要是由外部的微生物(细菌、霉菌、酵母菌)和内部的酶引起的。在一定的范围内,利用低温抑制微生物的繁殖和降低酶的活性而使食品能保存较长时间不致变质,这就是食品冷藏的基本原理。

对于植物性食品,腐烂的主要原因是呼吸作用的影响,例如水果和蔬菜在采收后贮藏时,虽然不再继续生长,但它们仍然是有生命的机体,具有呼吸作用,而呼吸作用能抵抗微生物的入侵。如呼吸过程中的氧化作用,能把微生物分泌的水解酶氧化成无害物质,使水果和蔬菜的细胞不受其害,从而阻止微生物的入侵。因此呼吸作用能控制机体内酶的作用,防止外界微生物的入侵而引起食品的发酵和腐败。但是,呼吸作用要消耗体内物质,使活体逐渐衰老和干枯。因此,要长期贮藏植物性食品,必须维持它们的活体状态,又要减弱呼吸作用。低温能减弱水果和蔬菜类食品的呼吸作用,延长贮藏期限;但温度过低,会使它们冻死,这就要求有合适的冷藏温度。

鱼、肉、禽等动物性食品在贮藏时是无生命的,构成物体的细胞都已死亡,所以不能控制引起食品变质的酶的作用,也不能抵抗引起食品腐败的微生物作用。低温可以抑制酶的作用,也能阻止微生物的繁殖和生长,使食品内部的化学变化变慢,在较长的时间内能维持新鲜状态。因此,动物性食品的贮藏温度越低,保存的时间就越长。但是在冻结温度以上是不能取得明显效果的,因此必须在冻结点以下贮藏才有效。

(三)食品冷藏的方法

1. 冷却

冷却是在大于0℃的环境中对食品作降温处理。其特点是食品内部组织变化大,微生物有一定繁殖能力,保存期短。

2. 冻结

冻结是在低于0℃的环境中对食品作降温处理。其特点是微生物基本停止繁殖,食品保存期长。其中,速冻是指食品在极短时间内冻结,食品内在质量受影响小;冷冻是指食品在较长时间内冻结,食品内在质量受影响大。

三、制冷的应用

低温可以长期保存食物,城市需要冷库,家庭拥有冰箱……,除了最常见的食品冷藏之外,低温还应用于其他各个方面,概括一句话,就是:“大到海陆空、小到吃穿用”。而低温的产生,正是制冷的结果,制冷技术的应用结果和制冷工程的发展结果。

(一)食品业

“民以食为天”,全世界每年消耗的食品数量可达数十亿吨,由于食品的生产具有季节性,大部分食品无法立即消耗掉,因此,必须通过各种方法加以储存,常用的方法有:腌制法(如咸肉、咸鱼、各种蜜饯等);干制法(如肉干、鱼干、笋干、香菇等);酸制法(如酸奶等);罐制法(如各种罐头食品,也叫“高温消毒灭菌法”)。但以上这些方法,在保持食品原有的“色、香、味、质”等方面均不理想,而通过对食品的冷却、冻结来保鲜食品,就能很好解决这个问题。一个国家如果没有食品冷藏业是不可想象的。例如,20世纪70年代美国人曾提出氟利昂对环境有污染,某些国会议员提出议案,要求禁止使用氟利昂,但是经过调查取证后发现,如果在当时就禁止使用氟利昂,美国的食品业将受到严重的打击,最后该议案被否决了,从这个例子可以看出制冷技术对食品工业的重要性。

(二)水产渔业

水产品味道鲜美、营养价值高,人人喜欢吃。可是,要提高水产品的产量,除了发展养殖业外,还应加强水产品的远洋捕捞,这同样与制冷有关。因为在远洋捕捞的同时,必须进行水产品的冷冻和冷藏,才能形成一个有效的“冷藏链”。即使是近海捕捞,也必须通过人工制冰来冷却保鲜被捕捞的水产品。

(三)工业

在工业领域制冷技术的应用更为广泛,如纺织厂生产车间离不开空调,印刷厂如果控制不好空气的相对湿度,印刷品的质量将得不到保证(重影字),电子工业中利用制冷技术对一些电子元器件进行低温优质处理,以提高其可靠性,此外,气体的分离、液化,石化产品的脱蜡也必须借助于制冷技术。在核工业中,制冷技术被用来控制核反应速度,吸收核反应过程放出的大量热量,否则后果将不堪设想,例如,1987年,苏联的切尔诺贝利核电站发生严重的泄漏事故,就与其冷却系统出故障有关,所以,制冷技术在核工业中的地位同样很重要。

(四)农业

在农业方面,化肥是粮、棉生产中必不可少的,而化肥的生产离不开制冷技术,例如,一个年产量5000t的合成氨厂,大约需要230kW的标准制冷量。此外,低温育种、良种保存、人造雨雪也和制冷技术有关。

(五)医药、卫生业

在医药卫生业方面,各种人体器官的低温保存、某些药品的生产都需要制冷技术和低温技术来保证;另外,心脏外科、肿瘤、白内障以及扁桃体等的低温手术(即所谓的“冷手术刀”),可为病患免去痛苦,应用前景十分广泛。

(六)军工、航天业

在军工航天业方面,各种航天器的材料必须在一个模拟的低温环境下进行试验,以检验其在太空低温条件下的性能，否则，如果因为材料性能的下降而导致航天器的损坏，后果不堪设想。一个非常惨痛的教训发生在1986年，美国航天飞机"挑战者号"发射升空73s后爆炸，震惊世界！事后调查发现，是由于火箭助推器液体燃料箱的密封圈在低温环境下发生断裂，使得液体燃料外泄而酿成的惨祸。此外，航天飞机助推火箭所使用的燃料（液氢、液氦），如我国长征系列火箭所采用的液氢等都是利用低温技术获得的。

(七)电脑芯片业

1971年INTEL公司生产的第一个芯片只含2300个晶体管，奔腾4则集成了4200万个晶体管。然而，随着晶体管集成度的提高，芯片耗能和散热问题日益突出，如得不到解决，当芯片上集成了2亿个晶体管时，就会热得像"核反应堆"。

据介绍，传统的芯片散热方法有安装风扇和外置散热片，但随着计算机等设备日益小型化，传统方法已经很难继续提高散热能力。信息技术产业正在实验新的冷却技术，包括新型的液体冷却剂、与芯片成为一体的内置散热管以及制造耗能低的晶体管。

(八)日常生活

制冷技术在日常生活中的应用有目共睹，大家体会最深的就是电冰箱和空调器进入家庭，给人们生活带来的方便。此外，在文化、体育等领域，也能见到制冷技术的影子，如摄影棚内的空调、人工雪景的布置、室内滑冰场的制冷等等。

正是由于低温技术不仅与人们当代高质量生活息息相关，同时与世界上许多尖端科学研究（诸如超导电技术、航天与航空技术、高能物理、受控热核聚变、远红外探测、精密电磁计量、生物学和生命科学等）密不可分。因此，必须大力发展制冷技术。

(九)运输船舶

1. 伙食冷藏

船舶航程越远，需携带的食品越多，储藏时间也越长。一般的船舶为了储存食品，大多设有伙食冷库和相应的制冷装置，用于船员、旅客的伙食冷藏。

2. 空气调节

现代船舶为了能向船员和旅客提供适宜的生活条件和工作环境，一般都装有空气调节装置。制冷装置为空气调节提供了必需的冷源。

3. 冷藏运输

现代船舶在运输过程中为了满足生产和特殊设备的需要，实现其特殊功能，设有专用的制冷装置。如冷藏船、冷藏集装箱设有专门的制冷装置。

四、制冷的定义和分类

制冷就是用人工方法从低于环境温度的对象（空间或物体）中吸取热量，并最终将其转移给环境介质的过程。制冷的目的是为了获得低温，低温是相对于环境温度而言的。

制冷技术是一门研究人工制冷的原理、方法、设备及应用的科学技术。它是为适应人们对低温的需要而产生和发展起来的。

制冷工程是制冷机及其主要设备与系统的设计、制造、应用及其操作技术的总称。制冷工程已广泛应用于国民经济的各个领域。

制冷的温度区间大致分为：

(1)常温～120K，为普通冷冻区间（简称"普冷"），在此区间应用"制冷技术"进行制冷（制取冷量）。

(2)120～0.3K，为低温冷冻区间（简称"低温"），在此区间应用"低温技术"获得低温（气体的液化）。

（3）0.3～0K，为超低温冷冻区间（简称“超低温”），在此区间应用“超低温技术”获得低温（低温物理研究）。

五、制冷的发展史

（一）19世纪以前——“萌芽阶段”

严格来说，19世纪以前的制冷还不能叫做人工机械制冷，而是人类利用天然冷源（如冰、雪或地下低温水）来防暑降温和保鲜食品的“天然冷却”。

早在3000多年以前，我国人民就已开始懂得利用冬季的天然冷源防暑降温和保鲜食品。如《诗经》上就曾经记载过：“凿冰冲冲、纳于陵阴”，指的是“在冬季时挖掘天然冰，贮存在冰窖之中。”这里所谓的“陵阴”，就是“冰窖”。

到了三国时代，曹操已经把用冰冷却和用炭加热取暖，像对待粮食和食盐一样作为战备手段加以利用，并在山东临漳建造了规模达140间的大型贮冰间。

最著名的还是在明朝，为了建造十三陵（明陵）而采用所谓“百步一井”的方法。即从采石场到建筑工地，每隔一段距离挖一口井，晚上抽取井水浇在路面上，利用冬季寒冷的夜晚，把路面冻结成光滑的滑冰道，然后把数吨重的巨石沿着滑冰道拖运到建筑工地，从而解决了当时缺少大型运输工具的困难。

国外，在天然用冷方面也有广泛记载。如古埃及史书上曾记载过用天然冰冷却法老尸体的情形，16世纪末，西方国家还发明了“冰盐冷却效应”，可获得0℃以下的低温。

总之，在很久远以前人类就已经懂得天然冷却的方法，虽然，天然冷却与人工机械制冷还有较大的差别，但仍可看作是制冷技术的“萌芽阶段”。

（二）19世纪中叶～20世纪30年代——“形成阶段”

从19世纪中叶开始，人工机械制冷进入了发展阶段，并在短短的几十年时间里，形成了多种流派，产生了一次飞跃。

1834年美国人波尔金斯研制出第一台以乙醚为工质的制冷机，此制冷机可看成是现代制冷机的雏形，该机获得了英国专利。

1844年美国人约翰·格林研制出以空气为工质的制冰机，该机为手动操作，主要用来人工制冰，获得了美国专利。

1852年美国人尼斯取得了冷库设计的第一个美国专利。

1862年法国人卡里制造成功第一台吸收式制冷机，为有别于压缩式的另一种流派。尽管在此后的近百年的时间里，吸收式制冷机发展缓慢，但是，自20世纪70年代以来，能源危机问题引起世人的关注，使得可提高一次能源利用率的吸收式制冷机重获青睐，得到了迅速的发展，大有取代压缩式制冷机之势。

1874年德国人卡尔·林德设计成功氨蒸气压缩制冷机，该机被认为是现代制冷机的始祖，对制冷技术的发展起了重大的推动作用，产生了一次重大飞跃。时至今日氨蒸气压缩制冷仍得到了广泛的应用，我国大中型冷库均采用此类制冷机。

1890年又出现了另一种流派蒸汽喷射式制冷，但由于其温区较窄（0℃以上），而且容量较大、效率较低，所以，未能得到广泛应用。

1918年美国工程师考布兰发明并制造成世界第一台电冰箱，为制冷机进入家庭及公共场合奠定了基础。

总之，这一阶段是制冷技术的形成阶段，出现了多种流派，但是，因为当时的科学技术水平较低,所以制冷技术的发展也受到了一定限制。

(三)20世纪30年代至今——"发展阶段"

从20世纪30年代开始,制冷技术进入了又一个飞跃发展阶段。原因有两条:其一,1874年卡尔·林德设计成功氨蒸气压缩制冷机以来,由于当时的压缩机用蒸汽机带动,转速较低,而且当时的机械制造水平低,制冷装置笨重原始、体积庞大、效率很低,从而限制了制冷技术的进一步发展。20世纪30年代,随着电动机的大量应用,由电动机带动的压缩机也应运而生,同时随着机械制造水平的提高,制冷压缩机逐步向高速、多缸和自动化方向发展,从而促进了制冷技术的快速发展;其二,20世纪30年代初(1929年),美国人密奇莱在通用电气公司实验室发现了氟利昂新工质(R12),氟利昂作为制冷剂有许多优点,特别是为制冷装置进入家庭及公共场合创造了条件。当然,20世纪80年代以后,由于发现氟利昂对大气臭氧层有破坏作用,又提出了氟利昂的禁用问题,但无论如何,作为制冷剂,氟利昂的热力性质是优异的,它对制冷技术的发展起了积极的推动作用。

1951年半导体制冷技术的开发及应用为制冷技术又开拓了一个新领域,它对卫星、激光、航天技术等高科技的进一步发展,提供了一定的技术保证。

- **实践技能展现**

制冷相关知识应用的调研技能如下:

在课余时间,依照个人的兴趣,结合实际的条件,对你周围的制冷相关知识的应用情况进行了解调查,最后形成调研报告。

工作任务1.2　制冷相关方法的简介

- **知识点导入**

理论知识点	实践知识点
1. 物质相变制冷法; 2. 气体膨胀制冷法; 3. 气体涡流制冷法; 4. 热电制冷法; 5. 热声制冷法; 6. 磁制冷法	制冷方法的选择技能

- **理论信息获取**

一、物质相变制冷法

物质相变制冷法是利用制冷剂的物理状态(固态、液态、气态)的变化过程所发生的吸热现象而获得冷效应的一种制冷方法。

(一)利用溶解过程(固态→液态)制冷

如冰及盐的混合物,即冰盐合剂。冰盐冷却就是利用冰盐融化过程的吸热。冰盐融化过程的吸热包括冰融化吸热和盐溶解吸热这两种作用。起初,冰吸热在0℃下融化,融化水在冰表面形成一层水膜；接着，盐溶解于水，变成盐水膜，由于溶解要吸收溶解热，造成盐水膜的温度降低；继而，在较低的温度下冰进一步溶化，并通过其表层的盐水膜与被冷却对象发生热交换。这样的过程一直进行到冰的全部融化，与盐形成均匀的盐水溶液。冰盐冷却能到达的低温程度与盐的种类和混合物中盐与水的比例有关。三份冰和一份食盐可产生 -20℃低温；二份冰和一份浓硝酸可达 -56℃低温。

（二）利用升华过程（固态→气态）制冷

如二氧化碳（干冰），温度 -78.9℃。由于其导热力差，应将它混在一种适当的液体（如丙酮、酒精、三氯乙烯等）中使用。早在 19 世纪，干冰冷却就用于食品工业、冷藏运输、医疗、人工降雨、机械零件冷处理和冷配合等方面。

（三）利用蒸发过程（液态→气态）制冷

在日常生活中我们都有这样的体会，如果给皮肤上涂抹酒精液体时，就会发现皮肤上的酒精很快干掉，并给皮肤带来凉快的感觉，这是什么原因呢？是因为酒精由液体变为气体时吸收了皮肤上热量的缘故。由此可见，液体气化时要从周围物体吸收热量。因此，使常温下的高压冷凝液体经过节流降压，达到较低的温度；再让液体在低压下蒸发，即可产生冷量而对被冷却物体制冷。

本方法的应用目前占绝对优势。

根据低压蒸气再循环方式的不同，目前主要分为 4 种系统。

1. 蒸气压缩式制冷系统

依靠压缩机的作用改变制冷剂的压力以实现制冷循环的制冷系统。主要由压缩机、冷凝器、节流或膨胀装置、蒸发器等组成封闭的制冷系统。工质（单一或同时两种制冷剂）在系统中循环工作。

2. 液体吸收式制冷系统

依靠吸收器—发生器组的作用改变制冷剂的压力以实现制冷循环的制冷系统。主要由发生器、吸收器、冷凝器、节流装置、蒸发器等组成封闭的制冷系统。工质（制冷剂和吸收剂）在系统内循环工作。

工质为二元溶液，其中低沸点组分作为制冷剂，用以蒸发制冷；高沸点组分作为吸收剂，利用其对制冷剂蒸气的吸收作用完成工作循环。

按所用工质的种类，吸收式制冷系统主要分氨—水吸收式和溴化锂—水吸收式两种；也有用氨—水—氢三组分工质的，称为吸收—扩散式制冷系统。

3. 蒸气喷射式制冷系统

依靠喷射器的作用改变制冷剂的压力以实现制冷循环的制冷系统。主要由喷射器、冷凝器、节流阀、蒸发器等组成制冷系统。它只用单一工质工作，不存在介质与制冷剂的分离问题，使制冷机工作过程简化。通常用水为制冷剂，可以制取空调或生产工艺需要的 0℃以上的低温。

4. 固体吸附式制冷系统

依靠吸附剂的作用改变制冷剂的压力以实现制冷循环的制冷系统。主要由吸附床、单向阀、冷凝器、蒸发器等组成封闭的制冷系统。工质（制冷剂和吸附剂）在系统内循环工作。一般的吸附系统只能间歇制冷，吸附器处于吸附过程中产生冷效应，脱附过程使吸附剂状态还原，这时将停止制冷。为了连续制冷，可以采用两个吸附器。

已研究的吸附工质对（吸附剂—制冷剂）主要有：沸石—水；硅胶—水；活性炭—甲醇；金属

氢化物—氢;氯化锶—氨,这些是物理吸附的工质对;还有化学吸附的工质对,如氯化钙—氨。

二、气体膨胀制冷法

气体膨胀制冷法是利用焦耳—汤姆逊效应(气体在节流过程中发生温度变化)在高压气体绝热膨胀过程中获得冷效应的一种制冷方法。

通过这一原理制冷的典型应用有制氧、空气分离;氦气、氮气和天然气等气体液化。应用制冷范围为 -259 ~ -100℃。历史上第一次实现的气体制冷机是以空气作为工质的,称为空气制冷机。脉管制冷机的理论和实验研究工作亦在不断进行中。

三、气体涡流制冷法

气体涡流制冷法是利用压缩气体通过涡流管产生涡流所分离出来的冷气流获得冷效应的一种制冷方法。

利用涡流,使气体分离成冷、热两部分,利用其中的冷气流即可获得冷量。应用制冷范围在 -20℃以上。这种设备体积小,可靠耐用,但制冷效率较低,适用于有压缩气源的场合。目前,在涡流管制冷器制冷、便携式空调、气体混合物分离、气体干燥、电子元件和仪表等的冷却,以及机械加工中的冷却等领域获得了应用。

四、热电制冷法

热电制冷法是利用热电效应/帕尔贴效应(直流电通过两种不同的导体或半导体交换处产生温差)获得冷效应的一种制冷方法。

在不能使用普通制冷剂和制冷系统的特殊场合以及小容量、小尺寸的制冷工作条件下,热电制冷显示出它的优越性,已成为现代制冷技术的一个重要组成部分。目前热电制冷技术主要应用于车辆、核潜艇、驱逐舰、深潜器、减压舱、地下建筑等特殊环境下使用的热电空调、冷藏和降湿装置;各种仪器和设备中使用的小型热电恒温制冷器件;工业气体含水量的测定与控制;保存血浆、疫苗、血清、药品等药用热电冷藏箱与半导体冷冻刀等。

五、热声制冷法

热声制冷法是利用热声效应(当声波所引起的压力、位移及温度的波动与一固体边界相作用时,就会发生明显的声波能量与热能的转换)获得冷效应的一种制冷方法。

美国科学家认为声谐振驻波和表面泵热效应的组合可以形成一种完全新型的"自然发动机"。气体热声效应、固体介质与气流之间所需的时均相位差是通过自发不可逆过程,尤其是有限传热温差得到的。通常的制冷循环需要提供外在的机械部件来保证循环中各过程的切换,而热声制冷机能自发调节相位,从而自动在各循环过程中进行切换。因此,热声制冷机具有部件少、成本低、结构简单、可靠性强等优点。1986 年,Hofler 设计并制作了一实验热声制冷机。这是世界上第一台有效的热声制冷机,它以扬声器驱动发声,在 3W 的热负荷下,其制冷系数达到卡诺系数的 12%,制冷温度可达 -50℃。

六、磁制冷法

磁制冷法是利用磁热效应(磁性物质在磁场作用下绝热磁化时升温,绝热退磁时降温)在顺磁体绝热去磁过程中获得冷效应的一种制冷方法。

在极低温领域(毫 K 级至 16K 范围)磁制冷发挥了很大作用。现在低温磁制冷技术比较成熟。美国、日本、法国均研制出多种低温磁制冷冰箱,为各种科学研究创造极低温条件。例如用于卫星、宇宙飞船等航天器的参数检测和数处理系统中,还用在氦液化制冷机上。而高温区磁制冷尚处于研究阶段。但由于磁制冷不要压缩机、噪声小、小型、量轻等优点，进一步扩大其高温制冷应用很有诱惑力，目前国内外十分重视高温磁制冷的开发。

- **实践技能展现**

制冷方法的选择技能如下：

各种制冷方法各有其特点，在工程设计中，要根据特定的制冷要求选择一种合理的制冷方法，显然必须进行深入的调查分析，全面综合比较才能确定。

一、消耗能量的形式

制冷过程需要消耗大量的能量。因此，从节能的角度，选择制冷方法时首先应考虑能量消耗问题，当要求的制冷量大时更是如此。消耗能量的形式直接与制冷方法有关。各种制冷方法中消耗的能量可分为两大类：一类是消耗电能或机械能，另一类是消耗热能。当要求制冷的场合有廉价热能可利用，尤其是有废热、余热可以利用时，首先应考虑采用消耗热能的制冷方法。即此时应优先考虑用吸收式和蒸汽喷射式制冷，这对于节能和节电都有重要意义，并且有最佳的经济效益。

二、适用温度范围

各种制冷方法各有其适用的低温范围。因此，只有正确地选择了制冷方法，才能满足所设计工程的具体温度要求。例如，蒸汽喷射式制冷不能获得0℃以下的低温。

三、一次性投资

对于用户而言，在达到相同制冷要求时，显然一次性投资越少越好。实践表明，对于相同的制冷量、相同的温度范围，不同的制冷方法一次性投资是不相同的，有时甚至相差很大。因此，除了典型的常规情况外，应该对各种不同的制冷方法进行比较分析。尤其当对设计的制冷工程有特殊要求时，更应深入分析各种不同方案。

四、运行管理费

对于制冷量大，全年运行时间长的制冷装置，显然运行管理费的高低极其重要，甚至比一次性投资更加重要。设计者和用户往往对一次性投资比较重视，对于长年运行费重视不够。由于各种制冷方法特点不同，全年运行管理费也不相同，设计选择时应该对各种方案做细致的分析比较。

五、运行的可靠性

根据制冷对象的不同，对制冷过程运行的可靠性要求也不同。对于制冷降温过程不允许中断的重要场合，显然应选择可靠性高的制冷方法，防止造成重大损失。

六、操作维护的方便性

不同的制冷方法，采用不同的制冷装置，它们的操作调节和日常维护的方便性也各不相同。显然，应该尽可能选择操作维护方便的制冷装置，以减少操作维护的人员和工作量。

七、安全和环境保护

不言而喻，制冷装置的安全性是一项十分重要的指标。由于目前各种制冷方法的工作压力不算太高，因此人们往往不给予重视。而目前使用的部分制冷剂，例如氨具有毒性、燃烧性和爆炸性，因此，对制冷装置的安全性人们通常把注意力集中在制冷剂上。我国明确规定在人口稠密的场合和船舶上，不能使用会燃烧爆炸的有毒制冷剂。应该说明，尽管制冷装置中的设备只处于中压或低压,但作为压力容器同样具有爆炸等危险,应按规定严格管理。

在选择制冷装置时,应该认真考虑环境保护问题。具体说,有三方面是值得重视的:制冷装置运行的噪声;制冷剂对人和生物的直接危害性;制冷剂对环境,例如对大气臭氧层的破坏性。

工作任务 1.3 单级压缩式制冷原理的分析

- **知识点导入**

理论知识点	实践知识点
1 相关的热力规律; 2. 单级蒸气压缩式制冷装置的组成; 3. 单级蒸气压缩式制冷工作原理; 4. 制冷常用术语	制冷装置中蒸发压力和冷凝压力的判断技能

- **理论信息获取**

蒸气压缩式制冷是目前应用最广泛的一种制冷方法。这类制冷设备比较紧凑,可以制成大、中、小型,以适应不同场合的需要,能达到的制冷温度范围比较宽广,从稍低于环境温度至 -150℃,在普通制冷温度范围内具有较高的循环效率,被广泛地应用于国民经济的各个领域中。

蒸气压缩式制冷根据实际应用有单级、多级、复叠式之分。在各种蒸气压缩式制冷中,单级压缩式制冷应用最广,是构成其他蒸气压缩式制冷的基础。单级蒸气压缩式制冷,是指制冷剂在一次循环中只经过一次压缩,最低蒸发温度可达 -40 ~ -30℃。广泛用于制冷、冷藏、工业生产过程的冷却,以及空气调节等各种低温要求不太高的制冷工程。据不完全统计,全世界单级蒸气压缩式制冷机的数量占制冷机总数的75%以上。

船舶制冷技术广泛采用的是单级蒸气压缩式制冷方法。

一、相关的热力规律

(一)温度变化规律

任何流体在同一物态下发生温度变化时要转移热量(显热)。

任何流体在加热升温时要吸收热量;任何流体在冷却降温时要放出热量。

在通常条件下,大自然的物态分为三类:固体、液体、气体。所谓“固体”是指既有一定的形态,又有一定体积的物体。所谓“液体”是指有一定容积而无固定形状的物体,如1L水放在水杯里,形状是杯形,放在瓦罐内,形状为瓦罐状,但不管是在杯内,还是在罐里,测量其容积都为1L。而既无固定形状,也无一定容积的物态,我们把它称为“气体”。固体、液体、气体三者都有各自的内涵。

热传递能够发生在温度不同的两个物体之间,或一个物体的温度不同的两个部分间。它是温度不同的两物体间能量转移的过程,即能量从高温物体转移到低温物体。热传递的结果使两个物体的温度趋于均衡。在热传递的过程中转移的能量,称之为热量。同一物态时,它吸收热量时,温度必定升高;放出热量时,温度降低。比如液体—水,给它加热,从20℃升高到

100℃;对其冷却,从100℃降低到30℃。这其中,加热或冷却的过程中,伴随着能量(热量)的转移。这种使物质发生温度变化但状态不变现象而转移的热量称为“显热”。

(二)气液互换规律

任何物质在同一温度下发生物态变化时要转移热量(潜热)。

任何液体蒸发汽化时要吸收热量;任何气体冷凝液化时要放出热量。

物态叫做“相”,固体、液体、气体也可称为固相、液相、气相。不同相之间的相互转变,称为“相变”或称“物态变化”。在物质形态的互相转换过程中必然要有热量的吸入或放出。物质三种状态的主要区别在于它们分子间的距离、分子间相互作用力的大小和热运动的方式不同。因此在适当的条件下,物体能从一种状态转变为另一种状态。其转换过程是从量变到质变。例如,物质从固态转变为液态的过程中,固态物质不断吸收热量,温度逐渐升高,这是量变的过程;当温度升高到一定程度,即达到熔点时,再继续供给热量,固态就开始向液态转变,这时就发生了质的变化。虽然继续供热,但温度并不升高,而是固液并存,直至完全熔解。物质发生相变(物态变化),在温度不发生变化时转移(吸收或放出)的热量叫作“潜热”。物质由低能状态转变为高能状态时吸收潜热,反之则放出潜热。例如,液体沸腾时吸收的潜热一部分用来克服分子间的引力,另一部分用来在节流过程中反抗大气压强作功。熔解热、凝固热、汽化热、液化热、升华热、凝华热都是潜热。

汽化(沸腾)是液体吸热变成气体的过程,液体汽化时需要吸收热量,在一定温度下,每千克的饱和液体汽化为饱和气体所需加入的热量称为汽化潜热,这是相变潜热之一。液化(凝结)是汽化的相反过程,气体液化时需要放出热量,在一定温度下,每千克的饱和气体冷凝为饱和液体需移出的热量称为液化潜热,这也是相变潜热之一。

(三)一一对应规律

在封闭系统里处于饱和状态的物质,其饱和压力和饱和温度是一一对应的。

饱和压力高的流体,其饱和温度也高;饱和压力低的流体,其饱和温度也低。

悬浮在液体或气体中的微粒所作的永不停息的无规则运动,叫做布朗运动。温度越高,布朗运动越剧烈。它间接显示了物质分子处于永恒的、无规则的运动之中。在封闭系统里,一定温度下,液体蒸发时,既有分子从液体中逸出形成气体,同时也有由于分子间或与器壁间相碰撞等原因而使分子又回到液体中去。当从液面逸出的分子数等于回到液体中来的分子数时,液面上蒸气的密度就不再增加了,液体也不再减少,气体跟产生它的液体处于动态平衡,这种气体称为“饱和气体”。在气体达到饱和状态时,液体分子仍不断地逃逸,只不过是在单位时间内从液面逃逸的分子数等于飞回液体的分子数。例如,在盖紧了的酒瓶子里,酒面上的气体都是饱和气体。

饱和状态下的气体压力称为饱和压力,其对应的温度称为饱和温度。一定的饱和温度下有一定的饱和压力。在液体温度升高的时候,液体分子的平均速度能变大,每秒钟飞出液面的分子数增多,因而饱和气体的密度变大,单位体积空间内饱和气体的质量也增加了。同时,由于温度的升高,气体分子运动的平均速度也变大,这就使饱和气体每秒撞击液面或容器壁的次数增多,每次撞击的作用加强。正因为这个双重关系,使饱和压力随温度的升高而变大。反之,温度降低,饱和压力变小。例如0.5个大气压下,水的汽化温度是81℃;1个大气压下,水的汽化温度是100℃;2个大气压下,对应的汽化温度是120℃。90℃的水在1个大气压下是液态,在0.5个大气压下却是气态,即当将1个大气压降为0.5个大气压时,90℃的液态水马上闪发成汽。

二、制冷装置的组成

为了反映上述的规律实现制冷的工作原理，必须有相应的合理的制冷装置。它必须是具有“变压设备”和“换热设备”的封闭系统，“某种物质”循环在其中。因此，“某种物质”在“变压设备”的作用下，压力产生改变，温度出现变化，通过热量的转移，使得“某种物质”的本身热力状态发生变化，便于“变压设备”作用。这样，过程不断地得以循环进行，于是出现所要求的低温环境。

这个“某种物质”就是制冷剂；这个“变压设备”就是增压设备（压缩机）和降压设备（节流阀）；这个“换热设备”就是放热设备（冷凝器）和吸热设备（蒸发器）。

蒸气压缩式制冷装置就是由压缩机、冷凝器、节流阀和蒸发器4个基本设备组成的封闭系统。如图1.3-1所示。

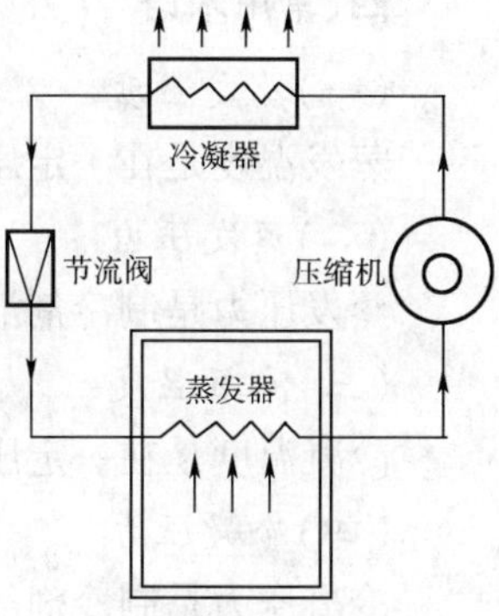

图1.3-1　蒸气压缩式制冷系统

三、工作原理

制冷装置的四大基本设备和管系组成一个完整的封闭系统，制冷剂在系统中不断地循环。制冷剂流过节流阀时，制冷剂的压力降低，温度降低，使得制冷剂进入蒸发器后吸取冷库内空气的热量而汽化；压缩机将此低温低压的制冷剂气体吸入并对其进行压缩，使制冷剂的压力升高，温度升高，排至冷凝器；冷凝器利用来自舷外海水将制冷剂气体从冷库中带来的热量和压缩机压缩功转换的热量放出，使制冷剂气体冷却冷凝而液化；制冷剂液体再次经节流阀节流降压进入蒸发器汽化吸热……如此循环，得以实现连续不断的制冷。

（一）压缩机

压缩机是制冷循环的动力，它由原动机如电机拖动而工作，除了及时抽出蒸发器内蒸气，维持低温低压外，另一作用是通过压缩作用提高制冷剂蒸气的压力和温度，创造将制冷剂蒸气的热量向外界环境介质转移的条件。即将低温低压制冷剂蒸气压缩至高温高压状态，以便能用常温的空气或水作冷却介质来冷凝制冷剂蒸气。

（二）冷凝器

冷凝器是一个热交换设备，作用是利用环境冷却介质空气或水，将来自制冷压缩机的高温高压制冷蒸气的热量带走，使高温高压制冷剂蒸气冷却、冷凝成高压常温的制冷剂液体。冷凝器向冷却介质散发热量的多少，与冷凝器的面积大小成正比，与制冷剂蒸气温度和冷却介质温度之间的温度差成正比。所以，要散发一定的热量，就需要足够大的冷凝器面积，也需要一定的换热温度差。

（三）节流阀

高压常温的制冷剂液体不能直接送入低温低压的蒸发器。根据饱和压力与饱和温度一一对应原理，降低制冷剂液体的压力，从而降低制冷剂液体的温度。将高压常温的制冷剂液体通过降压装置（节流阀），得到低温低压制冷剂，再送入蒸发器吸热汽化。

（四）蒸发器

蒸发器是一个热交换设备。节流后的低温低压制冷剂液体在其内蒸发（沸腾）变为蒸气，吸收被冷却介质的热量，使被冷却介质温度下降，达到制冷的目的。蒸发器吸收热量的多少与蒸发器的面积大小成正比,与制冷剂的蒸发温度和被冷却介质温度之间的温度差成正比。当然,也与蒸发器内液体制冷剂的多少有关。所以,蒸发器要吸收一定的热量,就需要与之相匹配的蒸发器面积,也需要一定的换热温度差,还需要供给蒸发器适量的液体制冷剂。

综上所述,蒸气压缩式制冷的工作原理是:通过一种低沸点的制冷剂相态变化过程所发生的吸放热现象,借助于压缩机的抽吸压缩、冷凝器的放热冷凝、节流阀的节流降压、蒸发器的吸热汽化的不停循环过程,达到使被冷对象温度下降目的。

四、常用术语

(一)蒸发温度

蒸发温度是在一定压力下,液体制冷剂在蒸发器中吸热汽化的温度。

(二)蒸发压力

蒸发压力是制冷剂液体在蒸发器中汽化时的压力,即蒸发温度下的饱和压力。

(三)冷凝温度

冷凝温度是在一定压力下,气体制冷剂在冷凝器中放热冷凝的温度。

(四)冷凝压力

冷凝压力是制冷剂气体在冷凝器中液化时的压力,即冷凝温度下的饱和压力。

(五)吸气温度

吸气温度是压缩机吸入口处的气体制冷剂的温度。

(六)吸气压力

吸气压力是压缩机吸入口处的气体制冷剂的压力。可近似看作蒸发压力。

(七)排气温度

排气温度是压缩机排出口处的气体制冷剂的温度。

(八)排气压力

排气压力是压缩机排出口处的气体制冷剂的压力。可近似看作冷凝压力。

(九)吸气过热度

吸气过热度是相同压力下,压缩机进口处气体制冷剂的温度与蒸气温度的差值。

(十)供液过冷度

供液过冷度是相同压力下,冷凝温度与节流阀进口处液体制冷剂的温度的差值。

• 实践技能展现

制冷装置中蒸发压力和冷凝压力的判断技能如下:

在制冷装置制冷剂的循环过程中,从节流阀后至压缩机进口为系统的低压部分,因为吸气管的流动阻力不大,可近似地认为蒸发器中的蒸发压力等于压缩机的吸入压力(可从压缩机吸入压力表读得),等于低压系统的压力。蒸发压力的大小,主要取决于蒸发器的单位时间蒸发量和压缩机的单位时间吸气量的动态平衡。

在制冷装置制冷剂的循环过程中,从压缩机出口到节流阀前为系统的高压部分,因为排气管的流动阻力不大,可近似地认为冷凝器中的冷凝压力等于压缩机的排出压力(可从压缩机排出压力表读得),等于高压系统的压力。冷凝压力的大小,主要取决于冷凝器的单位时间冷凝量和压缩机的单位时间排气量的动态平衡。

工作任务1.4　单级压缩式制冷循环的分析

• 知识点导入

理论知识点	实践知识点
1. 制冷剂的压焓图; 2. 理想制冷循环; 3. 理论制冷循环及其压焓图的表示; 4. 实际制冷循环及其压焓图的表示; 5. 热泵循环; 6. 制冷循环的热力计算	制冷循环的制冷量、轴功率和制冷系数的计算技能

• 理论信息获取

在制冷循环的各个过程中,制冷剂的热力状态是变化的,即描述制冷剂热力状态的参数——温度、压力、焓和比容等数值是变化的。掌握和了解制冷剂在制冷循环中的热力状态及其变化对于制冷装置的管理是非常重要的。

一、制冷剂的压焓图

制冷剂的压焓图是以焓值作为横坐标,以压力的对数值作为纵坐标而绘制的坐标图。纵坐标采用压力的对数值作为度量刻度的原因是便于缩小图形尺寸,并使低压区内的线条交点清晰。不同制冷剂对应着不同的压焓图,但基本现状大同小异。如图 1.4-1 所示。

$\lg p$-h 图中有两条较粗的曲线,左边一条称为饱和液体线,右边一条称为饱和气体线,这两条曲线向上延伸交于 c 点称为临界点。因为一般制冷循环都在远离临界点下进行的,故在一些制冷剂的 $\lg p$-h 图中,临界点都未表示出。饱和液体线与饱和气体线将 $\lg p$-h 图分成三个区域:饱和液体线的左边区域为过冷液体区,饱和液体线与饱和气体线之间区域为湿蒸气区,饱和气体线的右边区域为过热气体区。不同线上和不同区域中,对应着不同的制冷剂的热力状态:过冷液体状态、饱和液体状态、湿蒸气状态、饱和气体状态、过热气体状态。因此,可以归纳为:一点二线三区域五状态。

饱和状态下制冷剂液体与气体的混合物称为湿蒸气。在湿蒸气中制冷剂气体所占的质量百分比称为干度,用符号 x 表示。显然,饱和液体的干度 $x=0$,饱和气体的干度 $x=1$,湿蒸气的干度 x 介于0和1之间。

在 $\lg p$-h 图中,一些对应的数值组成规律性的曲线,比较典型的有:等干度线,参数 x 为定值;等压线,参数 p 为定值;等温线,参数 t 为定值;等焓线,参数 h 为定值;等熵线,参数 s 为定值;等容线,参数 v 为定值。如图 1.4-2 所示。

二、理想制冷循环

首先,了解以下一些基本概念:

(1)热力循环:封闭的热力过程称为热力循环。它包括热机循环和制冷循环。

(2)热机循环:从高温热源吸取热量而实现对外作功的热力循环,是一种正循环。

(3)理想热机循环(卡诺循环):由两个等温过程和两个绝热过程组成的可逆的热机循环。

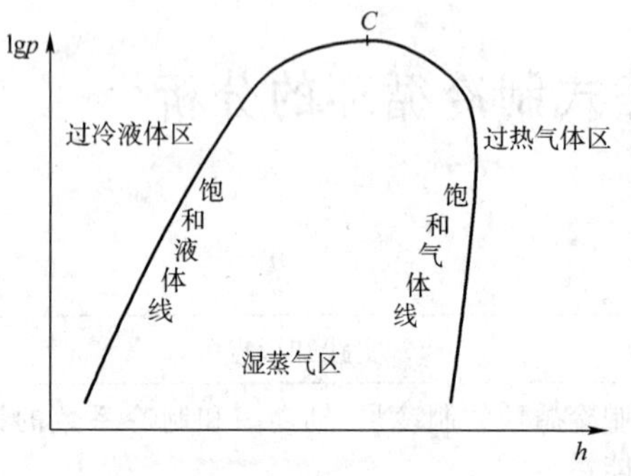

图 1.4-1　制冷剂的压焓图

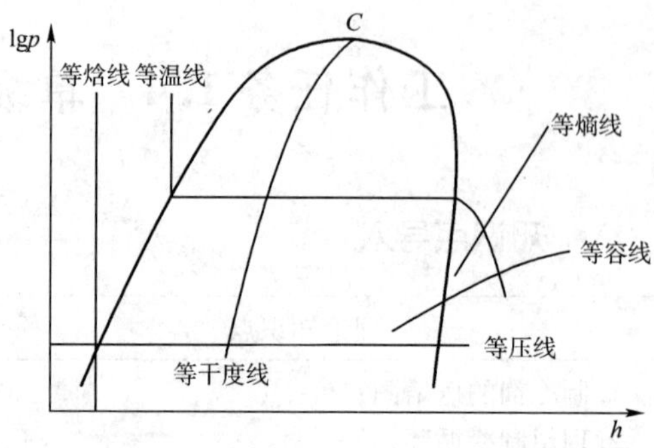

图 1.4-2　压焓图中等参数线示意图

(4)制冷循环:从低温热源中取出热量并排放到高温热源中的热力循环,是一种逆循环。

(5)理想制冷循环(逆卡诺循环):由两个等温过程和两个绝热过程组成的可逆的制冷循环。工质是按卡诺循环的线路反方向进行循环的。

(一)理想热机循环——卡诺循环

1. 循环图

如图 1.4-3 所示。工质在绝热的气缸里,必要时可与热源或冷源进行换热。工质在 t_1 温度下从热源吸热 q_1,由状态 1 等温膨胀到状态 2;接着工质与热源分开,以过程 2—3 进行绝热膨胀;然后在 t_2 温度下由状态 3 等温压缩到状态 4,并向冷源放热 q_2;最后以过程 4—1 进行绝热压缩,回到初始状态 1。

2. 效率

$$\eta_k = (q_1 - q_2)/q_1 = 1 - t_2/t_1$$

3. 结论

(1)卡诺循环的热效率仅取决于热源和冷源的温度,而与所用工质的性质无关。

(2)要提高卡诺循环热效率,可以用提高热源温度 t_1 和降低冷源温度 t_2 的办法来实现。

(3)卡诺循环的热效率总是小于 1,而且不可能等于 1。

(4)当 $t_2 = t_1$ 时,即没有温差时,$\eta_k = 0$,即单热源的热机不能使热量转化为功,所以循环中的温差是能量转换的必要条件。

(二)理想制冷循环——逆卡诺循环(图 1.4-4)

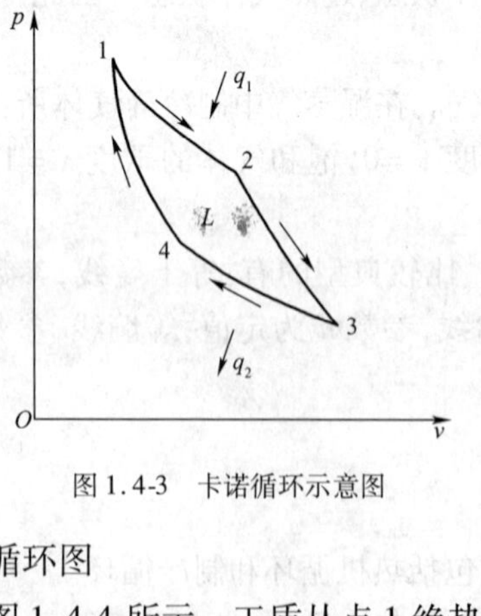

图 1.4-3　卡诺循环示意图

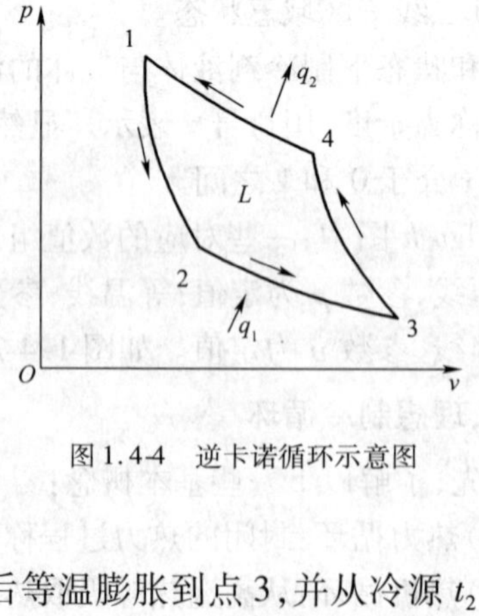

图 1.4-4　逆卡诺循环示意图

1. 循环图

如图 1.4-4 所示。工质从点 1 绝热膨胀到点 2,然后等温膨胀到点 3,并从冷源 t_2 吸取热量 q_1;之后工质被绝热压缩到点 4,再等温压缩到点 1,同时向热源 t_1 放出热量 q_2。此时,压缩

气体消耗的功 L_1 大于气体膨胀所作的功 L_2，排出热量 q_2 大于吸入热量 q_1。

2. 效率

$$\varepsilon_k = q_1/L = q_1/(q_2 - q_1) = t_1/(t_2 - t_1)$$

3. 结论

(1)逆卡诺循环的制冷系数取决于冷源和热源的温度，而与所用制冷剂的性质无关。

(2)冷热源的温差越大，制冷系数就越小，制冷机的经济性越差。

(3)由热力学第二定律证明，在一定的温度条件下，逆卡诺循环的制冷系数最大。

三、理论制冷循环及其压焓图的表示

理想制冷循环具有的假设是：进行等熵压缩；无任何阻力和热损失；制冷剂的吸放热是在无温差的条件下进行的。

因此理想制冷循环由绝热压缩过程、等温放热过程、绝热膨胀过程与等温吸热过程组成。

显然，理想制冷循环是不存在的，但它给出了提高制冷循环经济性的方向。

为了能够实现制冷循环，假设：节流降压取代绝热膨胀；采用干压缩；采用具有传热温差的等压换热。

因此，理论制冷循环由两个等压换热过程、绝热压缩过程与焓值不变的绝热节流过程组成。

(一)饱和循环

压缩机和节流阀的进口制冷剂的状态均为饱和状态的理论制冷循环，称为饱和循环。显然，饱和循环比较接近实际，但经济性与安全性不够。其装置简图及饱和循环在压焓图上的表示如图1.4-5所示。

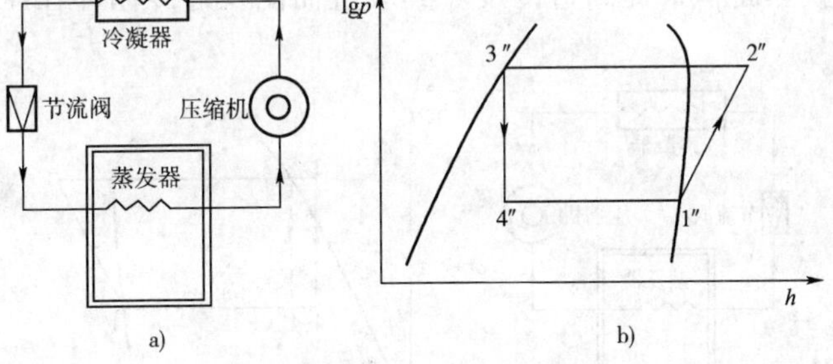

图1.4-5　饱和循环及其在 h-d 图的近似表示

(二)过热循环

气态制冷剂在进入压缩机前已过热的理论制冷循环，称为过热循环。

过热是指在一定压力下，让饱和气态制冷剂进一步吸热，使其温度高于饱和温度的过程。过热的作用是防压缩机液击；也可防止液态制冷剂进入气缸与缸壁产生强烈热交换并气化，使吸气量减少，影响制冷量。

过热分为有效过热和有害过热两种。过热吸收的热量来自被冷却介质，产生了有用的制冷效果，这种过热称为有效过热。反之，过热吸收的热量来自被冷却介质之外，没有产生有用的制冷效果，则称为有害过热。

实际循环中，形成制冷循环中吸气过热现象的原因很多，主要有：

(1)蒸发器的蒸发面积的选择大于设计所需的蒸发面积，制冷剂在蒸发器内吸收被冷却介质的热量而过热，属有效过热。

(2)制冷剂蒸气在压缩机的吸气管路中吸收外界环境的热量而过热,属有害过热。

(3)在半封闭、全封闭制冷压缩机中,低压制冷剂蒸气进入压缩以前,吸收电动机绕组和运转时所产生的热量而过热,属有害过热,但是是无法避免的。

(4)制冷系统设置了回热器,制冷剂蒸气在回热器中吸收制冷剂液体的热量而过热,属有害过热,但有过冷过程伴随。

为减小有害过热,回气管外通常都包有隔热材料。因此,过热循环一般是通过增加蒸发器换热面积来提高过热度。其装置简图及过热循环在压焓图上的表示如图1.4-6所示。氨制冷系统一般是要求为饱和气体的,或尽量低过热度的。

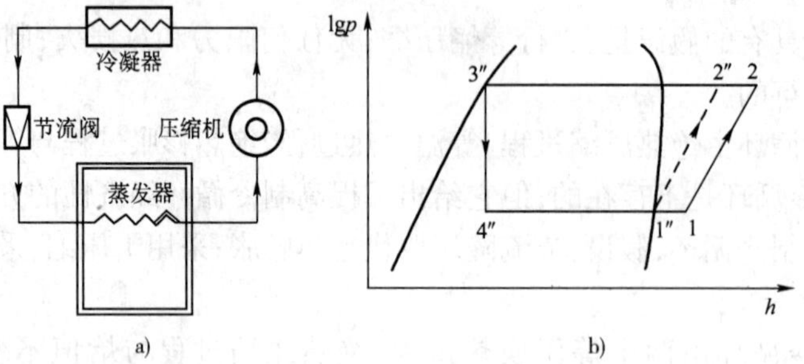

图1.4-6　过热循环及其在 h-d 图的近似表示

(三)过冷循环

液态制冷剂在进入节流阀前已过冷的理论制冷循环,称为过冷循环。

过冷是指在一定压力下,让饱和液态制冷剂进一步冷却,使其温度低于饱和温度的过程。过冷的作用是减少节流损失(减小节流后制冷剂干度),提高制冷量与制冷系数。为此,首先是通过增加冷凝器换热面积来提高过冷度。其装置简图及过冷循环在压焓图上的表示如图1.4-7所示。

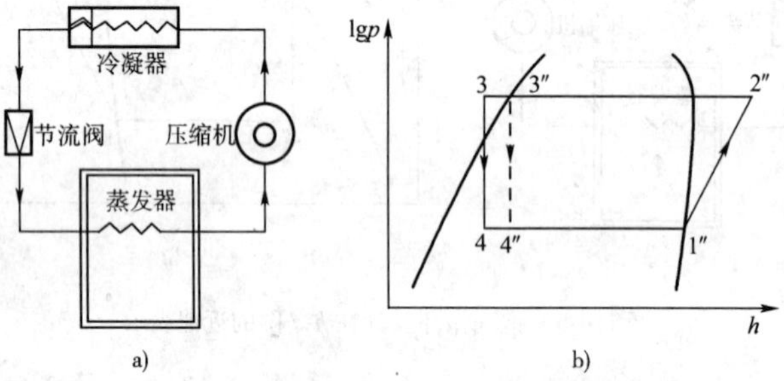

图1.4-7　过冷循环及其在 h-d 图的近似表示

在许多理论制冷循环中,依靠增加冷凝器换热面积来提高过冷度是有限的,一般为3~5℃,这就需要保证冷凝器到节流阀这段液管因流阻及管路上行导致的压降不宜超过40~70kPa;另外,有的制冷装置所用工况的排气温度较高,增大过热度可能使吸、排气温度和滑油温度更加偏高,会增加吸气预热损失,并降低滑油密封、润滑性能和使用寿命。因此,在制冷装置液管压降较大需提高液体过冷度,又要防止吸排气和滑油温度过高的情况下,可采用设蒸发式过冷器的过冷循环。其装置简图及过冷循环在压焓图上的表示如图1.4-8所示。

图1.4-8中,质量流量为 G 的制冷剂中的大部分流量经节流阀1流过蒸发器参与制冷,理论过冷循环为1″2″cd1″;少部分流量的制冷剂经小型节流阀2节流降压后供入过冷器,在其中汽化吸热而使流量为 G_1 的液态制冷剂过冷,其理论循环为1″2″341″。

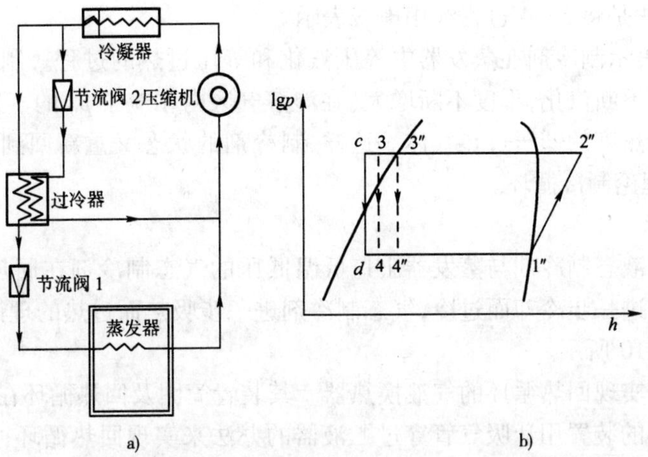

图 1.4-8　采用蒸发式过冷器的过冷循环及其在 h-d 图的近似表示

(四)过热过冷循环

气态制冷剂在进入压缩机前已过热、液态制冷剂在进入节流阀前已过冷的理论制冷循环，称为过热过冷循环。如图 1.4-9 所示。

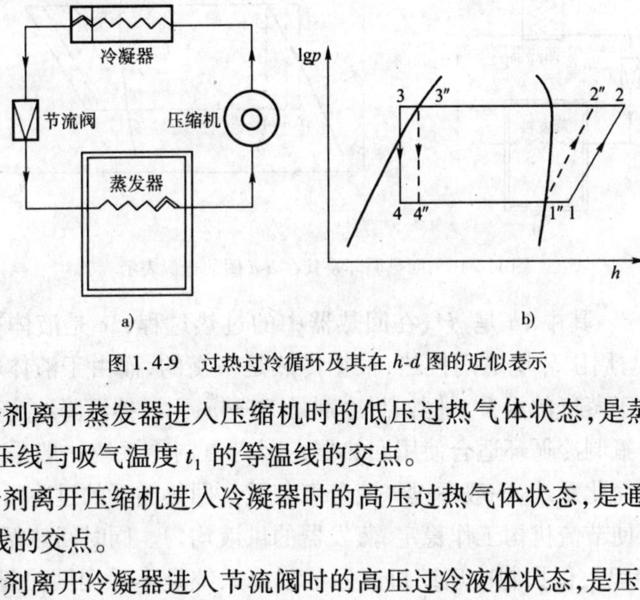

图 1.4-9　过热过冷循环及其在 h-d 图的近似表示

点 1 表示制冷剂离开蒸发器进入压缩机时的低压过热气体状态，是蒸发压力 p_0（相应蒸发温度为 t_0）的等压线与吸气温度 t_1 的等温线的交点。

点 2 表示制冷剂离开压缩机进入冷凝器时的高压过热气体状态，是通过点 1 的等熵线和压力为 p_k 的等压线的交点。

点 3 表示制冷剂离开冷凝器进入节流阀时的高压过冷液体状态，是压力为 p_k 的等压线和制冷剂在冷凝器出口温度 t_3 的等温线的交点。

点 4 表示制冷剂离开节流阀进入蒸发器时的低压湿蒸气状态。是通过点 3 的等焓线和压力为 p_0 的等压线的交点。

过程线 1—2 表示制冷剂蒸气在压缩机中的等熵压缩过程，压力由蒸发压力 p_0 提高到冷凝压力 p_k。压缩过程中外界对制冷剂作功，制冷剂温度提高。

过程线 2—3 表示制冷剂在冷凝器内的冷却、等压冷凝和等压过冷过程。进入冷凝器的过热气体等压冷却成为饱和气体，再等压等温（冷凝温度 t_k 是相应于 p_k 的饱和温度）继续放热而冷凝，然后温度进一步降低而过冷。

过程线 3—4 表示制冷剂通过节流阀的等焓节流过程。在此过程中，制冷剂的压力由 p_k 降到 p_0，温度由 t_k 降到 t_0，并进入湿蒸气区。根据热力学可知，节流过程中工质的焓值是变化的，故较严格的画法是将 3—4 过程线用虚线表示。

过程线 4—1 表示制冷剂在蒸发器中等压汽化和等压过热的过程。制冷剂湿蒸气吸取被冷却物体的热量而不断汽化，干度不断增大(在湿蒸气区内相应于 p_0 的蒸发温度 t_0 不变)，直到变为带有少许过热度的低压过热气体。这样，制冷剂的状态又重新回到进压缩机前的状态点 1，完成了一个理论制冷循环。

(五)回热循环

使进膨胀阀前液态制冷剂与蒸发器出口低温低压的气态制冷剂在回热器中进行热交换，使液态制冷剂得到进一步冷却而过冷，气态制冷剂进一步吸热而过热的理论制冷循环，称为回热循环。如图 1.4-10 所示。

回热器是用来实现回热循环的气液换热器。其装置简图及回热循环在压焓图上的近似表示见图 1.4-10。有的装置用让吸气管穿过贮液器的办法来实现回热循环；更简单的是直接使吸气管贴紧液管，外面包以隔热材料。

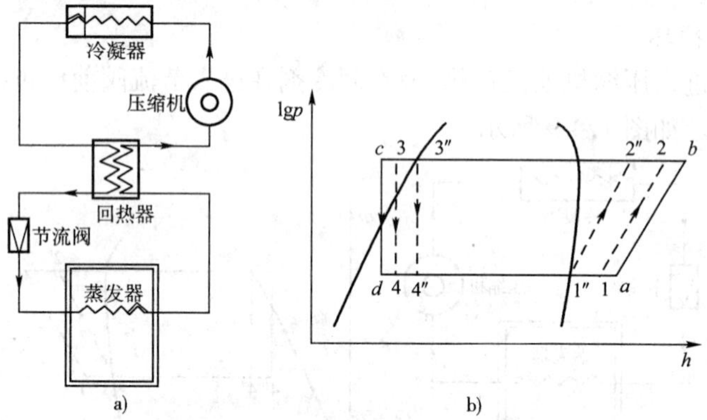

图 1.4-10 回热循环及其在 h-d 图的近似表示

回热循环为 $abcd$。其中 $1a$ 是蒸气在回热器中的过热过程，$3c$ 是液体在回热器的过冷过程。若不计回热器与周围环境之间换热，根据传热是平衡的，而由于液体的比热容比蒸气的大，故液体的温降小于蒸气的温升。例如制冷剂是 R134a，则液体温降约为蒸气温升的 55%。

在实际应用中，氟制冷循环适合使用回热器。因为氟制冷系统一般采用直接膨胀供液方式给蒸发器供液，为简化系统，一般不设气液分离装置。回热循环的过冷可使节流降压后的闪发性气体减少，从而使节流机构工作稳定、蒸发器的供液均匀。同时回热循环的过热又可使制冷压缩机避免“湿冲程”，保护制冷压缩机。但氨制冷系统是不采用回热循环的，不仅是由于循环的制冷系数降低，同时还因为采用回热循环后将使压缩机的排气温度过高。

四、实际制冷循环及其压焓图的表示

为了使问题简化，研究理论制冷循环是建立在下列假设的基础上：

(1)压缩机的压缩过程不存在换热和流阻等不可逆损失，即假设是等熵过程。

(2)制冷剂在流过热交换器和管路时无阻力损失，即假设是等压过程。故冷凝压力即等于排气压力，蒸发压力即等于吸气压力，冷凝和蒸发过程相应的冷凝温度和蒸发温度不变。

(3)制冷剂在热交换器(蒸发器、冷凝器等)以外与外界无任何热交换。

(4)制冷剂流过节流阀时未作功，又无热交换，因此假设在节流阀前后的焓值相等。

(5)制冷系统中只存在着制冷剂。

但是,关于理论制冷循环的假设与实际不符:

(1)压缩过程并非等熵过程,而是前期吸热、后期放热、熵值增加的过程;

(2)制冷剂在管道和热交换器中流动时存在流阻而有压力损失;

(3)制冷剂在管道流动中多少会有热交换;

(4)节流过程有吸热,焓值略有增加。

(5)制冷系统中存在着不凝性气体。

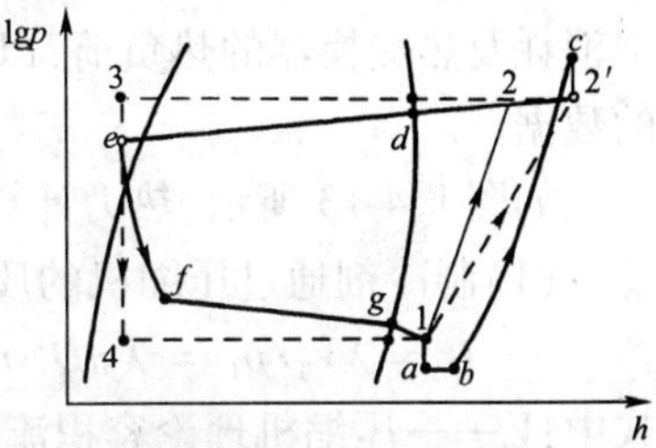

图 1.4-11 单级压缩制冷的实际循环在压焓图的近似表示

图 1.4-11 是实际制冷循环在压焓图上的近似表示。

过程线 1—a 表示蒸气流过压缩机吸气通道和吸气阀时有压力损失的过程;

过程线 a—b 表示蒸气在压缩之前受到压缩机吸气通道和缸体加热的过程;

过程线 b—c 表示熵值增加的实际压缩过程;

过程线 c—2′表示蒸气流过排气阀和排气通道时有压力损失的过程;

过程线 2′—e 表示在排气管、冷凝器和液管中有压力损失的放热过程;

过程线 e—f 表示在节流阀中从外界吸热的节流过程;

过程线 f—g 表示在蒸发器和吸气管中有流阻损失的汽化吸热过程;

过程线 g—1 表示蒸发器出口至压缩机吸口是有压力损失和温升的流动过程。

工程上常将实际循环简化为 12′341。其中:

过程线 1—2′表示熵值增加的压缩过程(1—2 是等熵压缩过程);

过程线 2′—3 表示等压冷却、冷凝和过冷过程;

过程线 3—4 表示等焓节流过程;

过程线 4—1 表示等压汽化吸热和过热过程。

用简化的实际循环进行热力计算,结果与实际循环相近。

五、热泵循环

热泵循环和制冷循环的热力学原理相同,只是工作目的不同,工作温度范围不同而已。制冷循环(参见图 1.4-12a))以自然环境作为高温热源,从用冷物体或空间吸取热量传给自然环境,使用冷物体或空间温度低于自然环境温度;热泵循环(参见图 1.4-12b))则以自然环境作为低温热源,从自然环境吸取热量传给用热物体或空间,使用热物体或空间温度高于自然环境温度。

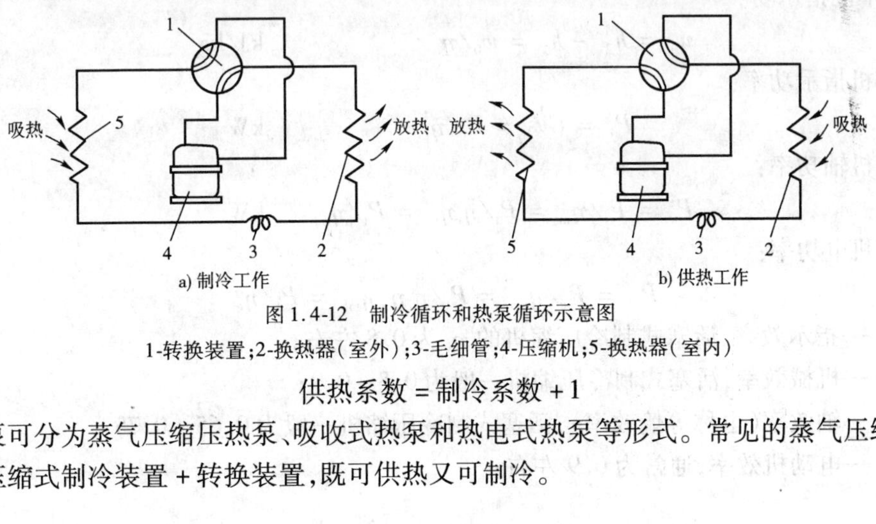

图 1.4-12 制冷循环和热泵循环示意图

1-转换装置;2-换热器(室外);3-毛细管;4-压缩机;5-换热器(室内)

供热系数 = 制冷系数 + 1

热泵可分为蒸气压缩压热泵、吸收式热泵和热电式热泵等形式。常见的蒸气压缩式热泵是蒸气压缩式制冷装置 + 转换装置,既可供热又可制冷。

六、制冷循环的热力计算

制冷循环热力计算的目的是计算出制冷循环过程中制冷装置的性能指标、压缩机容量、功率消耗及热交换器的热负荷,以便为压缩机和热交换器的设计、选择和电动机的选配提供必要的数据。

如图 1.4-13 所示,热力计算可按如下步骤进行:

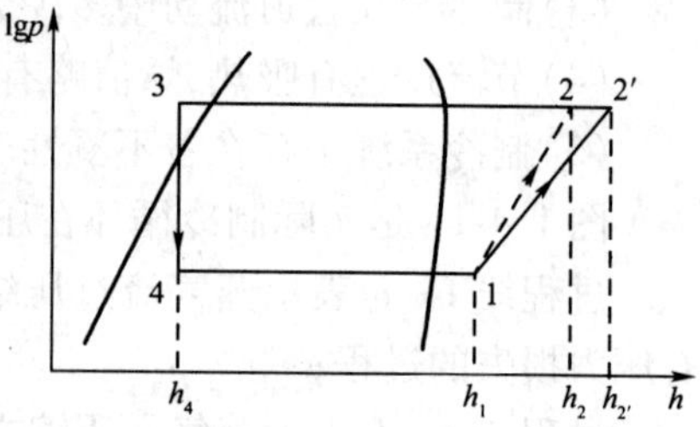

图 1.4-13 单级压缩制冷循环热力计算示意图

(1)制冷剂通过压缩机的质量流量:

$$G = \lambda V_T/v_1 = \lambda \pi D^2 snz/240v_1 \quad \text{kg/s}$$

式中:V_t——压缩机理论容积流量;

λ——输气系数;

D——缸径,mm;

s——行程,mm;

z——缸数;

n——转速,rpm。

v_1——制冷剂在吸气点的比容积,m^3/kg。

(2)单位制冷量:

$$q_0 = h_1 - h_4 \quad \text{kJ/kg}$$

单位容积制冷量:

$$q_v = q_0/v_1 \quad \text{kJ/m}^3$$

装置制冷量:

$$Q_0 = G \times q_0 \quad \text{kW}$$

式中:q_0——压缩机每排送 1kg 制冷剂在蒸发器中的吸热量;

q_v——压缩机每排送 $1m^3$ 吸气状态的制冷剂在蒸发器中的吸热量。

(3)单位理论功:

$$w_0 = h_2 - h_1 \quad \text{kJ/kg}$$

压缩机理论功率:

$$P_t = Gw_0 \quad \text{kW}$$

式中:h_2——从吸气点 1 按等熵线压缩至排气压力的状态点 2 的制冷剂焓值。

(4)单位指示功:

$$w_i = h_{2'} - h_1 = w_0/\eta_i \quad \text{kJ/kg}$$

压缩机指示功率:

$$P_i = Gw_i = P_t/\eta_i \quad \text{kW}$$

压缩机轴功率:

$$P_e = P_i/\eta_m = P_t/\eta_i\eta_m = P_t/\eta_e \quad \text{kW}$$

压缩机电功率:

$$P_{el} = P_e/\eta_{mo} = P_t/\eta_i\eta_m\eta_{mo} = P_t/\eta_{el}$$

式中:η_i——指示效率,活塞式制冷压缩机的 η_i 为 0.8 左右;

η_m——机械效率,活塞式制冷压缩机一般为 0.8 ~ 0.9;

η_e——轴效率(也称等熵效率),活塞式制冷压缩机一般为 0.65 ~ 0.75;

η_{mo}——电动机效率,通常为 0.9 左右;

η_{el}——电效率,适用于封闭式和半封闭式压缩机。

(5)单位排热量:

$$q_k = q_0 + w_i \quad \text{kJ/kg}$$

冷凝器热负荷:

$$Q_k = Gq_k = Q_0 + P_i \quad \text{kW}$$

式中:Q_k——一般为装置制冷量 Q_0 的 1.2~1.3 倍。

(6)理论制冷系数:

$$\varepsilon = Q_0/P_t \quad \text{W/W}$$

指示制冷系数:

$$\varepsilon_l = Q_0/P_i = \varepsilon\eta_i \quad \text{W/W}$$

性能系数:

$$\text{COP} = Q_0/P_e = \varepsilon\eta_e \quad \text{W/W}$$

能效比:

$$\text{EER} = Q_0/P_{el} = \varepsilon\eta_{el} \quad \text{W/W}$$

性能系数 COP 相当于制冷装置的实际制冷系数,是评定制冷装置经济性的重要指标。目前活塞式制冷压缩机的 COP 一般为 2~2.5W/W(制冷)和 2.9~3.4W/W(空调)。

能效比 EER,适用于封闭式和半封闭式压缩机。

- **实践技能展现**

制冷循环的制冷量、轴功率和制冷系数的计算技能如下:

R22 制冷装置的压缩机缸径 $D = 100$mm,活塞行程 $S = 70$mm,缸数 $z = 8$,转速 $n = 1440$rpm,输气系数 $\lambda = 0.8$,轴效率 $\eta_e = 0.7$。已知吸气压力 $p_1 = 0.10$MPa(表压),吸气温度 $t_1 = -15$℃,排气压力 $p_k = 1.3$MPa(表压),排气温度 $t_{2'} = 96$℃,过冷度 4℃。假设换热全部在蒸发器和冷凝器中进行。在压焓图上画出理论循环和简化的实际循环,并进行热力计算。

解:按以下步骤在 R22 的压焓图上画出理论循环和简化的实际循环,并查出相关参数:

(1)由蒸发压力 $p_0 \approx p_1 = 0.20$MPa(绝对),查出 $t_0 = -25$℃。

(2)由 $p_1 = 0.20$MPa 的等压线与吸气温度 $t_1 = -15$℃的等温线的交点得吸气状态点 1,查出 $h_1 = 402$kJ/kg,$v_1 = 0.119\text{m}^3/\text{kg}$。求得吸气过热度为 $t_1 - t_0 = (-15) - (-25) = 10$℃。

(3)由冷凝压力 $p_k = 1.4$MPa(绝对),查出冷凝温度 $t_k = 36$℃。

(4)由通过点 1 的等熵线向上与 $p_k = 1.4$MPa 的等压线相交,交点 2 为等熵压缩排气状态点。查出 $h_2 = 454$kJ/kg,等熵压缩排气温度 $t_2 = 80$℃。

(5)由 $p_k = 1.4$MPa 等压线和 $t_{2'} = 96$℃等温线的交点得排气状态点 2',查出 $h_{2'} = 467$kJ/kg。

(6)由过冷度 4℃求出过冷温度 $t_3 = t_k - 4 = 32$℃。由 $t_3 = 32$℃的等温线与 $p_k = 1.4$MPa 的等压线相交得节流阀前状态点 3,查出 $h_3 = 240$kJ/kg。

(7)由点 3 沿等焓线向下与 $p_0 = 0.20$MPa 的等压线相交得节流阀后的状态点 4。查出干度 $x = 0.3$,$h_4 = h_3 = 240$kJ/kg。

在 R22 的压焓图上表示的理论循环是 12341,简化的实际循环是 12'341。如图 1.4-14 所示。

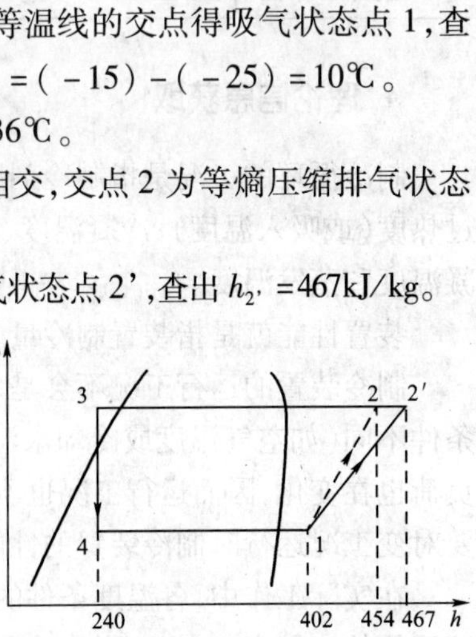

图 1.4-14 单级压缩制冷循环示意图

根据以上数据进行热力计算：

(1)压缩机理论容积流量 $V_T = \pi D^2 Snz/240 = 0.106m^3/s$。

压缩机质量流量 $G = \lambda V_T/v_1 = 0.71kg/s$。

(2)单位制冷量 $q_0 = h_1 - h_4 = 162kJ/kg$。

单位容积制冷量 $q_v = q_0/v_1 = 1361kJ/m^3$。

装置制冷量 $Q_0 = Gq_0 = 115kW$。

(3)单位理论功 $w_0 = h_2 - h_1 = 52kJ/kg$。

压缩机理论功率 $P_t = Gw_0 = 36.9kW$。

(4)单位指示功 $w_i = h_{2'} - h_1 = 65kJ/kg$。

压缩机指示功率 $P_i = Gw_i = 46.2kW$。

压缩机轴功率 $P_e = P_t/\eta_e = 52.7kW$。

(5)单位排热量 $q_k = q_0 + w_i = 227kJ/kg$。

冷凝器热负荷 $Q_k = Gq_k = 161.2kW$。

(6)理论制冷系数 $\varepsilon = q_0/w_0 = 3.11$。

性能系数 $COP = Q_0/P_e = 2.18$。

工作任务1.5　单级压缩式制冷工况的分析

• 知识点导入

理论知识点	实践知识点
1. 冷凝温度对装置性能的影响； 2. 蒸发温度对装置性能的影响； 3. 供液过冷度对装置性能的影响； 4. 吸气过热度对装置性能的影响； 5. 制冷压缩机的名义工况	装置性能影响因素的判断技能

• 理论信息获取

制冷循环的工况是指制冷剂所参加的制冷循环的主要温度条件：蒸发温度、压缩机的吸气过热度（或吸入温度）、冷凝温度、节流阀的供液过冷度（或过冷温度）。其中影响较大的是冷凝温度和蒸发温度。

装置性能就是指装置制冷量、压缩机轴功率和理论制冷系数。

制冷装置的运行工况不会是一成不变的。不同用途（如空调与冷藏）的工况不一样；环境条件不同（如空气温度或冷却水温度等不同），其工况也不一样；同一系统随时间的变化其热负荷也在变化，因而运行工况也不一样，变工况运行是绝对的，工况稳定运行是相对的。因此要对变工况运行时制冷装置的性能进行分析。

在实际工作中，各温度条件的变化是相互影响的，例如冷凝温度（压力）变化可能使通过节流阀的流量变化，从而影响蒸发温度（压力）；而蒸发温度（压力）和吸气过热度改变会导致压缩机质量流量的改变，从而影响冷凝温度（压力）。为了在研究温度条件变化对制冷压缩机工作的影响时突出主要矛盾,在下面的分析中假设某温度条件改变时,压缩机的技术状况和其他温度条件不变。

一、冷凝温度变化对装置性能的影响

假设其他条件不变,冷凝温度由 t_k 升高到 t'_k,如图 1.5-1 所示,制冷循环由 12341 变为 1*bcd*1。这时,由于冷凝压力升高,节流阀的节流压降增大,节流后制冷剂湿蒸气的干度增大,单位制冷量 q_0 减小;而输气系数 λ 因压力比增加而减小,吸气比容积 v_1 不变,故制冷剂的质量流量 G 会略有减少;所以制冷量 Q_0 减小。同时,由于单位理论功 w_0 增大,影响超过了略有降低的流量,所以轴功率 P_e 增大。所以理论制冷系数 ε 减小。

反之,冷凝器的冷却效果越好,则 p_k 越低,一般会使 Q_0 增大,P_e 减小,ε 增大,对工作有利。但如果 p_k 太低,可能会因节流阀前后压差明显下降而导致制冷剂流量不足,蒸发压力降低,如下面要分析的,反而会使 Q_0、ε 减小。

冷凝压力的大小,主要取决于冷凝器的单位时间冷凝量和压缩机的单位时间排气量的动态平衡。如果冷凝器换热能力差(取决于冷却水量、传热面积、传热温差和传热系数),则冷凝量减少,冷凝压力升高;另一方面压缩机质量流量增大,排气量多,则冷凝压力升高;另外,如果吸气压力太高,导致压缩机质量流量增大,则冷凝压力升高。一般是通过调节冷却水量来调节冷凝温度和冷凝压力。

二、蒸发温度变化对装置性能的影响

假设其他条件不变,蒸发温度从 t_0 降低为 t'_0,如图 1.5-2 所示,制冷循环由 12341 变为 *ab*3*da*。这时,循环的单位制冷量 q_0 稍有降低;同时因吸气压力降低,吸气比容积 v_1 增大,制冷剂的质量流量 G 减小,所以制冷量 Q_0 减小。同时,由于单位理论功 w_0 增大,制冷系数 ε 显然会减小。至于轴功率的变化难以直观判断,因为单位理论功 w_0 增大,但制冷剂的质量流量 G 却减小,根据分析判断:当 $p_0=0$ 和 $p_0=p_k$ 时,理论功率 P_t 都为零,因此 P_t 必然存在最大值,经过计算,当压力比 $p_k/p_0=k^{(k-1)/k}$时,理论功率 P_t 最大,即轴功率 P_e 最大。常用制冷剂的压力比相近,都约等于 3,大致可说这时轴功率最大。实际工作时压缩机的压力比一般是大于 3,故蒸发温度降低压力比增大时,轴功率是降低的。

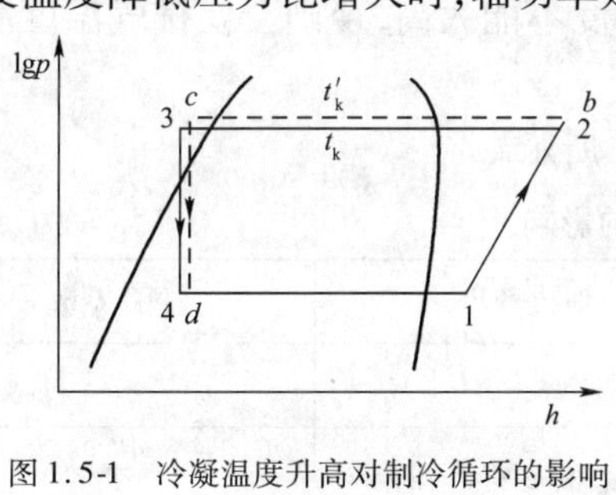

图 1.5-1　冷凝温度升高对制冷循环的影响

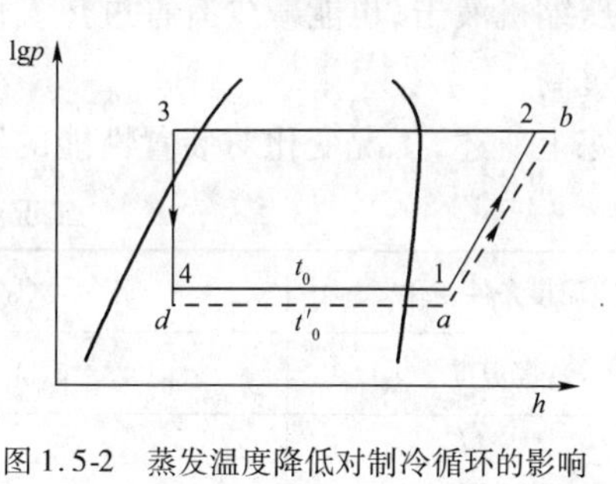

图 1.5-2　蒸发温度降低对制冷循环的影响

反之,蒸发压力和蒸发温度升高,制冷量和制冷系数会增大。

蒸发压力的大小,主要取决于蒸发器的单位时间蒸发量和压缩机的单位时间吸气量的动态平衡。如果蒸发器换热能力差(取决于制冷剂供液量、传热面积、传热温差和传热系数),则蒸发量减少,蒸发压力降低;另一方面压缩机质量流量增大,吸气量多,则蒸发压力降低;另外,如果冷凝压力太低,可能因节流阀前后压差明显下降而导致制冷剂流量不足,则蒸发压力降低。一般是通过低压继电器设定值(低温库)和背压阀(高温库)调节蒸发温度和蒸发压力。

三、供液过冷度变化对装置性能的影响

假设其他条件不变，节流阀的供液过冷度增加，过冷温度从 t_3 降低为 t_c，如图 1.5-3 所示，制冷循环由 12341 变为 12cd1。这时，制冷量会增加，压缩机轴功率不变，制冷系数提高。据计算，在通常工作范围内，供液过冷度每增加 1℃，R22 制冷装置的制冷系数约提高 0.85%。同时从图中可以看出，过冷循环的节流点 d 与理论循环的节流点 4 相比较，更靠近饱和液线，即过冷循环节流后制冷剂的干度减小，闪发性气体减少。这对制冷循环也是有益的。但在实际工程中采用液体过冷，必然要增加设备投资。所以在实际应用中应对各项经济指标作出综合论证后才能确定。

四、吸气过热度变化对装置性能的影响

假设其他条件不变，压缩机的吸气过热度增加，吸气温度从 t_1 升高到 t_a，如图 1.5-4 所示，制冷循环由 12341 变为 $ab34a$。如果过热是在蒸发器内完成，吸气过热度增加使单位制冷量增加，但吸气比体积也增大，使质量流量减少，对装置制冷量的影响也要看两者哪个影响大。实验表明，过热度每提高 1℃，R22 的质量流量约减少 0.4%，而单位制冷量增加 0.4%，所以对 R22 制冷装置的制冷量不变。同时，单位理论功增加，但单位理论功的增加不如质量流量减少的快，轴功率是减少的。对制冷系数的影响取决于制冷剂的性质。采用 R22 的制冷装置的吸气过热度增加时制冷系数变化不大；而 R134a 制冷装置的反而减小。

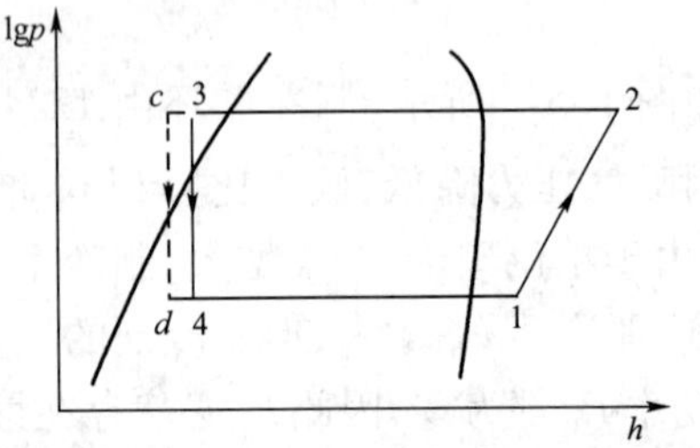

图 1.5-3　供液过冷度增加对制冷循环的影响

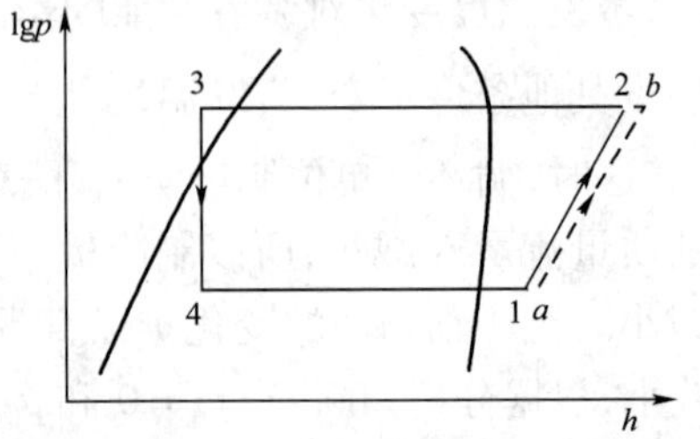

图 1.5-4　吸气过热度增加对制冷循环的影响

采用多大吸气过热度合适主要是根据对制冷系数的影响，其次，有适当的吸气过热度可以防止压缩机液击，也能减少有害过热。但是，吸气过热度不能太高，否则会使排气温度和滑油温度过高。

综上所述，工况变化对装置性能的影响如表 1.5-1 所示。

工况变化对装置性能的影响　　表 1.5-1

温度条件变化	制冷量 Q_0	轴功率 P_e	制冷系数 ε
冷凝温度↑	↓(∵ q_0↓、λ↓)	↓(∵ w_0↑ > G↓)	↓(∵ w_0↑、q_0↓)
蒸发温度↓	↓(∵ v_1↑使 G↓)	当 p_k/p_0 > 3 左右时 ↓(∵ G↓ > w_0↑)	↓(∵ w_0↑、q_0↓)
供液过冷度↑	↑(∵ q_0↑)	不变	↑(∵ q_0↑、w_0 不变)
吸气过热度↑	R22：不变(∵ q_0↑ = G↓)	↓(∵ G↓ > w_0↑)	R22：稍↓

五、制冷压缩机的名义工况

制冷循环时制冷压缩机性能指标(制冷量和轴功率)随工况的不同而改变。为了直观判

断,一般是借助于制冷压缩机的性能曲线。制冷压缩机的性能曲线是由实验求得的制冷量Q_0、轴功率P_e与工况条件(t_k、t_0)的函数关系曲线。图1.5-5所示为810F制冷压缩机的性能曲线。

由图1.5-5可见,若蒸发温度t_0不变,冷凝温度t_k升高则Q_0减少,而P_e增大。若t_k不变,随着t_0的升高,则Q_0增大;而工作时压缩机压力比大多大于3,P_e一般也增大,但当t_0升高使压力比低到一定程度后,则P_e会降低。有了性能曲线,就可方便地查得压缩机在不同工况的制冷量和轴功率。

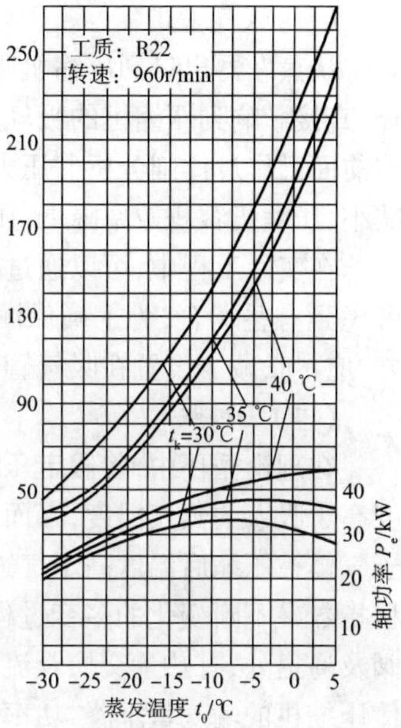

图1.5-5 810F制冷压缩机的性能曲线

为了对制冷压缩机的性能有个比较的基准,针对不同制冷剂而规定的一组共同温度条件,即是名义工况。国标《活塞式单级制冷压缩机》(GB/T 10079—2001)定出了制冷压缩机的三种名义工况:高温工况、中温工况和低温工况,如表1.5-2所示。该标准另外还规定了考察压缩机的强度和电动机工作的“最大压差工况”和“最大负荷工况”。

制冷机的实际运行工况,是随运行地区的气候条件和使用情况而变的。制冷机的工况必须限定在一定的范围内,以保证运行安全与可靠。GB/T 10079—2001还规定了制冷压缩机的使用范围,如表1.5-3所示。

制冷压缩机的名义工况 表1.5-2

类　型	吸入压力饱和温度(℃)	吸入温度	排出压力饱和温度(℃)	环境温度
高温工况	7.2	18.3℃	54.4(高p_k)	35℃
			48.9(低p_k)	
中温工况	−6.7		48.9	
低温工况	−31.7		40.6	

注:表中工况制冷剂的吸气过冷度为0℃。

制冷压缩机的使用范围 表1.5-3

类　型	吸入压力饱和温度(℃)	排出压力饱和温度(℃)		压缩比
		高p_k	低p_k	
高温工况	−15 ~ 12.5	25 ~ 60	25 ~ 50	≤6
中温工况	−25 ~ 0	25 ~ 55	25 ~ 50	≤16
低温工况	−40 ~ −12.5	25 ~ 50	25 ~ 45	≤18

● 实践技能展现

制冷装置性能影响因素的判断技能如下:

一、热交换及压力损失

制冷剂在制冷设备和连接管道中连续不断地流动,使制冷循环得以实现,形成制冷效应。制冷剂沿制冷设备和连接管道流动,将产生摩擦阻力和局部阻力损失,同时制冷剂还将或多或少地与外部环境进行热交换。

（一）吸气管道

从蒸发器出口到压缩机吸气入口之间的管道称为吸气管道。吸气管道中的换热和压力降，直接影响到压缩机的吸气状态。通常认为吸气管道中的换热是无效的，它对循环性能的影响前面已作过详细分析。压力降使得吸气比体积增大、压缩机的压力比增大，单位容积制冷量减小、压缩机容积效率降低、压缩功增大，制冷系数下降。

在实际工程中，可以通过降低流速的办法来降低阻力，即通过增大管径来降低压力降。但考虑到有些场合，为了确保润滑油能顺利地从蒸发器返回压缩机，这一流速又不能太低。此外，应尽量减少设置在吸气管道上的阀门、弯头等阻力部件，以减少吸气管道的阻力。

（二）压缩机

在理论循环中，曾假定压缩过程为等熵过程。实际上，在压缩的开始阶段，由于气缸壁温度高于吸入的蒸气温度，因而存在着由气缸壁向蒸气传递热量的过程；到了压缩终了阶段，由于气体被压缩后温度高于气缸壁温度，热量又由蒸气传向气缸壁，因此整个压缩过程是一个过程指数在不断变化的多变过程。另外，由于压缩机气缸中有余隙容积存在，气体经过吸、排气阀及通道处，有热量交换及流动阻力，活塞与气缸间隙处会产生制冷剂泄漏等，这些因素都会使压缩机的输气量下降，功率消耗增大。

（三）排气管道

从压缩机出口到冷凝器入口之间的管道称为排气管道。压缩机的排气温度一般均高于环境温度，向环境空气传热不会引起性能的改变，仅仅是减少了冷凝器中的热负荷。排气管道中的压力降增加了压缩机的排气压力，使得容积效率降低，制冷系数下降。在实际中，由于这一阻力降相对于压缩机的吸排气压力差要小得多，因此，它对系统性能的影响要比吸气管道阻力的影响要小。

（四）冷凝器

假定制冷剂出冷凝器时的压力不变，为克服冷凝器中的流动阻力，必须提高制冷剂进冷凝器时的压力，必然导致压缩机排气压力升高，压力比增大，压缩机耗功增大，制冷系数下降。

（五）液体管道

从冷凝器出口到节流阀入口之间的管路称为液体管道。热量通常由液体制冷剂传给周围空气，产生过冷效应，使制冷量增大。由于液体流速较气体要小得多，因而阻力相对较小。但在许多场合下，冷凝器出口与节流阀入口不在同一高度上，若前者的位置比后者低，由于静液柱的存在，高度差要导致压力降。该压力降对于具有足够过冷度的制冷系统，则系统性能不会受其影响。但如果从冷凝器里出来的制冷剂为饱和状态或过冷度不大，则液体管道的压力降将导致部分液体制冷剂汽化，从而使进入节流阀的制冷剂处于两相状态，这将增加节流过程的压力降，对系统性能产生不利的影响，同时，对系统的稳定运行也产生不利影响。为了避免这些影响，设计制冷系统时，要注意冷凝器与节流阀的相对位置，同时，要降低节流前管路的阻力损失。

（六）节流阀

节流过程有吸热，焓值略有增加，同时出现闪发气体（例如，液氨从钢瓶中一放到大气中，立即会降到 −33.3℃，同时观察到，液氨出瓶后立即沸腾，即使外界没有提供热量它也沸腾，为什么？查氨的物理性能表，1kg 液氨，在一个大气压下的温度是 −33.3℃，它的焓值是 83.57kcal；假设钢瓶中的液氨温度是 +25℃，对应的绝对压力是 $10kg/cm^2$，它的焓值是 147kcal，相差了 63.4kcal，这 63.4kcal 自身热量就使液氨沸腾。蒸发掉 63.4kcal 热量后，1kg

液氨的物理性能就平衡了。因为沸腾在液氨全体积内产生,而且速度像闪电一样快,所以叫闪发;这高速蒸发后产生的气体,就叫闪发气体。它区别于吸热相变,是液体节流后产生的饱和蒸气,一般约占 10% ~30% 。

(七)两相管道

从节流阀到蒸发器之间的管道中流动着两相的制冷剂,称之为两相管道。通常节流阀是紧靠蒸发器安装的。倘若将它安装在被冷却空间内,那么传给管道的热量是有效的;若安装在室外,热量的传递将使制冷量减少。管道中的压力降对系统性能几乎没有影响,因为对于给定的蒸发温度而言,制冷剂进入蒸发器之前压力必须降到蒸发压力,这一压力的降低不管是发生在节流阀内还是发生在两相管道上是无关紧要的。但是,如果系统中有多个蒸发器共用一个节流阀,则要尽量保证从液体分配器到各个蒸发器之间的阻力降相等,否则将出现分液不均匀现象,影响制冷效果。

(八)蒸发器

在讨论蒸发器中的压力降对循环性能的影响时,必须注意到它的比较条件。如果假定不改变制冷剂出蒸发器时的状态,为了克服蒸发器中的流动阻力,必须提高制冷剂进蒸发器时的压力,即提高开始蒸发时的温度。由于节流前后焓值相等,又因为压缩机的吸气状态没有变化,故制冷系统的性能没受到什么影响。它仅使蒸发器中的传热温差减小,要求传热面积增大而已。如果假定不改变蒸发过程中的平均传热温差,那么制冷剂出蒸发器时的压力稍有降低,其结果与吸气管道阻力引起的结果一样。

二、不凝性气体

不凝性气体是指在冷凝压力下不能冷凝为液体的气体。不凝性气体一般积存于冷凝器和贮液器上部,因为它不能通过冷凝器或贮液器内的液体部分的液封往下传递。不凝性气体的存在将使冷凝器内冷凝面积减少,冷凝压力升高,导致制冷压缩机排气压力、温度升高;压缩功增加;制冷系数下降,制冷量减少。在热力计算中由于无法统计且数量小,通常忽略不计。

制冷系统中不凝性气体来源于:系统检修时带入的空气;部分润滑油、制冷剂发生的分解;制冷压缩机负压时低压部分渗透进来的空气。实际应用可采取一些相应的措施减少不凝性气体的影响,如:小型家用分体式空调在安装时,靠室外机内原有的制冷剂压力排出连接管路中的不凝性气体;制冷系统充灌制冷剂之前需进行抽真空处理;中、大型冷库制冷系统中加装空气分离器,定期由空气分离器排出不凝性气体;在一些中央空调系统中,由于使用的制冷机是在高真空度下工作,如溴化理吸收式制冷机、使用 R123 的离心式制冷机等,因此,在系统中加装抽气装置,及时抽出制冷机中的不凝性气体,维持制冷系统的高真空度。

三、冷凝、蒸发过程传热温差

现实生活中,没有温差的传热是不可能实现的。故实际制冷循环中,制冷剂与热源之间必须存在一个传热温差。被冷却介质温度必须大于制冷剂的蒸发温度,被冷却介质的热量才能通过蒸发器传递给温度为蒸发温度的制冷剂,才能符合热量从高温物体传向低温物体的热传递规律;同理,环境介质温度必须小于制冷剂的冷凝温度,环境介质才能带走冷凝器内制冷剂蒸气放出的热量,也才能符合热传递规律。

由于冷凝器与蒸发器中传热温差的存在,会使实际的冷凝温度比理论循环的冷凝温度高,蒸发温度则比理论循环的蒸发温度低,从而使循环的制冷系数下降。制冷循环中制冷剂与热源之间的传热温差越大,制冷循环的效率越低。但传热温差的存在并不影响理论制冷循环的热力计算用于实际制冷循环。因为在理论制冷循环的热力计算中所采用的计算温度已经是蒸发温度和冷凝温度,并未考虑被冷却介质的温度和环境介质温度。

在实际制冷循环中,制冷剂与热源之间的传热温差需取一个适当的值。因为传热温差太大,制冷循环的效率就会降低;而传热温差太小,制冷循环的效率虽会相应提高,但传递热量所需要的传热面积(蒸发器面积、冷凝器面积)将大大增加,导致制冷设备庞大且一次性投资增大。

工作任务1.6　两级压缩式制冷的介绍

- **知识点导入**

理论知识点	实践知识点
1. 单级蒸气压缩式制冷的局限性; 2. 多级蒸气压缩式制冷的必要性; 3. 两级蒸气压缩式制冷的型式; 4. 一级节流中间完全冷却循环; 5. 一级节流中间不完全冷却循环; 6. 一级节流中间不冷却循环; 7. 二级节流中间完全冷却循环; 8. 二级节流中间不完全冷却循环	两级蒸气压缩式制冷循环的比较分析技能

- **理论信息获取**

为了满足生产工艺要求,往往需要制冷循环能够获得较低的蒸发温度。单级蒸气压缩式制冷循环所能达到的最低蒸发温度因压缩机的工作原理和制冷剂的种类不同而有所差异。常用的单级活塞式制冷压缩机,在使用氨制冷剂时,所能达到的最低蒸发温度一般不超过-30℃。在前面我们分析,随着蒸发温度的降低,制冷循环的效率将快速地下降。为了获得更低的蒸发温度,同时保证制冷循环的效率不至于下降,就需要采用两级或多级蒸气压缩式制冷循环。

一、单级蒸气压缩式制冷的局限性

单级活塞式制冷循环在应用中温制冷剂时,根据冷凝温度和所用制冷剂的不同,蒸发温度只能达到-40～-20℃的低温。如果需要获得更低的温度,则冷凝温度与蒸发温度将相差很大,冷凝压力与蒸发压力之比 p_k/p_0 就会升高。这时,若仍然采用单级压缩,将会产生下列一些问题:

(1)循环的压力比增大,压缩机的输气系数减小,实际吸气容积减少,制冷量降低,而压缩机消耗功率增加,制冷系数降低。压力比越大,其影响也就越大。

(2)排气温度升高,润滑油变稀甚至炭化,使压缩机不能正常运行。

(3)实际压缩过程偏离等熵压缩程度更大,制冷效率降低。

因此,对于单级压缩制冷循环,其压力比不宜过大,对于氨压缩机,压力比应≤8;氟利昂压缩机,压力比应≤10。为了达到更低的蒸发温度,或者提高制冷系统的工作效率,就需要采用多级压缩制冷循环或复叠式制冷循环。

二、多级蒸气压缩式制冷的必要性

为了获得更低的蒸发温度（-70～-40℃），同时又能使压缩机的工作压力控制在一个合适的范围内，就要采用多级压缩循环。采用多级压缩可以从根本上改善制冷循环的性能指标。多级压缩制冷循环的基本特点是分级压缩并进行中间冷却。采用多级压缩后，每一级的压力比减小，提高了压缩机的输气系数和指示效率，同时由于排气温度降低，润滑情况有了很大改善，保障了压缩机的运行安全。

从理论上讲，级数越多，节省的功也越多，制冷系数也就越大。如果是无穷级数，则整个压缩过程越接近等温压缩。然而，实际上并不采用过多的级数，因为每增加一级都需要增添设备，提高成本，也提高了技术复杂性。另外，由于压缩机不能保持很低的蒸发压力，在应用中温制冷剂时，三级压缩循环的蒸发温度范围与两级压缩循环相差不大，所以制冷循环中采用三级压缩循环很少，一般采用两级压缩循环。

三、两级蒸气压缩式制冷的形式

两级压缩制冷循环是在单级压缩制冷循环的基础上发展起来的。单级压缩制冷循环是把来自蒸发器的气体直接压缩至冷凝压力；而两级压缩则分两个阶段进行压缩，将来自蒸发器的低温低压制冷剂蒸气先用低压级压缩机（或低压缸）压缩到适当的中间压力之后，进入高压级压缩机（或高压缸）再次压缩到冷凝压力，排入冷凝器中。因此，两级压缩可以由两台压缩机完成，组成的系统称为两机两级系统（又称配组式两级系统），其中一台为低压级压缩机，另一台为高压级压缩机；也可以由一台压缩机完成，组成的系统称为单机两级系统，其中部分气缸作为高压缸，其余气缸作为低压缸。

两级压缩制冷循环，由于它们的节流级数以及中间冷却方式不同造成两级压缩制冷循环的形式不同。

节流级数分为一级节流和二级节流。一级节流是指由冷凝压力到蒸发压力由一个节流阀来完成；二级节流是指由一个节流阀把冷凝压力节流到中间压力，再由另一个节流阀由中间压力节流到蒸发压力。

中间冷却方式分为中间完全冷却、中间不完全冷却和中间不冷却三种。中间完全冷却是将低压级压缩机的排气等压冷却成为中间压力下的饱和蒸气；中间不完全冷却是只将低压级压缩机的排气等压冷却降温，但并未达到饱和，仍是过热蒸气；中间不冷却则是指低压级压缩机的排气直接进入高压级压缩机，而不采用中间冷却的方式。

因此，两级压缩制冷循环可组成五种形式：

（1）一级节流中间完全冷却循环；

（2）一级节流中间不完全冷却循环；

（3）一级节流中间不冷却循环；

（4）二级节流中间完全冷却循环；

（5）二级节流中间不完全冷却循环。

采用何种形式的两级压缩循环，与制冷剂的种类、制冷装置的容量及运行的具体条件有关。一般来说，节流方式的选择主要与制冷系统的大小以及设备的形式有关。一级节流方式简单，便于操作控制，应用十分广泛。二级节流的两级压缩制冷循环主要用于离心式制冷系统，以及具有多个蒸发温度的大型制冷系统中。

四、一级节流中间完全冷却循环

一级节流中间完全冷却的两级压缩制冷循环是目前活塞式、螺杆式等制冷机最常用的两级压缩制冷循环形式,使用氨制冷剂。

一级节流中间完全冷却的两级压缩制冷循环的工作过程如图 1.6-1 所示:来自蒸发器的制冷剂蒸气(状态 1 点)被低压级压缩机吸入,由蒸发压力 p_0 压缩至中间压力 p_m(状态 2 点),进入中间冷却器;在中间冷却器中与中间压力下的该制冷剂饱和液体混合,由过热蒸气冷却成为中间压力 p_m 下的饱和蒸气(状态 3 点),同时中间冷却器中部分饱和液体吸热汽化。冷却后的低压级排气与中间冷却器内产生的制冷剂蒸气一起进入高压级压缩机,被压缩至冷凝压力 p_k(状态 4 点),排出后进入冷凝器,在冷凝器中被冷却冷凝成饱和液体(状态 5 点)。冷凝器出来的制冷剂液体分成两路:主要一路液体经中间冷却器的盘管内放出热量,过冷后(状态 7 点)经节流阀 A 直接节流至蒸发压力 p_0(状态 8 点),进入蒸发器汽化吸热制冷;另一路少部分液体(状态 5 点)经节流阀 B 由冷凝压力 p_k 节流至中间压力 p_m(状态 6 点)后进入中间冷却器,利用这部分制冷剂的汽化来冷却低压级压缩机排入中间冷却器的过热蒸气和使中间冷却器盘管中的高压制冷剂液体过冷,然后与低压级排气和节流时闪发的气体一起进入高压级压缩机。从以上循环过程可知,高、低压缩机的制冷剂循环量不相同,高压压缩机的流量大于低压压缩机的流量。这种循环虽然使高压压缩机的流量增加,但高压压缩机所吸入的不再是过热蒸气,而是饱和蒸气,因此,高压压缩机的排气温度不致过高,这对等熵指数较大的制冷剂(如氨)是有利的。

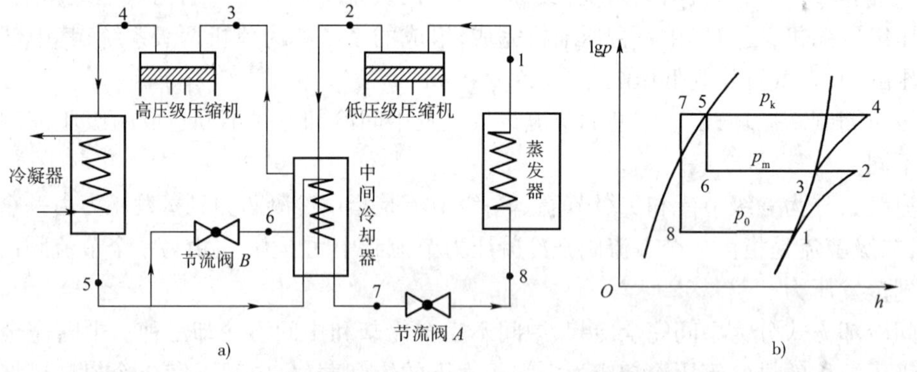

图 1.6-1　一级节流中间完全冷却循环及其在 h-d 图的近似表示

从压焓图中可以看出,两级压缩循环比单级循环,在蒸发温度较低的情况下有很大改善。

(1)系统的压力比由单级压力比 p_k/p_0 降为高压级 p_k/p_m 和低压级 p_m/p_0,大大降低压力比。

(2)压缩机的排气温度由单级压缩的 t'_4 降低到高压级 t_4 和低压级 t_2。

(3)由于进入蒸发器的制冷剂节流前在中间冷却器中已充分预冷,所以节流后产生的闪发蒸气减少,单位质量制冷量提高。

五、一级节流中间不完全冷却循环

一级节流中间不完全冷却的两级压缩制冷循环一般使用氟利昂制冷剂,主要用于中、小型制冷系统。

其循环与一级节流中间完全冷却的两级压缩制冷主要区别如图 1.6-2 所示:低压级压缩机排出的中压蒸气(状态 2 点)不进入中间冷却器中冷却,而是与中间冷却器出来的制冷剂蒸气(状态 3′点)在管道中相互混合被冷却,然后一起(状态 3 点)进入高压级压缩机压缩。理论

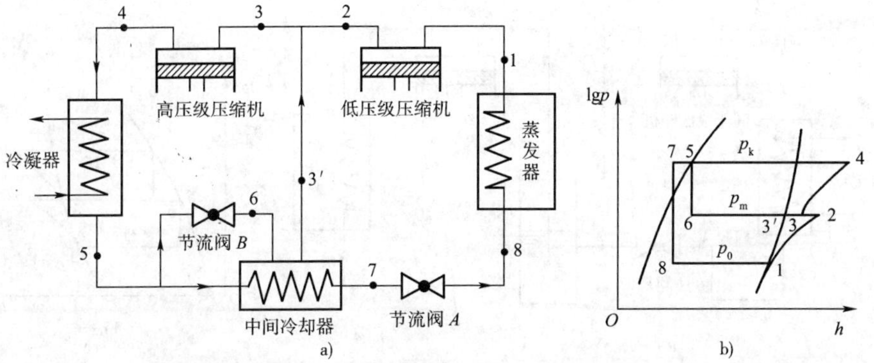

图 1.6-2　一级节流中间不完全冷却循环及其在 h-d 图的近似表示

循环一般认为中间冷却器出来的制冷剂状态为饱和蒸气，因此与低压级排气混合后得到的蒸气具有一定的过热度，高压级压缩机吸入的是中间压力 p_m 下的过热蒸气，这就是所谓的"中间不完全冷却"。这种制冷循环特别适用于 R22、R134a 等氟利昂制冷系统。

六、一级节流中间不冷却循环

所谓中间完全不冷却是指在两级压缩循环中不采用中间冷却的方式。

在冷藏运输装置（如冷藏车、冷藏船等）以及某些特定的生产工艺制冷工段的制冷装置中，既要达到低温又要简化制冷系统，这时常采用一级节流中间不冷却两级压缩制冷循环（图 1.6-3）。这种循环和前面所述的两级压缩比较，取消了中间冷却器，因而系统进一步简化。这种循环实际上与一个单级压缩制冷循环很相似，只不过一个压缩过程由高压级压缩机和低压级压缩机分开完成。

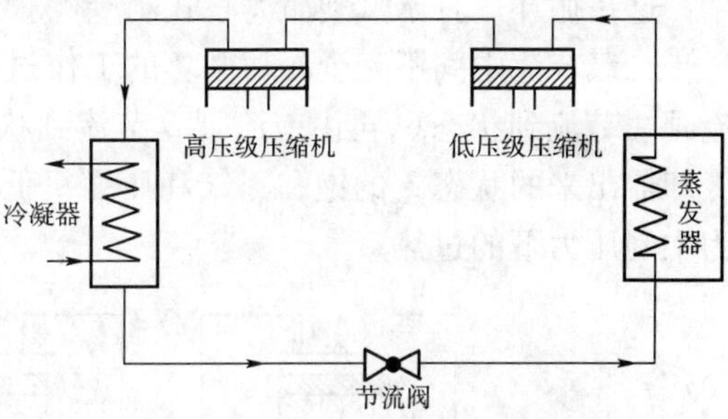

图 1.6-3　一级节流中间不冷却循环

显然一级节流中间不冷却的两级压缩循环不能提高循环的制冷量和制冷系数，但在实际循环中是有利的，因为分级压缩可降低每一级的压力比，改善每一级制冷压缩机的工作性能，提高了制冷压缩机的输气系数、指示效率，相应提高了循环的实际输气量，降低了轴功率，从而在一定程度上提高了制冷量和制冷系数。

七、二级节流中间完全冷却循环

二级节流中间完全冷却两级压缩制冷循环一般适宜于氨离心式两级压缩制冷系统。

二级节流中间完全冷却的两级压缩制冷循环的工作过程如图 1.6-4 所示：来自蒸发器的制冷剂饱和蒸气（状态 1 点）被压缩机低压级吸入，并压缩到中间压力 p_m（状态 2 点），排入中间冷却器，被其中的制冷剂液体冷却成为饱和蒸气（状态 3 点），同时中间冷却器中的一部分液体制冷剂吸热变为饱和蒸气，两者一起进入压缩机高压级，再次被压缩到冷凝压力 p_k（状态 4 点），进入冷凝器并冷凝成饱和液体（状态 5 点），经节流阀 A 降压到中间压力 p_m（状态 6 点），并进入中间冷却器而分离成蒸气和液体两部分。在中间冷却器中，液体制冷剂的一小部分用于冷却低压级的排气变成蒸气，并随同低压排气、节流产生的蒸气一同被高压级吸回；液体制冷剂的大部分（状态 7 点）则经节流阀 B 节流到蒸发压力 p_0（状态 8 点），并进入蒸发器制取冷量，循环进行。

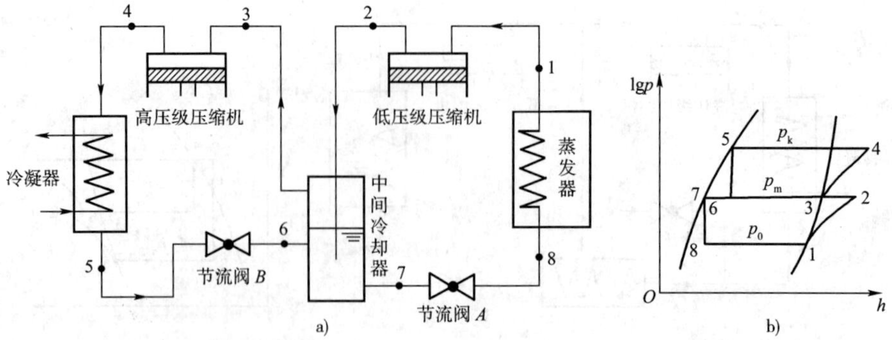

图 1.6-4　二级节流中间完全冷却循环及其在 h-d 图的近似表示

二级节流中间完全冷却的优点是可以消除一级节流中间冷却器盘管的传热温差。因此，在其他参数相同时，循环的制冷系数比一级节流略高。它的缺点是当压缩机排气中含油时，特别是对氨制冷机，会在中间冷却器中积油，对活塞式、螺杆式制冷系统不太适宜，而较适宜于氨离心式制冷系统。

八、二级节流中间不完全冷却循环

这一循环适宜于氟利昂离心式制冷机。

二级节流中间不完全冷却循环的工作过程如图 1.6-5 所示：进入蒸发器的制冷剂先由节流阀 A 节流到状态 6，再由节流阀 B 节流到状态 8。进入压缩机高压级的制冷剂蒸气系由中间冷却器出来的状态 3′的饱和蒸气和压缩机低压级排出的（状态 2）过热蒸气相混合，其状态 3 为中间压力下的过热蒸气。

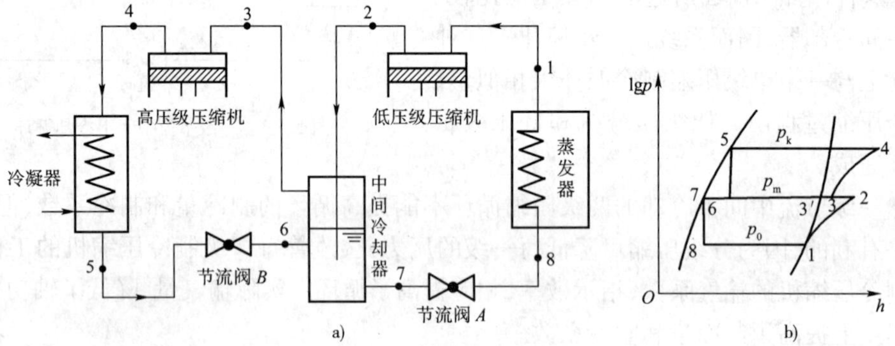

图 1.6-5　二级节流中间不完全冷却循环及其在 h-d 图的近似表示

● 实践技能展现

两级蒸气压缩式制冷循环的比较分析技能如下：

比较两级蒸气压缩式制冷循环，当制冷剂、蒸发温度 t_0、冷凝温度 t_k 及中间温度 t_m 分别相同的前提下：

（1）中间不完全冷却循环的制冷系数要比中间完全冷却循环的制冷系数小。

这是因为，在其他条件相同的情况下，中间不完全冷却循环的耗功大。

（2）在相同的冷却条件下，一级节流循环要比二级节流循环的制冷系数小。

这是因为，一级节流循环中，中间冷却器盘管具有传热温差 Δt，而使循环的单位质量制冷量减小。通常中间冷却器盘管出液端传热温差比较小（$\Delta t = 3 \sim 7$℃），因此一级节流循环和二级节流循环实际的经济性差别是很小的。除多级离心式压缩制冷循环外,目前冷负荷变化较大的活塞式、螺杆式制冷机采用一级节流循环形式的较多,主要原因在于:

①一级节流依靠高压制冷剂本身的压力供液到较远的用冷场所,适用大型制冷装置。

②盘管中的高压制冷剂液体不与中间冷却器中的制冷剂相接触,减少了润滑油进入蒸发器的机会,可提高热交换设备的换热效果。

③蒸发器和中间冷却器分别供液,便于操作控制,有利于制冷系统的安全运行。

工作任务 1.7　制冷剂的介绍

• 知识点导入

理论知识点	实践知识点
1. 制冷剂的要求; 2. 制冷剂的种类; 3. 制冷剂的分类; 4. 制冷剂的编号表示方法; 5. 常用制冷剂的特性	CFC、HCFC 的限制与替代情况的调研技能

• 理论信息获取

制冷剂又称制冷工质,是在封闭的制冷系统中不断循环流动,通过自身热力状态变化与外界发生热量交换的介质。制冷剂在蒸发器和冷凝器内,主要是物态变化;制冷剂在压缩机和节流阀内,主要是热力参数变化。制冷系统借助于制冷剂状态的变化,从而实现制冷的目的。

蒸气压缩式制冷系统中的制冷剂是一种在系统中循环工作的,汽化和凝结交替变化进行传递热量的工作流体。系统中的制冷剂在低压低温下汽化吸热(实现制冷),而在高压高温下凝结放热(蒸汽还原为液体)。有适宜的压力和温度并满足一定条件的可作为制冷剂的物质为数不多,在制冷和空调中广泛使用的制冷剂不过几种。

一、制冷剂的要求

制冷剂的性质将直接影响制冷机的种类、构造、尺寸和运转特性,同时也影响到制冷循环的形式,设备结构及经济技术性能。因此,合理地选择制冷剂是一个很重要的问题。通常对制冷剂的性能要求从热力学、物理化学、安全性和经济性方面加以考虑。

(一)热力学方面的要求

(1)沸点要求低。这是一个必要的条件,可以获得较低的蒸发温度。

(2)临界温度要高,凝固温度要低。这样可以保证制冷机在较广的温度范围内安全工作。临界温度高的制冷剂在常温条件下能够液化,即可用普通冷却介质使制冷剂冷凝,同时能使制冷剂在远离临界点下节流而减少损失,提高循环的性能。凝固点低,可使制冷系统安全地制取较低的蒸发温度,使制冷剂在工作温度范围内不发生凝固现象。

(3)具有适宜的工作压力。要求蒸发压力接近或略高于大气压力,冷凝压力不能过高,尽可能使冷凝压力与蒸发压力的压力比(p_k/p_0)小。

(4)汽化潜热大。在一定的饱和压力下制冷剂的汽化潜热大,可得到较大的单位制冷量。

(5)绝热指数小些。这样可使压缩过程功耗减少,压缩终了时的排气温度不过高,从而改善运行性能和简化机器结构。

(6)对于大型制冷系统,要求制冷剂的单位容积制冷量尽可能的大。在产冷量一定时,可减少制冷剂的循环量,从而缩小制冷机的尺寸和管道的直径。但对于小型制冷系统,要求单位容积制冷量小些,这样可不致于使制冷剂所通过的流道截面太窄而增加制冷剂的流动阻力、降低制冷机效率和增加制造加工的难度。

(7)对于离心式制冷压缩机,要求制冷剂的分子量要大一些。因为分子量大的制冷剂,其蒸气密度也大,在同样的旋转速度时可产生较大的离心力,每一级所产生的压力比也就大。采用分子量大的制冷剂,当制冷系统的压力比 p_k/p_0 一定时,所需要的离心式制冷压缩机的级数少。

(二)物理化学方面的要求

(1)要求制冷剂的黏度尽可能小,黏度小可以减少流动阻力损失。

(2)热导率要求高,可提高换热设备的传热系数,减少换热设备的换热面积。

(3)要求制冷剂纯度高。

(4)制冷剂的热化学稳定性要求好,高温下不易分解。制冷剂与油、水相混合时对金属材料不应有明显的腐蚀作用。对制冷机的密封材料的膨润作用要求尽可能小。

(5)在半封闭和全封闭式制冷机中,电机线圈与制冷剂、润滑油直接接触,因此要求制冷剂应具有良好的电绝缘性。

(6)制冷剂溶解于油的不同性质表现出不同的特点。制冷剂在润滑油中的溶解性可分为完全溶解、微溶解和完全不溶解。一般可认为 R717、R13、R14 等是不溶于油的制冷剂;R22、R114 等是微溶于油的制冷剂;R11、R12、R21、R113 等是完全溶于油的制冷剂。

(三)安全性方面的要求

(1)要求制冷剂在工作温度范围内不燃烧、不爆炸。

(2)要求所选择的制冷剂无毒或低毒,相对安全性好。

制冷剂的毒性、燃烧性和爆炸性都是评价制冷剂安全程度的指标,各国都规定了最低安全程度标准,如英国标准 4334—1969;美国国家标准 ANSIBl5—1978 等。

(3)要求所选择的制冷剂应具有易检漏的特点,以确保运行安全。

(4)要求万一泄漏的制冷剂与食品接触时,食品不会变色变味,不会被污染及损伤组织。空调用制冷剂应对人体的健康无损害,无刺激性气味。

(四)经济性方面的要求

要求制冷剂生产工艺简单,以降低制冷剂的生产成本。即"价廉易得"。

二、制冷剂的种类

(1)卤代烃。卤代烃是三种卤素(氟、氯、溴)之中的一种或多种原子取代烷烃(饱和碳氢化合物)中的氢原子所得的化合物。氟利昂是其商品名的总称。根据烷烃中 H 原子被卤素取代的差异,可分为六类。

①全氟代烃,或称氟烃(FC),烷烃中氢原子完全被氟原子所取代,如 CF_4。

②氯氟烃(CFC),烷烃中氢原子被氯和氟原子所取代,如 CF_2Cl_2。

③氢氟烃(HFC),烷烃中氢原子部分被氟原子所取代,如 $C_2H_2F_4$。

④氢氯氟烃(HCFC),烷烃中氢原子部分被氯和氟原子所取代,如 CHF_2Cl。

⑤氢氯烃(HCC),烷烃中氢原子部分被氯原子所取代,CH_3Cl。

⑥全氯代烃(CC),烷烃中氢原子完全被氯原子所取代,如 CCl_4。

由此可见,卤代烃的种类很多,但只有其中一部分被用作制冷剂。部分卤代烃制冷剂由于对环境有负面影响而被限制和禁用。

(2)饱和碳氢化合物:如丙烷、异丁烷等。

(3)不饱和碳氢化合物和卤代烯:如乙烯、丙烯等。

(4)环状有机化合物:如 RC318 等。

(5)非共沸混合制冷剂:如 R407C 等。

(6)共沸混合制冷剂:如 R502 等。

(7)无机化合物:如水、氨、二氧化碳等。

三、制冷剂的分类

通常按照制冷剂的标准蒸发温度,将制冷剂分为三类,即高温、中温和低温制冷剂。所谓标准蒸发温度,是指在标准大气压力下的蒸发温度,也就是通常所说的沸点。

(一)高温(低压)制冷剂

标准蒸发温度 $t_s \geq 0℃$,冷凝压力 $p_c \leq 0.2 \sim 0.3MPa$。常用的高温制冷剂有 R123 等。

(二)中温(中压)制冷剂

标准蒸发温度 $0℃ > t_s > -60℃$,冷凝压力 $0.3MPa < p_c < 2.0MPa$。常用的中温制冷剂有氨、R12、R22、R134a、丙烷等。

(三)低温(高压)制冷剂

标准蒸发温度 $t_s < -60℃$,冷凝压力 $p_c > 0.2 \sim 0.3MPa$。常用的低温制冷剂有 R13、乙烯、R744 等。

四、制冷剂的编号表示方法

为了书写和称谓方便,制冷剂都规定一识别的编号,以取代其化学名称、分子式或商业名称。国际上通用的编号法则是采用 ASHRAE(美国供热、制冷和空调工程师学会)规定的编号法。国际上统一规定用字母"R"和它后面的一组数字及字母作为制冷剂的编号。具体的表示方法在 GB 7778—1987 中已有明确规定。

(一)卤代烃

对于卤代烃制冷剂,其编号与化合物的结构有着对应的关系,即是说根据编号可以推导出化学式,反之亦然。卤代烃的化学通式为 $C_mH_nF_xCl_yBr_z$

根据化学式中关于饱和碳氢化合物的结构,化学式中的 m、n、x、y、z 有($n+x+y+z=2m+2$)的关系。

化学式对应的编号为:RabcBd

其中 R 为 Refrigerant(制冷剂)的第一个字母;B 代表化合物中的溴原子;a、b、c、d 为整数,分别为:

a 等于碳原子数减 1,即 $a=m-1$,当 $a=0$ 时,编号中省略;

b 等于氢原子数加 1,即 $b=n+1$;

c 等于氟原子数,即 $c=x$;

d 等于溴原子数,即 $d=z$,当 $d=0$ 时,编号中 Bd 都省略。

氯原子数在编号中不表示,它可根据($n+x+y+z=2m+2$)的公式推算出来。

例如:

CCl_2F_2 中碳原子数 m = 1，则 a = 1 - 1 = 0；氢原子数 n = 0，b = 0 + 1 = 1；氟原子数 x = 2，则 c = 2；无溴原子。因此，其编号为 R12。$C_2HF_3Cl_2$ 编号中各个数分别为 a = 2 - 1 = 1，b = 1 + 1 = 2，c = 3。因此，其编号为 R123。

习惯上，R12、R22 又称为氟利昂 12、氟利昂 22……，也有写成 F12、F22……。"氟利昂"(Freon)是国外一生产厂家定的商业名称。其他国外厂商就冠以其他名称，如"阿克敦"(Arcton)、"琴纳特朗"(Genetron)等。

由于乙烷的卤化物有同分异构体，如 CHF_2CHF_2 和 CH_2FCF_3 都是四氟乙烷，分子量相同，但结构不同，它们的编号根据碳原子团的原子量不对称性进行区分。前者两个碳原子团的原子量对称，则用 R134 表示；后者不对称较大，则用 R134a 表示。

卤代烃除了上述的表示方法，目前还直接用其所含的氢、氯、氟、碳来表示，即分别以英文 H、Cl、F、C 来表示，编号法则不变。例如 R12 可写成 CFC12，该化合物中含有氯、氟、碳原子，原子数可以根据编号推算；又如 R22 可写成 HCFC22；R134a 可写成 HFC134a。

（二）饱和碳氢化合物（烷烃）

碳氢化合物称烃，其中饱和碳氢化合物称为烷烃，其中有甲烷（CH_4）、乙烷（C_2H_6）……。这些制冷剂的编号法则是这样的，甲烷、乙烷、丙烷同卤代烃；其他按 600 序号依次编号。

（三）不饱和碳氢化合物和卤代烯

烯烃是不饱和碳氢化合物中的一类，有乙烯（C_2H_4）、丙烯（C_3H_6）等。烯烃分子里的氢原子被卤素（氟、氯、溴）原子取代后生成的化合物称为卤代烯。如二氯乙烯（$C_2H_2Cl_2$）是乙烯中两个氢原子被氯原子取代生成的化合物。烯烃及卤代烯的编号用四位数，第一位数是 1，其余三位数同卤代烃的编号法则。例如 C_2H_4 的编号为 R1150，$C_2H_2Cl_2$ 的编号为 R1130。

饱和碳氢化合物、烯烃、卤代烯在空调制冷及一般制冷中并不采用，它们只用在石油化工工业中的制冷系统中。

（四）环状有机化合物

分子结构呈环状的有机化合物，如八氟环丁烷（C_4F_8），二氯六氟环丁烷（$C_4Cl_2F_6$）等。这些化合物的编号法则是：在 R 后加 C，其余同卤化烃编号法则，如 C_4F_8 的编号为 RC318。

（五）非共沸混合制冷剂

由两种或多种制冷剂按一定比例混合在一起的制冷剂，在一定压力下平衡的液相和气相的组分不同（低沸点组分在气相中的成分总高于液相中的成分），且沸点并不恒定。非共沸混合制冷剂与共沸混合制冷剂一样，用组成的制冷剂编号和质量百分比来表示。例如 R22/152a/124(53/13/34)是由 R22、R152a、R124 三种制冷剂按质量百分比 53%、13%、34% 混合而成。对于已经商品化的非共沸混合制冷剂给予 3 位数的编号，首位是 4。例如 R22/152/124(53/13/34)制冷剂的编号为 R401A，又如 R407C 为 R32/125/134a(23/25/52)非共沸混合制冷剂。

（六）共沸混合制冷剂

由两种或多种制冷剂按一定的比例混合在一起的制冷剂，在一定压力下平衡的液相和气相的组分相同，且保持恒定的沸点，这样的混合物称为共沸混合制冷剂。共沸混合制冷剂可以由组分制冷剂的编号和质量百分比来表示。如 R22/R12(75/25)或 R22/12(75/25)是由 75%（质量）的 R22 与 25%（质量）的 R12 混合的共沸混合制冷剂。

对于已经成熟的商品化的共沸混合制冷剂，则给予新的编号，从 500 序号开始。目前已有 R500、R501、R502、……R509。

(七)无机化合物

无机化合物的制冷剂有氨(NH_3)、二氧化碳(CO_2)、水(H_2O)等,其中氨是常用的一种制冷剂。无机化合物的编号法则是700加化合物分子量(取整数)。如氨的编号为R717,二氧化碳的编号为R744。

五、常用制冷剂的特性

在蒸气压缩式制冷系统中,能够使用的制冷剂有卤代烃类(即氟利昂)、无机物类、饱和碳氢化合物类等,目前使用最广的制冷剂有水、氨、氟利昂、氟利昂的混合溶液等。现将它们的主要性质介绍如下。

(一)水的特性(R718)

水属于无机物类制冷剂,是所有制冷剂中来源最广,最为安全而便宜的工质。水的标准蒸发温度为100℃,冰点0℃。适用于制取0℃以上的温度。水无毒、无味、不燃、不爆,但水蒸气的比容大,蒸发压力低,使系统处于高真空状态(例如,饱和水蒸气在35℃时,比容为$25m^3/kg$,压力为5650Pa;5℃时,比容为$147m^3/kg$,压力为873Pa)。由于这两个特点,水不宜在压缩式制冷机中使用,只适合在空调用的吸收式和蒸汽喷射式制冷机中作制冷剂。

(二)氨的特性(R717)

氨的标准蒸发温度为-33.4℃,凝固温度为-77.7℃,氨的压力适中,单位容积制冷量大,流动阻力小,热导率大,价格低廉,对大气臭氧层无破坏作用,故目前仍被广泛采用。氨的主要缺点是毒性较大、可燃、可爆、有强烈的刺激性臭味、等熵指数较大,若系统中含有较多空气时,遇火会引起爆炸,因此氨制冷系统中应设有空气分离器,及时排除系统内的空气及其他不凝性气体。

氨与水可以以任意比例互溶,形成氨水溶液,在低温时水也不会从溶液中析出而造成冰堵的危险,所以氨系统中不必设置干燥器。但水分的存在会加剧对金属的腐蚀,所以氨中的含水量仍限制在≤0.2%的范围内。

氨在润滑油中的溶解度很小,油进入系统后,会在换热器的传热表面上形成油膜,影响传热效果,因此在氨制冷系统中往往设有油分离器。氨液的密度比润滑油小,运行中油会逐渐积存在贮液器、蒸发器等容器的底部,可以较方便地从容器底部定期放出。

氨对钢铁不起腐蚀作用,但对锌、铜及其铜合金(磷青铜除外)有腐蚀作用,因此在氨制冷系统中,不允许使用铜及其铜合金材料,只有连杆衬套、密封环等零件允许使用高锡磷青铜。目前氨用于蒸发温度在-65℃以上的大、中型单、两级制冷机中。

(三)氟利昂的特性

氟利昂是应用较广的一类制冷剂,目前主要用于中、小型活塞式、螺杆式制冷压缩机、空调用离心式制冷压缩机、低温制冷装置及其有特殊要求的制冷装置中。大部分氟利昂无毒或低毒,无刺激性气味,在制冷循环工作温度范围内不燃烧、不爆炸,具有热稳定性好,凝固点低,对金属的润滑性好等显著的优点。

1. R12

R12对大气臭氧层有严重破坏作用,并产生温室效应,危及人类赖以生存的环境,因此已受到限用与禁用。但它目前仍是国内应用较广的中温制冷剂之一,2010年1月1日起将在我国完全停止生产和消费。

R12的标准蒸发温度为-29.8℃,凝固点为-155℃,可用来制取-70℃以上的低温。R12

无色、气味很弱、毒性小、不燃烧、不爆炸,但当温度达到 400℃以上、遇明火时,会分解出具有剧毒性的光气。R12 等熵指数小,所以压缩机的排气温度较低。单位容积制冷量小、相对分子质量大、流动阻力大、热导率较小。

水在 R12 中的溶解度很小,低温状态下水易析出而形成冰堵,因此 R12 系统内必须严格限制含水量,并规定 R12 产品的含水量不得超过 0.0025%,且系统中的设备和管道在充灌 R12 前,必须经过干燥处理,在充液管路中及节流阀前的管路中加设干燥器。

R12 能与矿物性润滑油无限溶解,在传热管表面不易形成油膜,但在蒸发器中,随 R12 的不断蒸发,润滑油在其中逐渐积存,使蒸发温度升高,传热系数下降。由于润滑油的密度比 R12 小,油漂浮在 R12 液面上,无法直接从容器底部放出,因此,蒸发器多采用干式蛇管式,从上部供液,下部回气,使润滑油与 R12 蒸气一同返回压缩机。在压缩机曲轴箱内,油中会溶解 R12,降低了油的黏度,因此应采用黏度较高的润滑油。另外,当压缩机停机时,曲轴箱内压力升高,油中 R12 的溶解量增多,当压缩机启动时,曲轴箱内压力突然降低,油中的 R12 便大量蒸发,将油滴带入系统,并形成泡沫,造成曲轴箱内油位下降,影响油泵的正常工作,所以常在曲轴箱底部设有电加热器,启动前先对润滑油加热,使 R12 蒸发,以免启动时造成失油现象。

R12 对一般金属没有腐蚀作用,但能腐蚀镁及含镁量超过 2% 的铝镁合金。含水后会产生镀铜现象。R12 对天然橡胶及塑料等有机物有膨润作用,故密封材料应使用耐氟利昂腐蚀的丁腈橡胶或氯醇橡胶,封闭式压缩机中电动机绕组导线要涂覆耐氟绝缘漆,电动机采用 B 级或 E 级绝缘。R12 极易渗透,故对铸件质量及系统的密封性要求较高。

R12 由于压力适中、压缩终温低、热力性能优良、化学性能稳定、无毒、不燃、不爆等优点,它广泛用于冷藏、空调和低温设备,从家用冰箱到大型离心式制冷机中都有采用。

2. R22

R22 对大气臭氧层有轻微破坏作用,并产生温室效应。它是第二批被列入限用与禁用的制冷剂之一。我国将在 2040 年 1 月 1 日起禁止生产和使用。

R22 是最为广泛使用的中温制冷剂,标准蒸发温度为 -40.8℃,凝固点为 -160℃,单位容积制冷量稍低于氨,但比 R12 大得多。压缩终温介于氨和 R12 之间,能制取 -8℃以上的低温。

R22 无色、气味很弱、不燃烧、不爆炸、毒性比 R12 稍大,但仍属安全性制冷剂。它的传热性能与 R12 相近,溶水性比 R12 稍大,但仍属于不溶于水的物质。含水量仍限制在 0.0025% 之内,防止含水量过多和冰堵所采取的措施,与 R12 系统相同。

R22 化学性质不如 R12 稳定。它的分子极性比 R12 大,故对有机物的膨润作用更强。密封材料可采用氯乙醇橡胶,封闭式压缩机中电动机绕组线圈可采用 QF 改性缩醛漆包线(F 级或 E 级)或 QZY 聚脂亚胺漆包线。

R22 能部分地与润滑油互溶,故在低温(蒸发器中)会出现分层现象,采用的回油措施与 R12 相同。R22 对金属的作用、泄漏性与 R12 相同。

R22 广泛用于冷藏、空调、低温设备中。在活塞式、离心式、压缩机系统中均有采用。由于它对大气臭氧层仅有微弱的破坏作用,故可作为 R12 的近期、过渡性替代制冷剂。

3. R13

R13 属低温制冷剂,标准蒸发温度 -81.5℃,凝固点为 -180℃,毒性比 R12 更小,不燃烧、不爆炸。R13 低温时蒸气比体积小,常温下饱和压力高,临界温度低(28.78℃),故常温下难以液化,它只应用于复叠式制冷系统的低温级。

R13 微溶于水，系统中也应设干燥器。它不溶于油，对金属和有机物的作用、泄漏性与 R12 相同，可用来制取 -100 ~ -70℃的低温。R13 对大气臭氧层也有破坏作用，但因其用量很少，直到 1990 年伦敦会议上才被列入增加的受控物质，要求发展中国家在 2010 年 1 月 1 日起停止生产和消费。

4. R11

R11 属高温制冷剂，标准蒸发温度 23.7℃，凝固点为 -111℃，常温常压下呈液态。它的分子量较大，单位容积制冷量小，所以适用于离心式压缩机制冷系统。

R11 毒性比 R12 大，与明火接触时更易分解出剧毒光气。R11 的溶水性、溶油性、对金属及有机物的作用均与 R12 相似。R11 由于标准蒸发温度较高，故广泛用于空调系统或热泵装置中，制取 -5 ~ 10℃的低温。它对大气臭氧层有严重破坏作用，属限用与禁用之列。

5. R142b

R142b 属标准蒸发温度较高（-9.25℃）的中温制冷剂，凝固点为 -130.8℃，它的最大特点是在很高的冷凝温度下（例如 80℃），其冷凝压力并不高（1.35MPa），因此适合于在热泵装置和高环境温度下的空调装置中使用。

R142b 的毒性与 R22 差不多。当它与空气混合的体积分数在 10.6% ~ 15.1% 范围内，会发生爆炸。它对大气臭氧层仅有微弱的破坏作用，也将在 2040 年被禁用。

6. R134a

R134a 的标准蒸发温度为 -26.5℃，凝固点为 -101℃，属中温制冷剂。它的特性与 R12 相近，无色、无味、无毒、不燃烧、不爆炸。汽化潜热比 R12 大，与矿物性润滑油不相溶，必须采用聚脂类合成油（如聚烯烃乙二醇）。与丁腈橡胶不相容，须改用聚丁腈橡胶作密封元件。吸水性较强，且易与水反应生成酸，腐蚀制冷机管路及压缩机，故对系统的干燥度提出了更高的要求，系统中的干燥剂应换成 XH-7 或 XH-9 型分子筛，压缩机线圈及绝缘材料须加强绝缘等级。击穿电压、介电常数比 R12 低。热导率比 R12 约高 30% 左右。对金属、非金属材料的腐蚀性及渗漏性与 R12 相同。R134a 对大气臭氧层无破坏作用，但仍有一定的温室效应（GWP——全球温室效应潜能，其值约为 0.27），目前是 R12 的替代工质之一。

7. R600a

R600a 的标准蒸发温度为 -11.7℃，凝固点为 -160℃，属中温制冷剂。它对大气臭氧层无破坏作用，无温室效应。无毒，但可燃、可爆，在空气中爆炸的体积分数为 1.8% ~ 8.4%，故在有 R600a 存在的制冷管路，不允许采用气焊或电焊。它能与矿物油互溶。汽化潜热大，故系统充灌量少。热导率高，压缩比小，对提高压缩机的输气系数及压缩机效率有重要作用。等熵指数小，排温低。单位容积制冷量仅为 R12 的 50% 左右。工作压力低，低温下蒸发压力低于大气压力，因而增加了吸入空气的可能性。价格便宜。由于具有极好的环境特性，对大气完全没有污染，故目前广泛被采用，作为 R12 的替代工质之一。

8. R123

R123 的标准蒸发温度为 27.9℃，凝固温度为 -107℃，属高温制冷剂。相对分子质量大（152.9），适用于离心式制冷压缩机。R123 比 R11 具有更大的侵蚀性，故橡胶材料（如密封垫片）必须更换成与 R123 相容的材料。与矿物油能互溶。具有一定毒性，其允许暴露值为 30×10^{-6}。传热系数较小。

由于它具有优良的大气环境特性（ODP = 0.02，GWP = 0.02），是目前替代 R11 的理想制冷剂之一（ODP，即大气臭氧层损耗的潜能，GWP，即全球温室效应潜能；参见工作任务

1.7　实践技能展现中注解)。

9. R152a

R152a 的标准蒸发温度为 -25.0℃,凝固温度为 -117.0℃,属中温制冷剂。单位容积制冷量比 R12 小,有中等程度的可燃性,在空气中的可燃极限的体积分数为 4.7% ~16.8%。但由于它具有优良的大气环境特性,也被用来作为 R12 的替代工质。

(四)非共沸制冷剂的特性

非共沸冷剂是由两种或三种氟利昂以一定的质量比混合而成,在既定压力下相变时,各组分在气相和液相中的质量分数不同,且一直在变化,相变温度也在改变。汽化开始和结束(即液化结束和开始)的温度分别称泡点和露点,两者温度差称温度漂移。

R407C 是 HFCS 组成的非共沸冷剂,在有的船上已用它替换 R22,与 R22 相比在同温度下工作压力高 10% 左右,排气温度稍低,制冷量接近,不做优化匹配则性能系数 COP(压缩机单位轴功率的制冷量)比 R22 的装置稍低(降低不超过 10%)。因在相变时有约 7℃的温度漂移,若采用逆流式换热器制冷量可比用普通换热器提高 2% ~6%,COP 值可提高 5% ~6%。

R407C 装置设计和管理时应尽量防止制冷剂漏泄,补充冷剂时应以液态充注。漏泄量 <20% 时对装置性能影响不大。其装置应采用脂类油 POE,并以分子筛为干燥剂。

其中,温度漂移 <1℃的非共沸制冷剂是近共沸制冷剂。

R404A、R410A 都是 HFCS 近共沸混合物。前者有的船舶伙食冷库和空调制冷装置已采用,其工作压力比 R22 约高 20%,排气温度较低,制冷量相对稍高些,COP 要低百分之十几;后者能替代 R22,相比之下排气温度略高,传热性能较好,液体流动阻力较低,制冷量可为 R22 的 1.4 ~1.5 倍,COP 略低(降低不超过 8%);但其工作压力比 R22 约高 60%,压缩机和管路、设备需专做相应的设计,目前尚未用于船舶制冷装置。使用这两类冷剂的装置都应采用脂类油 POE 和分子筛作干燥剂。

(五)共沸制冷剂的特性

共沸制冷剂(R5××)多由两种氟利昂按一定比例混合而成,在汽化或液化的相变过程中,液、气相物质组分的质量分数始终不变;相变压力既定则相变温度始终不变,彼此有既定的相应关系,就和单一物质一样。其标准沸点比组成它的纯冷剂都低,故能适用的蒸发温度更低;蒸发温度既定时共沸冷剂的吸气压力比采用纯冷剂高,吸气密度比纯冷剂更大,故单位容积制冷量大。但现研发的共沸冷剂含有禁用的氟利昂,目前尚未有适用品种。

(六)碳氢化合物的特性

丙烷(R290)是较多采用的碳氢化合物。它的标准蒸发温度为 -42.2℃,凝固温度为 -187.1℃,属中温制冷剂。它广泛存在于石油、天然气中,成本低、易于获得。它与目前广泛使用的矿物油、金属材料相容。对干燥剂、密封材料无特殊要求。汽化潜热大,热导率高,故可减少系统充灌量。流动阻力小,压缩机排气温度低。但它易燃易爆,空气中可燃极限体积分数为 2% ~10%,故对电子元件和电气部件均应采用防爆措施。如果在 R290 中混入少量阻燃剂(例如 R22),则可有效地提高空气中的可燃极限。R290 化学性质很不活泼,难溶于水。大气环境特性优良(ODP=0,GWP=0.03),是目前被研究的替代工质之一。

除丙烷外,通常用作制冷剂的碳氢化合物还有乙烷(R170)、丙烯(R1270)、乙烯(R1150)。这些制冷剂的优点是易于获得、价格低廉、凝固点低、对金属不腐蚀、对大气臭氧层无破坏作用。但它们的最大缺点是易燃、易爆,因此使用这类制冷剂时,系统内应保持正压,以防空气漏入系统而引起爆炸。它们均能与润滑油溶解,使润滑油黏度降低,因此需选用黏度较大的润滑油。

丙烯、乙烯是不饱和碳氢化合物,化学性质活泼,在水中溶解度极小,易溶于酒精和其他有机溶剂。

乙烷、乙烯属低温制冷剂,临界温度都很低,常温下无法使它们液化,故限用于复叠式制冷系统低温部分。

- **实践技能展现**

CFC、HCFC 的限制与替代情况的调研技能如下:

CFC 又称氯氟烃,是氟利昂制冷剂家族中的一员。由于 CFC 物质对大气臭氧层有严重破坏作用,故提出了对它的限用与禁用,但绝不意味着整个氟利昂家族成员都对大气臭氧层有破坏作用,对 CFC 物质的限用与禁用误认为是对氟利昂的限用与禁用是不恰当的。CFC 由于具有优良的物理、化学和热力特性,一直被广泛使用,如 CFC12、CFC11 等。

早在 1974 年,美国加利福尼亚大学的莫莱耐博士和罗兰特教授就指出,氟氯碳化合物扩散至同温层时,被太阳的紫外线照射而分解,放出氯原子,与同温层中臭氧进行连锁反应,使臭氧层遭到破坏,危及人类健康及生态平衡。

研究表明,当 CFC 受强烈紫外线照射后,将产生下列反应(以 CFC12 为例):

$$CF_2Cl_2 \xrightarrow{\text{紫外线}} CF_2Cl + Cl;Cl + O_3 \longrightarrow ClO + O_2;ClO + O \longrightarrow Cl + O_2$$

循环反应产生的氯原子不断地与臭氧分子作用,使一个氯氟烃分子,可以破坏成千上万个臭氧分子,使臭氧层出现“空洞”,这一现象已被英国南极考察队和卫星观测所证实。据 UNEP(联合国环境规划署)提供的资料,臭氧每减少 1%,紫外线辐射量约增加 2%。臭氧层的破坏将导致:①危及人类健康,可使皮肤癌、白内障的发病率增加,破坏人体免疫系统;②危及植物及海洋生物,使农作物减产,不利于海洋生物的生长与繁殖;③产生附加温室效应,从而加剧全球气候转暖过程;④加速聚合物(如塑料等)的老化。因此保护臭氧层已成为当前一项全球性的紧迫任务。

物质对臭氧层破坏作用的大小,是以其大气臭氧层损耗的潜能值(缩写为 ODP 值)的大小来衡量的,并以 CFC11 为基准,规定 CFC11 的 ODP 值为 1。温室效应的定量评价,是以全球温室效应潜能值(缩写为 GWP 值)来表示的。其大小是相对于 CO_2 的温室效应而言的,规定 CO_2 的 GWP 值为 1(GWP 值也可以 CFC11 为准,得出另一套数据)。某些物质的 ODP 值及 GWP 值如表1.7-1所示。

目前,ODP≤0.05,GWP≤750 的制冷剂被认为是尚可以接受的。

某些制冷剂的 ODP 值及 GWP 值 表 1.7-1

物　质	ODP 值(R11 = 1)	CWP 值(CO_2 = 1)	是否受控物质
CFC11(R11)	1.0	1500	是
CFC12(R12)	1.0	4500	是
HCFC22(R22)	0.05	510	否
HFC32(R32)	0		否
CFC113(R113)	0.8	2100	是

续上表

物　　质	ODP 值(R11 = 1)	CWP 值(CO_2 = 1)	是否受控物质
CFC114(R114)	1.0	5500	是
CFC115(R115)	0.6	7400	是
HCFC123(R123)	0.02	29	否
HCFC124(R124)	0.02	150	否
HFC125(R125)	0	860	否
HFC134a(R134a)	0	420	否
HCFC141b(R141b)	0.08	150	否
HCFC142b(R142b)	0.08	540	否
HFC143a(R143a)	0	1800	是
HFC152a(R152a)	0	47	是
HC600a(R600a)	0	15	是

CFC 的禁用使全球制冷、空调行业面临一场新的挑战,各国相继开展寻找替代物的研究。理想替代制冷剂除应有较低的 ODP 值和 GWP 值外,还应具有良好的使用安全性、经济性、优良的热物性(饱和压力适中、容积制冷量大、低能耗、合适的临界温度和标准蒸发温度、低黏度、高热导率等)、与润滑油的可溶性、与水的溶解性、高电绝缘强度等等。

一、CFC12 的替代

CFC12 目前被广泛应用于家用冰箱及汽车空调等领域。被研究的替代制冷剂中,有单一制冷剂,也有混合制冷剂。单一制冷剂主要有 R134a、R152a、R600a、R290 等。混合制冷剂主要有 R22/R152a、R22/R152a/R124、R290/R600a 等。最受到关注的是 R134a 和 R600a。在美国与日本,替代物几乎全部为 R134a。在欧洲如德国、意大利等,R600a 则有更大的市场。中国的家用制冷工业中,R134a 及 R600a 均被推荐为 R12 的替代制冷剂。在汽车空调上,全世界的生产厂商均一致选用 R134a 作为替代制冷剂。

R134a 的 ODP = 0,GWP = 420,不可燃,无毒、无味,使用安全,其热物理性质与 R12 十分接近,目前已达商品化生产。试验研究表明:在家用冰箱中用 R134a 替代 R12 后,制冷量下降,能耗比增加,但其热工性能及安全性能仍能符合《家用制冷器具》(GB 8059.1—3—1987)的要求,冷却速度及耗电量均达到轻工部 A 级指标。如果针对 R134a 的特性,对压缩机加以改进,能耗比可望下降,甚至可优于 R12。

研究表明,R12 冰箱中用的润滑油、干燥剂、橡胶和电动机绝缘漆都不适用于 R134a,替换时必须改用酯类油或聚二醇(PAG)油。由于新润滑油具有极强的吸水性,且易与水反应生成酸,对系统产生腐蚀,故除在生产过程中严格控制系统内含水量外,还应更换吸水性更强的 XH-7 或 XH-9 型分子筛。压缩机电动机线圈及绝缘材料必须加强绝缘等级,严防腐蚀。R134a 用于汽车空调时,由于压缩机的性能系数(COP 值)较低,应强化冷凝器和蒸发器的传热,达到提高 COP 值的目的。

R600a 的 ODP = 0,GWP = 15,环保性能好,易于获得,成本低,运行压力低,噪声小,能耗可下降 5% ~10% ,对制冷系统材料无特殊要求,润滑油可与 R12 通用。但 R600a 易燃、易爆,用于冰箱时,电器件应采用防爆型,避免产生火花。除霜系统(用于无霜冰箱时)可采用电阻式接触加热方式,使其表面温度远低于 R600a 的燃烧温度(494℃)。压缩机必须采用适合于 R600a 的专用压缩机。R600a 的单位容积制冷量比 R12 低,要求压缩机的排气量至少增加 1 倍。试验结果表明:与 R12 相比,耗电量降低约 12% ,噪声降低约 2dB(A)。

用 R152a 替代 R12 后,能耗降低 3% ~7% ,单位容积制冷量下降,排温高,具有中等程度的可燃性,故其推广使用受到一定限制。

R22/R152a 属近共沸混合制冷剂,替代后原有制冷系统不必做重大变动,泄漏对成分影响较小,在配比为 50/50 的质量分数下,ODP = 0.05,GWP = 105,均在可接受的范围之内。在选择合适配比后,具有较优良的热工性能,冷却速度快,耗电量略有下降。但它仍具有排气温度高、单位容积制冷量小,溶油性差、可燃等一系列缺陷,有待进一步探索和改进。

对于食品的冷冻与冷藏设备,制冷量为 1 ~12kW 的小型制冷设备,选择 R22 替代 R12;制冷量在 12 ~72kW 的制冷机,可选择 R22 或 R717(氨)来替代。对于单元式空调器中制冷量在 22 ~140kW 的空调器,选择 R22 替代 R12。对于运输用冷藏设备,则选择 R22 或 R134a 替代 R12。

二、HCFC22 的替代

HCFC22 具有优良的热力性质,对金属、矿物油等具有相容性,因此目前几乎所有的空调机组中都使用 R22 作为制冷剂。但 R22 对大气臭氧层仍有一定的破坏作用,它已被列入过渡性物质之列,寻找 R22 的替代物也就成为当今世界的热门课题。

到目前为止,已被研究的替代物主要有 R134a、R290、R410A、R407C、R32/R134a 等。遗憾的是这些替代物的冷量和效率均比 R22 低,必须对系统及设备加以改进,才有可能达到与 R22 同样的效果。

R410A 是近共沸混合制冷剂,是由质量分数为 50% 的 R32 和 50% 的 R125 组成。ODP = 0,同温度下它的压力值比 R22 约高 60% ,因而制冷系统中的各设备及连接管路应重新设计。单位容积制冷量较大,传热性能及流动特性较好,COP 值较 R22 略低。

R407C 是非共沸混合制冷剂,是由质量分数为 23% 的 R32、25% 的 R125 和 52% 的 R134a 组成。ODP = 0,同温度下它的压力比 R22 大 10% 左右。由于是非共沸混合工质,在换热器中存在明显的温度梯度,加上传热性能较差,为达到与 R22 同样的冷量,冷凝器和蒸发器的面积将需有较大的增加。单位容积制冷量大,但较 R410A 小,COP 值也略有下降。

随着 CFC、HCFC 禁用的提出,人们对替代制冷剂的研究方兴未艾,可以预见,新的替代制冷剂将会不断地被研究和提出。但在商业化之前,对成分的可燃性、材料的相容性、润滑油、干燥剂、成分的迁移、压缩机和换热器的设计、生产和维修等一系列问题,须得到解决。另外,对现有蒸气压缩式制冷系统,提高系统的密封性,强化传热、传质过程,以减少传热面积,进而减少系统中制冷剂的充灌量,提高操作和维修水平,防止和减少 CFC、HCFC 的泄漏,以及提高制冷剂的回收技术等,均可减少 CFC、HCFC 向大气的排放量,使臭氧层的破坏得到缓解和控制。

工作任务 1.8　载冷剂的介绍

• 知识点导入

理论知识点	实践知识点
1. 载冷剂与载冷剂循环特点； 2. 载冷剂的要求； 3. 常用载冷剂的特性	载冷剂的选用技能

• 理论信息获取

载冷剂又称冷媒，是在间接供冷系统中用以传递制冷量的中间介质。载冷剂在蒸发器中被制冷剂冷却后，送到冷却设备中，吸收被冷却物体或空间的热量，再返回蒸发器重新被冷却，如此循环不止，以达到传递制冷量的目的。

在盐水制冰、冰蓄冷系统、集中空调等需要采用间接供冷方法的生产过程中，需使用载冷剂来传送冷量。载冷剂在制冷系统的蒸发器中被冷却后，用来冷却被冷却物质，然后再返回蒸发器，将热量传递给制冷剂。载冷剂起到了运载冷量的作用，故又称为冷媒。这样既可减少制冷剂的充灌量，减少泄漏的可能性，又易于解决冷量的控制和分配问题。

一、载冷剂与载冷剂循环特点

载冷剂是在间接冷却的制冷装置中完成把被冷却系统(物体或空间)的热量传递给制冷剂的中间冷却介质。这种中间冷却介质亦称为第二制冷剂。

载冷剂的循环是在蒸发器中被制冷剂冷却并送到冷却设备中吸收被冷却系统的热量，然后返回蒸发器将吸收的热量传递给制冷剂，而载冷剂重新被冷却。如此循环不止，以达到连续制冷的目的。

使用载冷剂能使制冷剂集中在较小的循环系统中，而将冷量输送到较远的冷却设备中，可减少制冷剂的循环量，解决某些直接冷却的制冷装置难以解决的问题。又由于使用了载冷剂能使某些毒性较大或刺激性气味较强的制冷剂远离使用环境，增强制冷系统安全性。载冷剂是依靠显热来运载冷量的，这是与制冷剂依靠汽化潜热来制冷的最大区别。由于使用了载冷剂，增加了制冷系统的复杂性，同时，制冷循环从低温热源获得热量时存在二次传热温差，即载冷剂与被冷却系统和载冷剂与制冷剂之间的传热温差，增大了制冷系统的传热不可逆损失，降低了制冷循环的制冷效率，所以说间接制冷系统只有在为了满足特殊要求时才采用。

二、载冷剂的要求

(1)载冷剂是依靠显热来运载热量的，所以要求载冷剂在工作温度下处于液体状态，不发生相变。要求载冷剂的凝固温度至少比制冷剂的蒸发温度低 4 ~ 8℃，标准蒸发温度比制冷系统所能达到的最高温度高。

(2)比热要大，在传递一定热量时，可使载冷剂的循环量小，使输送载冷剂的泵耗功减少，管道的耗材量减少，从而提高循环的经济性。当一定量的流体运载一定量的热量时，比热大的能使传热温差减小。

(3)热导率要大,可增加传热效果,减少换热设备的传热面积。

(4)黏度要小,以减少流动阻力和输送泵功率。

(5)化学性能要求稳定。载冷剂在工作温度内不分解;不与空气中的氧化合,不改变其物理化学性能;不燃烧、不爆炸,挥发性要小,如在特殊情况下,必须使用有燃烧性、有挥发性的载冷剂时,其闪点须高于65℃;载冷剂与制冷剂接触时化学性质应稳定,不发生化学变化。

(6)要求对人体和食品、环境无毒、无害,不会引起其他物质的变色、变味、变质。

(7)要求不腐蚀设备和管道,如果载冷剂稍带腐蚀性时,应能添加缓蚀剂阻滞腐蚀。

(8)要求价格低廉,易于获得。

三、常用载冷剂的特性

(一)空气的特性

空气作为载冷剂在冷库及空调中多有采用。空气比热容较小,所需传热面积较大。

(二)水的特性

水作为载冷剂只适用于载冷温度在0℃以上的场合,空调系统中多有采用。水在蒸发器中得到冷却,然后再送入风机盘管内或直接喷入空气,对空气进行温、湿度调节。

水的凝固点为0℃,标准蒸发温度为100℃。

水的比重小,黏度小,水的流动阻力小,所采用的设备尺寸较小。

水的比热大,传热效果好,循环水量少。

水的化学稳定性好,不燃烧不爆炸,纯洁的水对设备和管道的腐蚀性小,系统安全性好。水无毒,对人、食品和环境都是绝对无害的,所以在空调系统中,水不仅可作为载冷剂,也可直接喷入空气中进行调湿和洗涤空气。

水的缺点是凝固点高,限制了它的应用范围,并且在作为接近0℃的载冷剂使用时,应注意壳管式蒸发器等换热设备的防冻措施。

(三)盐水溶液的特性

盐水溶液有较低的凝固温度,适用于中、低温制冷装置中运载冷量。通常采用氯化钠($NaCl$)、氯化钙($CaCl_2$)、氯化镁($MgCl_2$)水溶液。

盐水的性质和含盐量的大小有关。也可以说,盐水的凝固点取决于盐水的浓度。

盐水作为载冷剂时应注意:

1. 要合理地选择盐水的浓度

盐水浓度增高,将使盐水的密度加大,会使输送盐水的泵的功率消耗增大;而盐水的比热却减少,输送一定制冷量所需的盐水流量将增多,同样增加泵的功率消耗。因此,不应选择过高的盐水浓度,而应根据使盐水的凝固点低于载冷剂系统中可能出现的最低温度的原则来选择盐水浓度。目前,一般的选法是,选择盐水的浓度使凝固点比制冷装置的蒸发温度低5~8℃(采用水箱式蒸发器时取5~6℃;采用壳管式蒸发器时取6~8℃)。鉴于此,氯化钠($NaCl$)溶液只使用在蒸发温度高于-16℃的制冷系统中。氯化钙($CaCl_2$)溶液可使用在蒸发温度不低于-50℃的制冷系统之中。

2. 注意盐水溶液对设备、管道的腐蚀问题

盐水载冷剂对金属的腐蚀随盐水中含氧量的减少而变慢,最好采用闭式盐水系统,以减少与空气接触;另外,为了减轻腐蚀作用,可在盐水溶液中加入一定量的缓蚀剂。$1m^3$ 氯化钙水溶液中应加1.6kg重铬酸钠($Na_2Cr_2O_7$)和0.45kg氢氧化钠($NaOH$);$1m^3$ 氯化钠水溶液中应加3.2kg重铬酸钠和0.89kg氢氧化钠。加入缓蚀剂后,必须使盐水略呈碱性($pH=7\sim8.5$)。

在添加上述药品时,要注意毒性。

3. 盐水载冷剂在使用过程中,会因吸收空气中的水分而使其浓度降低

在开式盐水系统中盐水的浓度会迅速降低。为了防止盐水的浓度降低,引起凝固点温度升高,故必须定期用比重计测定盐水的比重。若浓度降低时,应补充盐量,以保持在适当的浓度。

4. 氯化钠和氯化钙不能混合使用,以防盐水池中出现沉淀

氯化镁盐水溶液可作为氯化钙盐水溶液的替代品,但其价格昂贵,用途不广。

(四)有机物载冷剂

有机物载冷剂有乙醇($CH_3—CH_2OH$)、乙二醇($CH_2OH—CH_2OH$)、丙二醇($CH_2OH—CHOH—CH_3$)、丙三醇($CH_2OH—CHOH—CH_2OH$)、二氯甲烷(CH_2Cl_2)及三氯乙烯($CHCl—CCl_2$)等。它们都具有较低的凝固温度。例如,乙二醇常用在冰蓄冷系统中作载冷剂使用,是腐蚀性小的一种载冷剂。它无色、无味、无电解性、无燃烧性,乙二醇的价格和黏度较丙二醇低。乙二醇水溶液略有腐蚀性,应加缓蚀剂以减弱对金属的腐蚀。乙醇的凝固点为 -117℃,二氯甲烷的凝固点为 -97℃,适用于更低的载冷温度。丙三醇(甘油)是极稳定的化合物,其水溶液无腐蚀性、无毒,可以和食品直接接触。乙醇具有燃烧性,使用时应予以注意,并采取防火措施。

有机物载冷剂标准蒸发温度均较低,因此一般都采用闭式循环,考虑到温度变化时,有机载冷剂体积有变化,系统中往往设有膨胀节或膨胀容器。

● 实践技能展现

载冷剂的选用技能如下:

在实际工程中使用的载冷剂有:水、氯化钠盐水溶液、氯化钙盐水溶液、丙三醇水溶液(甘油水溶液)、乙二醇水溶液、甲醇、乙醇、丙酮、三氯乙烯、二氯甲烷、四氟三溴乙烷和三氯氟甲烷等。

虽然,可用作载冷剂的物质很多,但是在某一温度范围内,适用的载冷剂种类并不多。所以,在实际工程设计时,当载冷剂系统的工作温度和使用目的确定之后,只需在几种载冷剂中进行比较选择。适合于某一温度范围内工作和使用目的,是选择载冷剂的两个主要方面。具体选择办法是:

(1)蒸发温度在5℃以上的载冷剂系统,一般都采用水作载冷剂,水具有许多优良特点,但是水的凝固点高,这就大大限制了水在制冷工程中作为载冷剂的使用范围。在空调系统中用水作载冷剂是理想的。

(2)蒸发温度在 -50 ~5℃的范围内,一般可采用氯化钠盐水溶液或氯化钙盐水溶液作载冷剂。由于共晶点的限制,氯化钠盐水溶液用于 -16 ~5℃的场合;而氯化钙盐水溶液可用于 -50 ~5℃的系统中。

用盐水溶液作载冷剂,在制冷工程中是相当普遍的,像制冰、制冷饮制品、酒类生产及工业生产中等。盐水溶液的最大缺点是对金属有腐蚀作用,当泄漏时会对食品有一定的影响,所以在不便维修或不便更换设备及管道的场合、某些特定食品的加工工艺中,可采用乙二醇水溶液、丙三醇水溶液、酒精水溶液等作为载冷剂。另外也可用三氯乙烯、二氯甲烷等物质来代替氯化钙盐水溶液。

(3)当载冷剂系统的工作温度范围较广,既需要在低温下工作,又需要在高温下工作时,

应选择能同时满足高、低温要求的物质作载冷剂。这时载冷剂应具备凝固点低，标准蒸发温度高的特性。例如在具有50℃温度要求的环境试验室和需冷却到－50℃也需加热到60～70℃的生物药品、疫苗等生产中的冷冻干燥装置中，应选用三氯乙烯（标准蒸发温度87.2℃），不能采用二氯甲烷（标准蒸发温度40.2℃）。

（4）当蒸发温度低于－50℃时，可采用凝固点更低的有机化合物作载冷剂。如三氯乙烯、二氯甲烷、三氯氟甲烷、乙醇、丙酮等。这些物质的沸点也较低，一般需采用封闭式系统，以防溶液泵气蚀、载冷剂汽化以及减少冷量损失。

工作任务1.9　制冷系统的介绍

● 知识点导入

理论知识点	实践知识点
1. 制冷系统的分类； 2. 直接冷却型单级压缩制冷系统； 3. 间接冷却型单级压缩制冷系统； 4. 直接冷却型双级制冷系统； 5. 制冷系统的设备及作用	单级压缩制冷系统的比较技能

● 理论信息获取

一、制冷系统的分类

制冷系统的分类方式多种多样，种类划分如下：

（一）根据制冷剂种类划分

1. 氟利昂制冷系统

油分离器按需设置；设回热器；安装干燥过滤器。

2. 氨制冷系统

油分离器必不可少；不能有回热器；设置紧急泄氨阀。

（二）按照冷却方式划分

1. 直接冷却制冷系统

被冷对象的热量直接传给蒸发器，一般适用于氟利昂制冷系统。

2. 间接冷却制冷系统

被冷对象的热量通过冷媒系统间接传给蒸发器，一般适用于氨制冷系统。

（三）按照供液方式划分

1. 直接膨胀供液制冷系统

（1）供液方式：通过膨胀阀直接向蒸发器供液，供液动力来自系统高低压差。

（2）主要特点：供液动力来自于系统内部的压力差；系统简单，操作方便；有闪发蒸气进入蒸发器；供液容易出现不均；蒸发器为单一通道，盘管长度受限（流动阻力问题）。

（3）适用范围：主要是氟利昂制冷系统和小型的氨制冷系统。

2. 重力供液制冷系统

(1)供液方式:利用制冷剂液柱的重力来向蒸发器供液。

(2)主要特点:向蒸发器供给制冷剂液体,且便于均匀供液;压缩机吸入前经过氨液分离器,保证干压缩;氨液分离器液面相对稳定,便于实现液面自控;蒸发压力受液柱静压影响;氨液分离器安装要高于蒸发器,一般高出最高盘管0.5~2m;供液稳定性差;融霜操作麻烦。

(3)适用范围:主要是氨制冷系统。

3.液泵供液制冷系统

(1)供液方式:利用液泵向蒸发器供液。

(2)主要特点:供液无闪发蒸气,回气无液滴,系统运行安全有效;供液稳定,可按负荷要求向蒸发器供液;供液动力大,供液量大(为实际蒸发量的3~6倍),制冷效果好;供液量充分,回流过热度小,可以提高压缩效率和制冷系数;制冷系统动力增加1%~1.5%,能耗增加。

(3)适用范围:主要是中大型氟利昂制冷系统和中大型氨制冷系统。

二、直接冷却型单级压缩制冷系统

实际应用的直接冷却型单级压缩制冷装置,应包括制冷系统(制冷剂循环系统+润滑油循环系统+冷却水循环系统)、电气系统和空间区域(小冷库)。其中,制冷系统除压缩机、冷凝器、蒸发器、节流阀等基本设备外,还包括许多辅助设备、自动控制设备。图1.9-1所示为比较典型的食品冷库制冷系统,是直接膨胀供液的氟利昂系统。

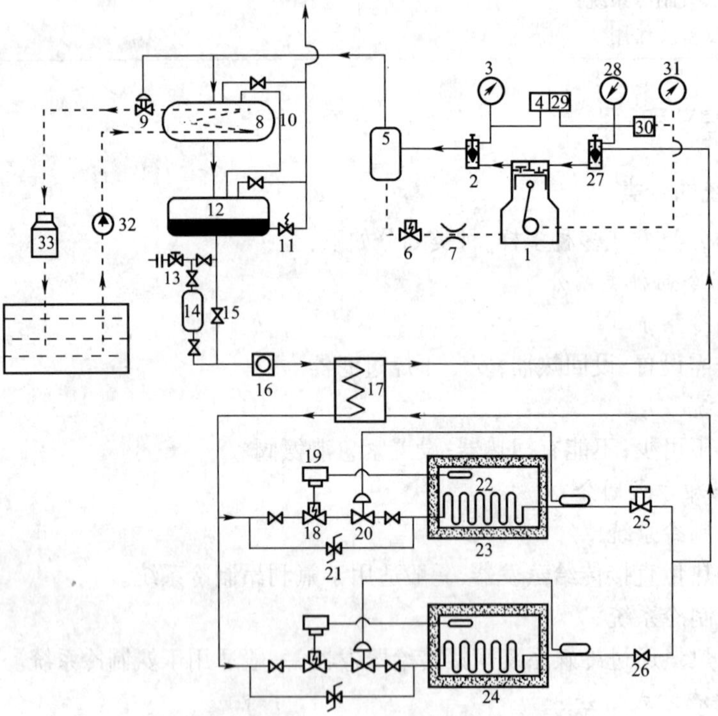

图1.9-1 直接冷却型单级压缩制冷系统

1-制冷压缩机;2-排出截止阀;3-排出压力表;4-高压控制器;5-滑油分离器;6-电磁阀;7-节流孔板;8-冷凝器;9-冷却水量调节阀;10-平衡管;11-安全阀;12-贮液器;13-充注阀;14-过滤干燥器;15-旁通阀;16-液流指示器;17-回热器;18-供液电磁阀;19-温度控制器;20-热力膨胀阀;21-手动膨胀阀;22-蒸发器(非满液式);23-高温库;24-低温库;25-蒸发压力调节阀;26-止回阀;27-吸入阀;28-吸入压力表;29-低压控制器;30-油压差控制器;31-油压表;32-冷却水泵;33-冷却塔

三、间接冷却型单级压缩制冷系统

实际应用的间接冷却型单级压缩制冷装置，应包括制冷系统（制冷剂循环系统＋润滑油循环系统＋冷却水循环系统）、冷媒系统（载冷剂循环系统）、电气系统、空间区域（大冷库）。其中，冷媒系统包括冷媒箱、冷媒水泵、膨胀水柜、换热器等。图 1.9-2 所示为比较典型的集中式中央空调的制冷系统和冷媒系统，其中制冷系统是重力供液的氨系统。

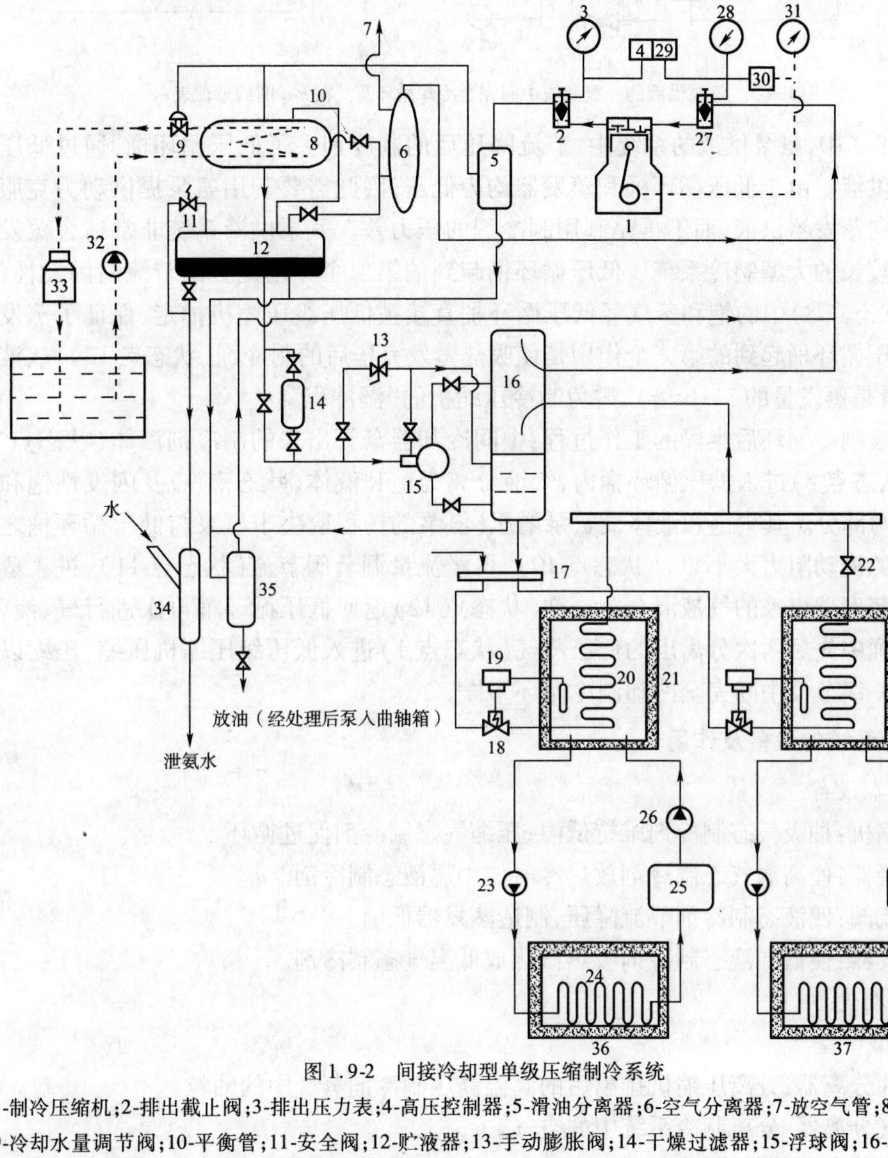

图 1.9-2　间接冷却型单级压缩制冷系统

1-制冷压缩机；2-排出截止阀；3-排出压力表；4-高压控制器；5-滑油分离器；6-空气分离器；7-放空气管；8-冷凝器；9-冷却水量调节阀；10-平衡管；11-安全阀；12-贮液器；13-手动膨胀阀；14-干燥过滤器；15-浮球阀；16-氨气分离器；17-总调节站；18-供液电磁阀；19-温度控制器；20-蒸发器；21-冷媒箱；22-止回阀；23-冷媒供入泵；24-换热器；25-膨胀水柜；26-冷媒排出泵；27-吸入阀；28-吸入压力表；29-低压控制器；30-油压差控制器；31-油压表；32-冷却水泵；33-冷却塔；34-紧急泄氨器；35-储油器；36-高温库；37-低温库

四、直接冷却型双级制冷系统

在中大型氨制冷装置中，常采用氨泵将低压循环桶中的低温制冷剂液体强制送入蒸发器，以增加制冷剂在蒸发器内的流动速度，提高传热效率，缩短降温时间。图 1.9-3 所示为比较典型的氨泵供液的双级压缩制冷系统，是一级节流中间完全冷却制冷系统。

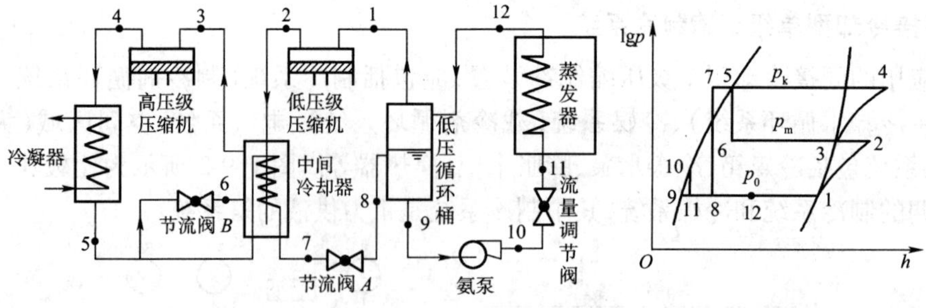

图 1.9-3　氨泵供液的一级节流中间完全冷却循环及其在 h-d 图的近似表示

在图 1.9-3 中，氨泵供液的系统中，节流降压后的制冷剂去了低压循环桶，通过低压循环桶给蒸发器供液。由于低压循环桶和蒸发器均为低压，因此需要利用氨泵提供动力克服管路的流动阻力向蒸发器供液，而不再是利用制冷剂的压力差。氨泵供液系统非常适合蒸发器多且系统管路较长的大型制冷系统。低压循环桶起到的第二个作用是分离节流后闪发性气体，即湿蒸气（状态点 8）中的饱和蒸气经低压循环桶直接被低压级压缩机抽走，保证了蒸发器供液均匀。低压循环桶起到的第三个作用是使吸热蒸发完毕后的制冷剂（状态点 12）气、液分离（氨泵供液量是蒸发量的 3 ~6 倍），避免制冷压缩机的“湿冲程”。

氨泵供液制冷循环后半段的工作过程：中间冷却器盘管出来的制冷剂液体（状态点 7）通过节流后（状态点 8）进入低压循环桶内，气液分离为饱和液体（状态点 9）及闪发性饱和蒸气（状态点 1）两部分。其中饱和液体被氨泵增压（氨泵的扬程取决于氨泵与低压循环桶之间的管路与阀门的流动阻力大小）后（状态点 10），再经流量调节阀节流（状态点 11），进入蒸发器汽化制冷。蒸发器出来的气液混合制冷剂（状态点 12）返回低压循环桶再次进行气、液分离。在低压循环桶中先后两次分离出的低压蒸气（状态点 1）进入低压级压缩机压缩，压缩以后的循环过程与一级节流中间完全冷却制冷循环一样。

五、制冷系统的设备及作用

（一）基本设备

（1）压缩机：抽吸气态制冷剂维持低温；压缩气态制冷剂促进循环。

（2）冷凝器：使高温气态制冷剂放热冷凝成中温液态制冷剂。

（3）节流阀：使液态制冷剂节流降压，制造蒸发器低温。

（4）蒸发器：使低温液态制冷剂吸热汽化成低温气态制冷剂。

（二）辅助设备

1. 分离型设备

（1）滑油分离器：分离压缩机排出后的高温高压制冷剂蒸气中的油粒。

（2）空气分离器：分离制冷系统中的空气。

（3）气液分离器（氟）：分离压缩机吸入前的低温低压氟制冷剂蒸气中的液滴。

（4）气液分离器（氨）：分离节流阀节流后的低温低压氨制冷剂液体中的蒸气。

（5）集油器：分离高压氨制冷剂液体中的油粒。

2. 储存型设备

（1）贮液器：贮存制冷剂、液封与污物沉淀。

（2）膨胀水柜：保证冷媒系统的正常工作。

3. 防护型设备

(1)过滤器:过滤杂质。
(2)过滤干燥器:过滤杂质、去除水分。
(3)安全阀:保证制冷设备在规定压力下安全工作。
(4)紧急泄氨阀:出现事故时迅速释放氨液。

4. 冷却型设备

(1)回热器:使低温气态制冷剂过热,防止液击;使高温液态制冷剂过冷,防止闪气。
(2)中间冷却器:使低压压缩机的排气冷却,利于高压压缩机工作。
(3)冷却塔:使冷却水降温,利于循环使用。

5. 指示型设备

(1)液流指示器:显示液体流动情况。
(2)液面指示器:显示液面位置。
(3)温度计:显示被测对象的温度值。
(4)压力表:显示被测对象的压力值。

6. 动力型设备

(1)水泵:提高冷却水/冷媒压力。
(2)风机:使空气强制对流。

(三)自控设备

(1)低压继电器:以吸入压力为信号启停压缩机。
(2)高压继电器:当排压过高时实现保护性停车。
(3)温度继电器:根据库温上下限启闭供液电磁阀。
(4)压差继电器:当油压差小于调定值时延时后停车。
(5)供液电磁阀:配合温度继电器控制对蒸发器的供液。
(6)气用止回阀:防止低温库蒸发器发生倒冲现象。
(7)冷却水量调节阀:控制冷却水量保证冷凝压力在合适范围内。
(8)蒸发压力调节阀:保证高温库的蒸发压力在合适范围内。

• 实践技能展现

单级压缩制冷系统的比较技能如表1.9-1所示。

单级制冷系统的比较 表1.9-1

	直接膨胀供液的氟利昂制冷系统	重力供液的氨制冷系统
压缩机	单级压缩;压力比 >10 时采用双级压缩	单级压缩,用水冷却;压力比 >8 时采用双级压缩
中间冷却器	双级压缩采用一次节流中间不完全冷却方式	双级压缩采用一次节流中间完全冷却方式
滑油分离器	按需设置;回油直接去曲轴箱	必不可少;回油直接去集油器
冷凝器	可以是风冷式	几乎是水冷式
空气分离器	在冷凝器的上部管路上,可以不设	在冷凝器的下部和贮液器的上部管路上
高压贮液器	≤80%;1/3~1/2	≤80%;10%~70%
总调节站	可以不设	一般要设
干燥过滤器	必不可少	按需设置
回热器	必不可少	不能够有

续上表

	直接膨胀供液的氟利昂制冷系统	重力供液的氨制冷系统
节流阀	热力膨胀阀;直接膨胀供液	手动膨胀阀+低压浮球阀;重力供液
分液器	冷风机时设置	无
低压贮液器	无	30%~70%;氨泵工作20min不断液;1.5m高
气液分离器	无	有时兼作低压贮液器
蒸发器	上进下出,便于回油	下进上出,均匀供液
气液分离器	分离压缩机吸气管的油滴,可以不设	无
紧急泄氨阀	无	有

评价反馈

方　式	项　　目
内容评价	1. 你对制冷应用的了解程度为多少？请举例说明。 2. 制冷有哪些主要的方法？ 3. 如何理解单级压缩式制冷原理？ 4. 如何理解不同的单级压缩式制冷循环？ 5. 怎样对单级压缩式制冷工况进行分析？ 6. 为什么要进行两级压缩式制冷？ 7. 常见的制冷剂具有哪些共性特点？ 8. 常见的载冷剂具有哪些共性特点？ 9. 如何判断不同制冷系统的使用场合？
问题反馈	1. 请你判断对“了解制冷基础”情境内容的掌握程度。 2. 请你思考对“了解制冷基础”情境内容的学习方法。 3. 请你提出对“了解制冷基础”情境内容的改进意见。

学习情境2　认知制冷设备

目标要求

主要知识目标	主要能力目标
1. 制冷压缩机； 2. 冷凝器； 3. 节流阀； 4. 蒸发器； 5. 分离型设备的种类、结构和原理； 6. 储存型设备的种类、结构和原理； 7. 防护型设备的种类、结构和原理； 8. 冷却型设备的种类、结构和原理； 9. 指示型设备的种类、结构和原理； 10. 动力型设备的种类、结构和原理； 11. 冷却水量调节阀的结构和原理； 12. 供液电磁阀的结构和原理； 13. 温度控制器的结构和原理； 14. 蒸发压力调节阀的结构和原理； 15. 止回阀的结构和原理； 16. 压力控制器的结构和原理； 17. 油压差控制器的结构和原理	1. 具备活塞式制冷压缩机拆装的能力； 2. 具备判断冷凝器工作正常的能力； 3. 具备热力膨胀阀安装和维护的能力； 4. 具备热力膨胀阀调试的能力； 5. 具备热力膨胀阀故障排除的能力； 6. 具备判断蒸发器工作正常的能力； 7. 具备判断滑油分离器工作正常的能力； 8. 具备干燥剂更换的能力； 9. 具备冷却水量调节阀调节的能力； 10. 具备供液电磁阀故障判断的能力； 11. 具备温度控制器调节的能力； 12. 具备温度控制器使用管理的能力； 13. 具备温度控制器故障判断的能力； 14. 具备蒸发压力调节阀调节的能力； 15. 具备压力控制器调节的能力； 16. 具备油压差控制器调节的能力

工作任务2.1　制冷压缩机的拆装维护

• 知识点导入

理论知识点	实践知识点
1. 制冷压缩机的分类； 2. 活塞式制冷压缩机； 3. 螺杆式制冷压缩机； 4. 离心式制冷压缩机	活塞式制冷压缩机的拆装技能

• 理论信息获取

制冷压缩机是制冷装置中最关键的“主机”，对装置的制冷量、性能系数和使用寿命有着决定性的影响。

一、制冷压缩机的分类

制冷压缩机的种类和形式很多，可根据工作原理、工作的蒸发温度和结构进行分类。

(一)按工作原理分类

1. 容积型压缩机

在容积型压缩机中，利用工作部件的直线或圆周运动形成工作容积周期性的变化而吸排液体，依靠压缩作用使气体的压力能增加。可见，容积型压缩机的压缩流程是间歇进行，其流动不连续不稳定。

2. 速度型压缩机

在速度型压缩机中，利用工作部件的圆周运动带动液体高速旋转而吸排液体，依靠叶轮离心作用使液体的动能和压力能增加。可见，速度型压缩机的压缩流程是连续进行，其流动连续稳定。

图 2.1-1 所示为制冷压缩机分类及其结构示意简图。

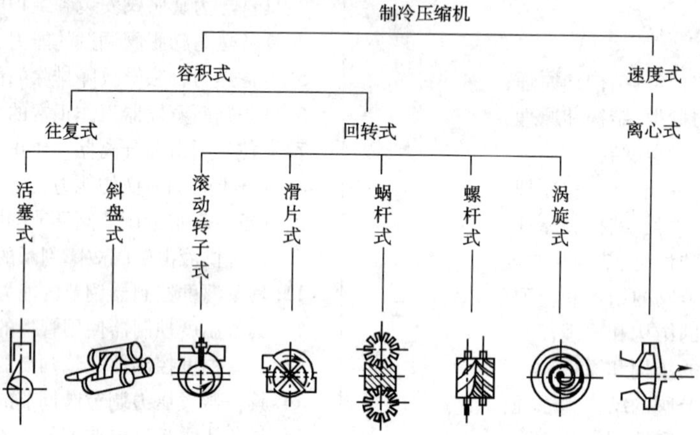

图 2.1-1　制冷压缩机分类及其结构示意简图

(二)按工作的蒸发温度范围分类

对于单级制冷压缩机，一般可按其工作蒸发温度的范围分为高温、中温和低温压缩机三种，但在具体蒸发温度区域的划分上并不统一。一般的温度范围为：高温制冷压缩机是 -10 ~ 10℃；中温制冷压缩机是 -20 ~ -10℃；低温制冷压缩机是 -45 ~ -20℃。

(三)按密封结构形式分类

为了防止制冷工质向外泄漏或外界空气渗入制冷系统内，制冷压缩机有着相应的密封结构。从采用的密封结构方式来看，制冷压缩机可分为开启式和封闭式两大类。而封闭式又可分为半封闭式和全封闭式。

1. 开启式压缩机：开启式压缩机与原动机分为两体，两机主轴靠传动装置连接传动，压缩机主轴外伸端设置轴封装置，以防泄漏。若原动机是电动机，因它与制冷剂和润滑油不接触而无需具备耐制冷剂和耐油的要求。因此，开启式压缩机可以用于以氨为工质的制冷系统中。

2. 封闭式压缩机：采用封闭式的结构，把电动机和压缩机连成一整体，装在同一机壳内共用一根主轴，因而可以取消开启式压缩机中的轴封装置，避免了由此产生或多或少泄漏的可能性。半封闭式与全封闭式的区别是前者的机壳是可拆式法兰连接，以便维修时拆卸；后者的机壳分为两部分，压缩机与电动机装入后，壳体两部分用焊接法焊死。全封闭式压缩机露在机壳外表的只有一些吸、排气管，工艺管以及其他(如喷液管)必要的管道、输入电源接线柱和压缩机支架等。

无论是半封闭式还是全封闭式的制冷压缩机，由于氨含有水分时要腐蚀铜，因而都不能用于以氨为工质的制冷系统中。但是，目前基于 CFC 和 HCFC 的替代和扩大天然制冷剂氨的使用的需要，采用能与氨制冷剂隔离的屏蔽式电动机的半封闭式压缩机已研制成功并获得运用。

二、活塞式制冷压缩机

（一）基本结构

各种活塞式制冷压缩机的制冷量、外形、制冷剂、用途等不尽相同，但其基本结构和组成的主要零部件都大体相同，即包括机体、曲轴、连杆组件、活塞组件、吸排气阀组件气缸套组件等。图 2.1-2 所示即为一台立式两缸活塞连杆式制冷压缩机的结构轴侧图。

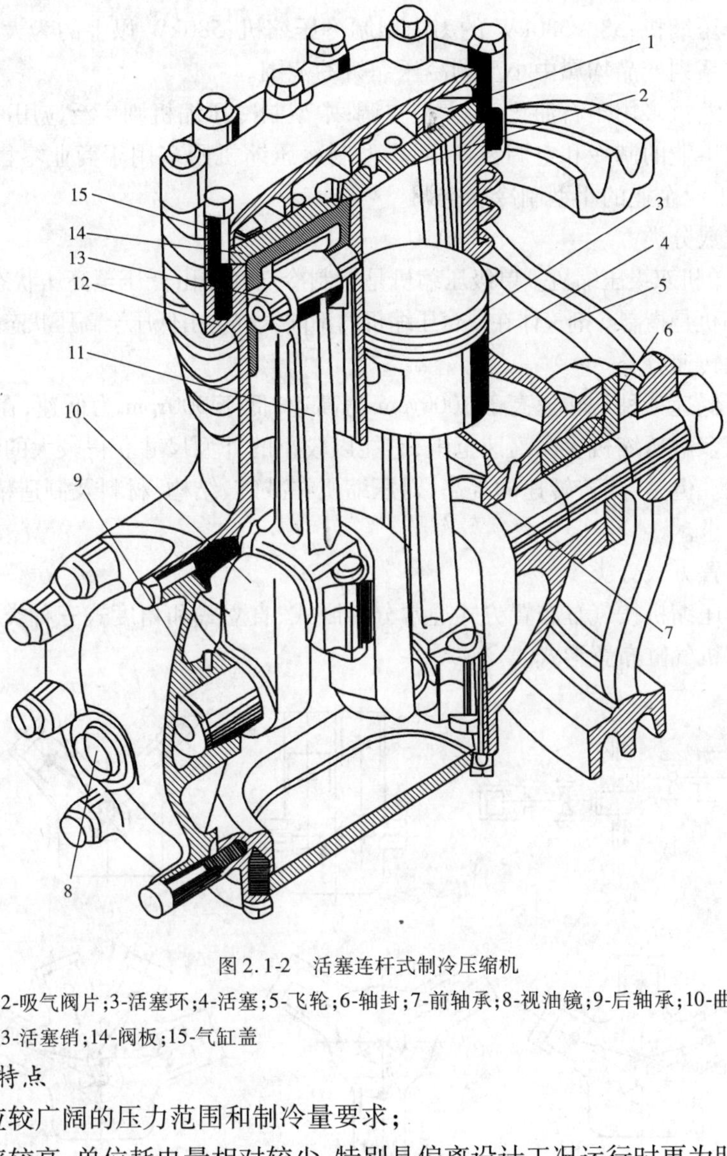

图 2.1-2　活塞连杆式制冷压缩机

1-排气阀片；2-吸气阀片；3-活塞环；4-活塞；5-飞轮；6-轴封；7-前轴承；8-视油镜；9-后轴承；10-曲轴；11-连杆；12-气缸体；13-活塞销；14-阀板；15-气缸盖

（二）主要特点

（1）能适应较广阔的压力范围和制冷量要求；

（2）热效率较高，单位耗电量相对较少，特别是偏离设计工况运行时更为明显；

（3）对材料要求低，多用普通钢铁材料，加工比较容易，造价较低廉；

（4）技术上较为成熟，生产使用上积累有丰富的经验；

（5）装置系统比较简单。

（6）因受到活塞往复惯性力的影响，转速受到限制，因此单机输气量大时，机器显得笨重；

(7)结构复杂,易损件多,维修工作量大;

(8)由于受到各种力、力矩的作用,运转时振动较大;

(9)输气不连续,气体压力有波动。

(三)主要类型

活塞式制冷压缩机的型式和种类较多,而且有多种不同的分类方法,除了按工作的蒸发温度范围以及密封结构形式进行分类外,目前常见的分类方法还有以下几种。

1. 按制冷量的大小分类

迄今为止,制冷量的划分界限尚无统一标准。一般认为,单机标准工况制冷量在 58kW 以下的为小型制冷压缩机;58 ~ 580kW 的为中型制冷压缩机;580kW 以上的为大型制冷压缩机。我国的高速多缸系列产品均属中小型制冷压缩机的范围。

大型制冷压缩机多用于石油化工、大型空调;中型制冷压缩机则广泛应用冷库、冷藏运输、一般工业和民用事业的制冷和空调装置;而小型制冷压缩机则多用于商业零售、公共饮食、科研、卫生和一般工业企业的小型制冷和空调。

2. 按压缩级数分类

分为单级和单机双级压缩机。单级压缩机是指制冷剂气体由低压至高压状态只经过一次压缩;单机双级压缩机是指制冷剂气体在一台压缩机的不同气缸内由低压至高压状态经过两次压缩。

3. 按压缩机转速分类

分为高、中、低速三种。转速高于 1000rpm 为高速,低于 300rpm 为低速,在两者之间为中速。现代中小型多缸压缩机多属高速范围,它能以较小的外型尺寸获得较大的制冷量,而且便于和电动机直联。但是,随着转速的提高,对压缩机在减震、结构、材料及制造精度等各方面则提出了更高的要求。

4. 按气缸布置方式分类

活塞式制冷压缩机按气缸布置方式通常分为卧式、直立式和角度式三种类型,图 2.1-3 所示为常见的压缩机气缸布置形式。

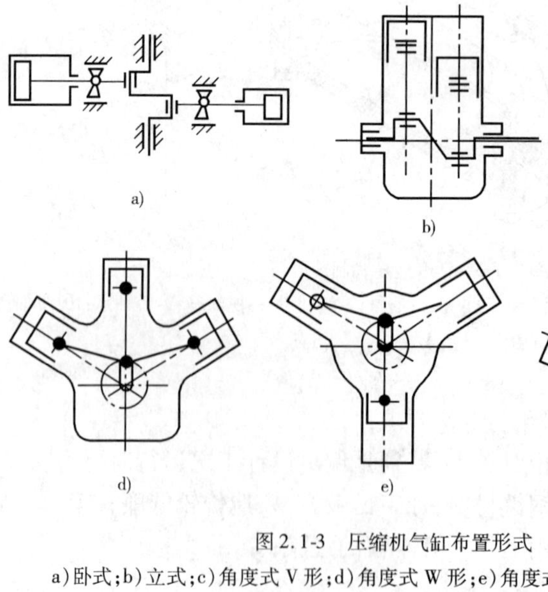

图 2.1-3　压缩机气缸布置形式

a)卧式;b)立式;c)角度式 V 形;d)角度式 W 形;e)角度式 Y 形;f)角度式 S 形

卧式压缩机的气缸轴线呈水平布置,其管道布置和内部结构的拆装维修比较方便,属大型低速压缩机。

直立式压缩机的气缸轴线与水平面垂直，用符号 Z 表示。这类压缩机占地面积小，活塞重力不作用在气缸壁面上，因而气缸和活塞的磨损较小；机体主要承受垂直的拉压载荷，受力情况较好，因而形状可以简单些，基础尺寸也可以小些。但大型直立式压缩机的高度大，必须设置操作平台，安装、拆卸和维护管理均不方便，因而极少采用此种布置方式；即使是中小型压缩机，除单、双缸外，也很少采用直立式的。

角度式压缩机的气缸轴线，在垂直于曲轴轴线的平面内具有一定的夹角。其排列形式有 V 形、W 形、Y 形、S 形（扇形）、X 形等。角度式压缩机具有结构紧凑、质量轻、动力平衡性好、便于拆装和维修等优点，因而在现代中、小型高速多缸压缩机中得到广泛应用。

5. 按气阀布置方式分类

压缩机气阀的不同布置方式会造成制冷剂气体进出气缸的不同流动方向。按此，压缩机可分为顺流式和逆流式两种。

顺流式压缩机的排气阀一般布置在气缸顶部的阀板上，吸气阀布置在活塞顶上，因气体吸入和排出气缸的流向不变，总是向上故称之为顺流式。由于顺流式压缩机活塞长而复杂，且质量大，又不能采用顶开吸气阀片的方式调节输气量，故现代高速制冷压缩机中很少采用这种气阀布置形式。

逆流式压缩机的吸、排气阀都布置在气缸顶部阀板上或把吸气阀布置在缸套上部的法兰周围，这样气体进出气缸的流向相反，故称之为逆流式。它的主要优点是活塞短而简单，可用铝合金制造，质量小，有利于提高转速，所以现代高速制冷压缩机中普遍应用逆流式气阀布置方式。

此外，按使用的制冷剂不同可分为氨压缩机、氟利昂压缩机和使用其他制冷剂（如二氧化碳、乙烯等）的压缩机；按气缸作用方式分为单作用式、双作用式；按气缸数分为单缸、双缸和多缸压缩机；按运动机构形式分为曲柄连杆式、曲柄滑块式和斜盘式；按气缸的冷却方式分为空气冷却式、水冷却式和进气冷却式；按传动方式分为间接传动式和直接传动式等。

（四）形式型号

1. 活塞式单级制冷压缩机（表 2.1-1、表 2.1-2）

根据我国国家标准《活塞式单级制冷压缩机》（GB/T 10079—2001）规定。

活塞式压缩机气缸布置形式　　表 2.1-1

<table>
<tr><th colspan="2" rowspan="2">压缩机类型</th><th colspan="5">缸　数</th></tr>
<tr><th>2</th><th>3</th><th>4</th><th>6</th><th>8</th></tr>
<tr><td colspan="2">全封闭</td><td>V 形角度式
B 形并列式</td><td>Y 形角度式</td><td>X 或 V 形角度式</td><td></td><td></td></tr>
<tr><td colspan="2">气缸直径小于 70mm 的单级半封闭式压缩机</td><td>Z 形直立式</td><td>Z 形直立式
W 形角度式</td><td>V 形角度式</td><td></td><td></td></tr>
<tr><td colspan="2">70mm 气缸直径的单级半封闭式压缩机</td><td>V 形角度式
直立式</td><td>W 形角度式</td><td>扇形
V 形角度式</td><td>W 形角度式</td><td>S 扇形角度式</td></tr>
<tr><td rowspan="4">开启式</td><td>100mm 气缸直径</td><td rowspan="3">V 形角度式
直立式</td><td rowspan="4"></td><td>扇形或 V 形角度式</td><td rowspan="3">W 形角度式</td><td rowspan="4">S 扇形角度式</td></tr>
<tr><td>125mm 气缸直径</td><td rowspan="2">V 形角度式</td></tr>
<tr><td>170mm 气缸直径</td></tr>
<tr><td>250mm 气缸直径</td><td></td><td></td><td></td></tr>
</table>

活塞式压缩机基本参数 表 2.1-2

类别	缸径	行程	转速范围（r/min）	缸数（个）	容积排量（8 缸）			
	mm				最高转速（r/min）	排量（m^3/h）	最低转速（r/min）	排量（m^3/h）
半封闭式	48、55、62		1440	2				
	30、40、50、60			2、3、4				
	70	70	1000 ~ 1800	2、3、4、6、8	1800	232.6	1000	129.2
		55				182.6		101.5
开启式	100	100	750 ~ 1500	2、4、6、8	1500	565.2	750	282.6
		70				395.6		197.8
	125	110	600 ~ 1200	4、6、8	1200	777.2	600	388.6
		100				706.5		353.3
	170	140	500 ~ 1000		1000	1525.5	500	762.3
	250	200	500 ~ 600	8	600	2826	500	2355

（1）压缩机型号表示方法：

□ □ □ □

冷凝压力:高冷凝压力用G表示,低冷凝压力不表示。

行程:用阿拉伯数字表示,单位为mm。

制冷剂:R22、R134a等用F表示，R717用A表示。

缸数和缸径：用阿拉伯数字表示，缸径单位为cm。

（2）压缩机组型号表示方法：

□ □-□ □

使用温度范围，高温用G，中温用Z，低温用D表示。

使用电动机功率：用阿拉伯数字表示，单位为kW。

压缩机型号。

压缩机类别：全封闭用Q表示，半封闭用B表示，开启式不表示。

（3）示例：

①812.5A110G 表示 8 缸扇形角度式布置，气缸直径 125mm，制冷剂为 R717，行程为 110mm 的高冷凝压力压缩机。

②Q24.8F50-2.2D 表示 2 缸 V 形角度式布置，气缸直径 48mm，制冷剂为氟利昂，行程 50mm，配用电动机功率 2.2kW，低温用全封闭式压缩机。

③B47F55-13Z 表示 4 缸扇形（或 V 形）角度式布置，气缸直径 70mm，制冷剂为氟利昂，行程 55mm，配用电动机功率 13kW，中温用低冷凝压力半封闭式压缩机。

④610F80G-75G 表示 6 缸 W 形角度式布置，气缸直径 100mm，制冷剂为氟利昂，行程 80mm，配用电动机功率 75kW，高温用高冷凝压力开启式压缩机。

目前国内有些生产厂家仍习惯沿用老的压缩机型号表示方法，即

□□□□□

- 压缩机形式：B表示半封闭式，Q表示全封闭式，开启式不表示。
- 气缸直径：单位cm。
- 气缸排列方式，如V、W、S形等。
- 制冷剂：F表示氟利昂，A表示氨。
- 气缸数目。

型号标记示例：

(1)8FS10 表示 8 缸,制冷剂为氟利昂,气缸排列成扇形,气缸直径 100mm,开启式压缩机。

(2)3FW5B 表示 3 缸,制冷剂为氟利昂,气缸排列成 W 形,气缸直径 50mm,半封闭式压缩机。

2. 活塞式单机双级制冷压缩机

我国机械行业标准《活塞式单机双级制冷压缩机》(JB/T 5446—1999)规定如表 2.1-3、表 2.1-4 所示。

活塞式单机双级制冷压缩机气缸布置形式和高低压缸数配比 表 2.1-3

缸数	4		6		8	
缸数配比	高压级	低压级	高压级	低压级	高压级	低压级
	1	3	2	4	2	6
形式	S、V 形角度式		W 形角度式		S 形角度式	

活塞式单机双级制冷压缩机基本参数 表 2.1-4

缸径	行程	转速范围 (r/min)	缸数比	容积排量					
				最高转速 (r/min)	排量(m^3/h)		最低转速 (r/min)	排量(m^3/h) mm	
mm					高压级	低压级		高压级	低压级
70	70	1000~1800	2/6	1800	58.2	174.6	1000	32.3	96.9
	55				45.7	137		25.4	76.2
100	100	750~1500		1500	141	424	750	70.7	212
	80				113	339		56.5	170
	70				98.7	296.8		49.5	148.4
125	110	600~1200		1200	194	583	600	97.1	296.4
	100				177	530		88.3	265
170	140	500~1000		1000	381	1143	500	191	572
注:1/3、2/4 单机双级压缩机的容积排量可按此表推算。									

(1)压缩机型号表示方法:

□□□□□□

- 行程：长行程用C表示，短行程不表示。
- 缸径：用阿拉伯数字表示，单位:cm。
- J：单机双级压缩机代号。
- 气缸布置形式：用S、W、V表示。
- 制冷剂：R717用A表示，R22用F_2表示。
- 缸数：缸数用阿拉伯数字表示。

□□□□□

- 行程：长行程用C表示，短行程不表示。
- 缸径：用阿拉伯数字表示，单位：cm。
- 缸数:缸数用阿拉伯数字表示。
- T或S：单机双级压缩机代号。
- 制冷剂：R717用A表示，R22用F_2表示；氨氟通用不表示；机组使用R22工质时用F_2表示。

(2)压缩机组型号表示方法：

□□

- 压缩机型号。
- JZ：压缩机组代号。

(3)型号标记示例：

①8ASJ12.5C 制冷剂为氨，表示 8 缸 S 形布置，气缸直径 125mm，行程为 110mm 单机双级压缩机。

②T810C 表示 8 缸布置，气缸直径 100mm，行程为 100mm，氨氟利昂通用的单机双级压缩机。

③JZS812.5 表示 8 缸布置，气缸直径 125mm，短行程的单机双级压缩机。

(五)主要零部件

1. 机体

机体是支承压缩机全部质量并保证各零部件之间有正确的相对位置的部件。机体包括气缸体和曲轴箱两个部分。安装气缸套的部位称为气缸体，安装曲轴的部位称曲轴箱。装在机体上的还有气缸盖、轴承座等零部件。机体是整个压缩机的支架，因而要求其有足够的强度和刚性。

机体的结构形式很多。高速多缸压缩机的机体常采用气缸体和气缸套分开的结构形式，如图 2.1-4 所示。这种结构形式的机体刚性好、结合面少、结构简单，气缸套和机体可分别采用不同的材料，对气缸体的要求低，所以为国内外高速多缸的压缩机广泛采用。

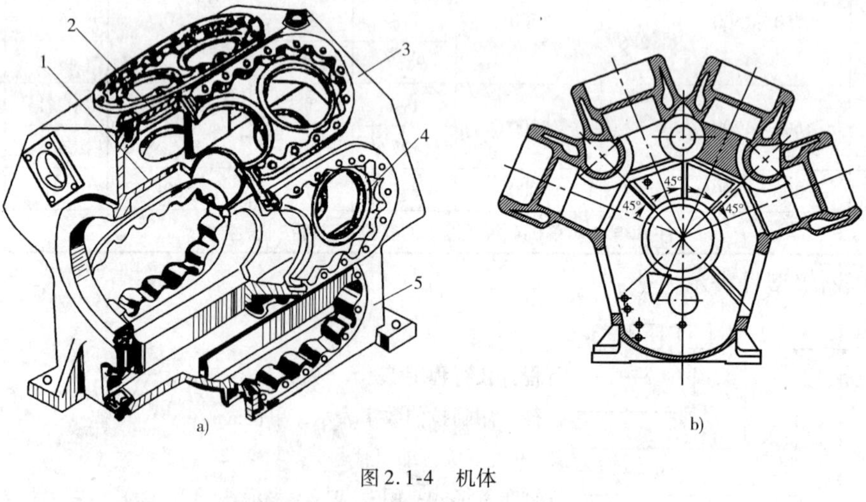

图 2.1-4　机体

1-下隔板;2-上隔板;3-气缸体;4-气缸孔;5-曲轴箱

该机机体由高强度铸铁整体浇铸而成，上有缸盖，下有底板前后轴承盖，构成一个封闭的空间。机体内空间被上下隔板分成上、中、下三个部分，隔板上镗有 8 个气缸孔，装有 8 个气缸套。上隔板以上空间为排气腔,缸套组件用螺栓固定在上隔板,缸套上部凸缘和上隔板间设有垫片,以防隔板上下空间(吸排气腔)漏气。该垫片厚度影响气缸余隙容积,不可随意变动。余隙高度一般为0.5~1.5mm。下隔板上部是吸气腔,下部是曲轴箱腔,下隔板上开有均压孔,使吸气腔与曲轴箱相通。其作用是:①使经活塞环漏入曲轴箱的冷剂能经吸气腔抽走。②让吸气从系统中带回的润滑油流向曲轴箱。③必要时能用压缩机本身抽空曲轴箱,回收其中冷剂或抽除其中空气。

2.气缸套

气缸套的形状如图2.1-5所示。气缸套采用优质耐磨铸铁铸造,也可对工作面进行多孔性镀铬和离子氮化处理,以提高使用寿命。

3.气阀

气阀是压缩机的重要部件之一。它的正常工作才能保证压缩机实现吸气、压缩、排气、膨胀四个工作过程。气阀主要由阀座、阀片、弹簧和阀盖(阀片的升程限制器)组成,如图2.1-6所示。气阀实质上是一个自动阀,气阀的启闭是依靠阀片二侧的压力差来实现的。

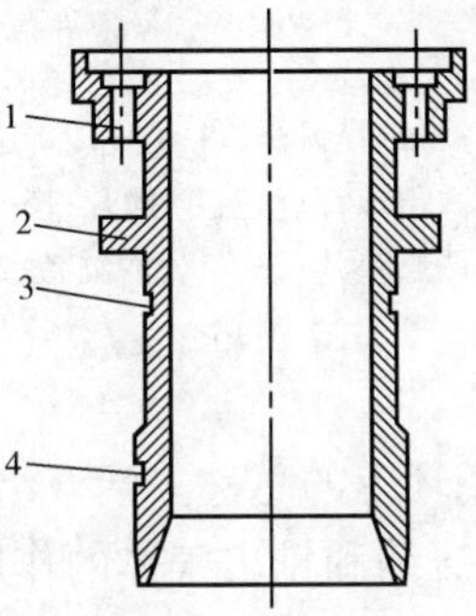

图2.1-5　气缸套

1-吸气孔;2-凸缘;3-挡环槽;4-密封圈环槽

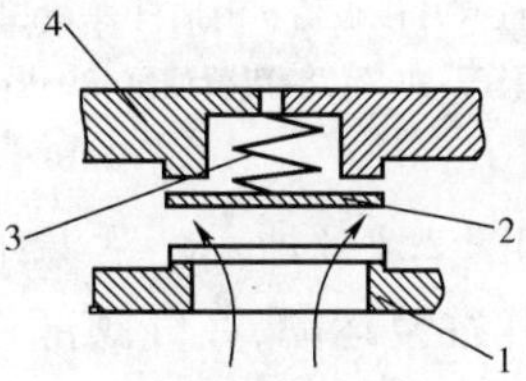

图2.1-6　气阀

1-阀片;2-阀座;3-弹簧;4-升程限位器

气阀的结构形式也是多种多样,最常见的有簧片阀、环片阀两种。

(1)簧片阀。又称舌簧阀或翼状阀。阀片一端固定在阀座上,另一端可以上下运动,以达到启闭的目的。阀片由厚度为0.1~0.3mm的弹性薄钢片制成,因此质量轻、惯性小、启闭迅速,适用于小型高转速压缩机。

(2)环片阀。这是目前应用最广泛的一种。我国缸径在70mm以上的中小型活塞式制冷压缩机系列,均采用这种形式。

如图2.1-7所示。在气缸套6的上端面上有两圈阀座线,阀座线间钻有24个吸气孔,6个顶杆孔,吸气孔使气缸与气缸套外围的吸气腔相通。吸气阀片(环阀)位于两圈阀座线上,阀片上是限位器18,限位器上吸气阀弹簧将吸气阀片紧压在气缸套端面的吸气阀座上。排气阀(环阀)位于气缸顶部,排气阀片15的阀座5分为内外两部分,并且均与假盖密贴,排气阀也是环阀,用6只小弹簧压住,排气阀的限位器称作假盖,假盖上有通道与排气腔相通,假盖上有弹簧。导圈17、吸气阀限位器18,由螺钉14固定在缸套6上,当气缸内排气时,排气环阀顶开,冷剂蒸气经过排气阀及假盖通道进入排气腔,当缸内吸入过多液态制冷剂或滑油时,活塞在排出行程接近上止点时要将液体从升程很小的排气阀排出困难,这时缸内压力迅速超过排气腔压力,克服弹簧的张力将排气阀连同其内阀座和升程限位器一同顶起,以免连杆轴承和主轴承受过大的冲击负荷。国内习惯将这种可被顶起的排气阀升程限位器称为“假盖”。这时导圈17起导向和定位作用,在缸内压力降低时帮助假盖落回原来位置,恢复正常工作状态。

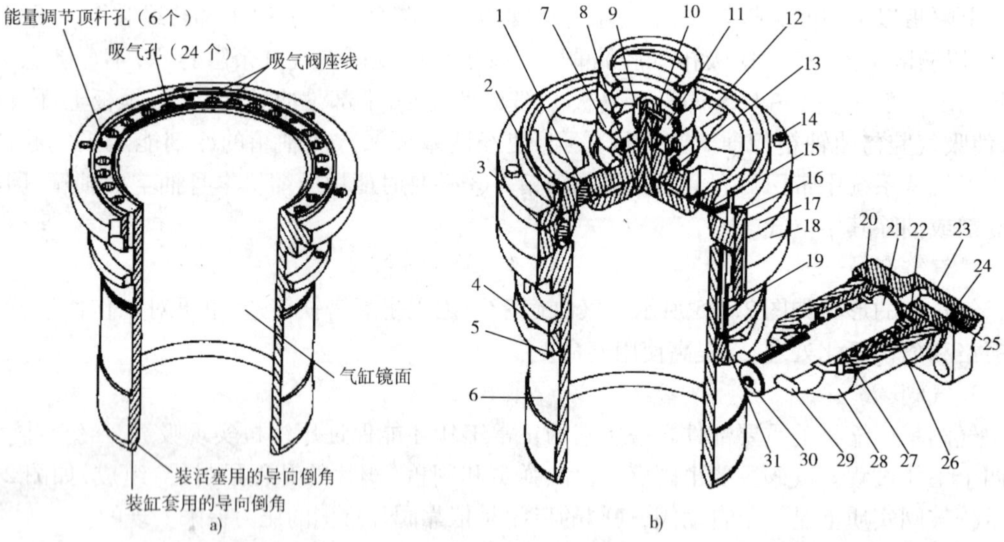

图 2.1-7 气阀组件

1-排气阀弹簧;2-吸气阀弹簧;3-吸气阀片;4-转环;5-卡环;6-气缸套;7-假盖弹簧;8、24-垫片;9-阀座螺栓;10-开口销;11-铁皮套圈;12-假盖(排气阀片限位器);13-排气阀座芯;14-内六角螺钉;15-排气阀片;16-螺栓;17-假盖导圈;18-吸气阀片限位器;19-顶杆弹簧;20-挡圈;21-卸载活塞杆;22-调整垫片;23-卸载油缸盖;25-油管接孔;26-卸载活塞;27-弹簧;28-卸载油缸;29-横销;30-制动螺钉;31-启阀顶杆

4. 活塞组

活塞组如图 2.1-8 所示。活塞组是活塞、活塞销、活塞环等的总称。活塞组在连杆的带动下,在气缸内作往复运动,在气阀部件的配合下完成吸入、压缩和排出气体的作用。

(1)活塞。筒形活塞分顶部、环部和裙部三部分。

(2)活塞销。活塞销用来连接活塞和连杆小头。

(3)活塞环。活塞环有气环和油环两种。如图 2.1-9 所示。

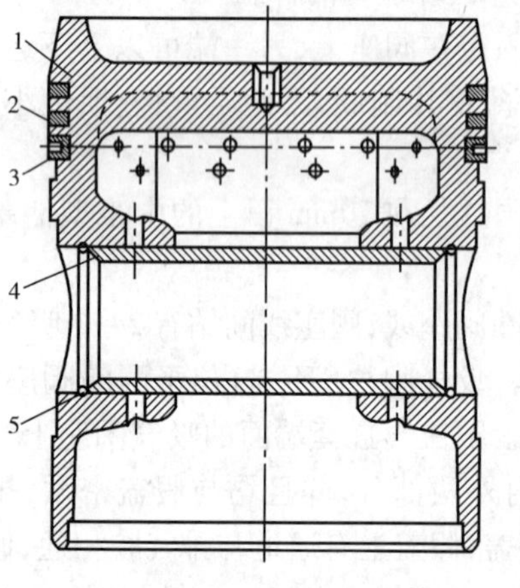

图 2.1-8 活塞组

1-活塞;2-气环;3-油环;4-活塞销;5-弹簧挡圈

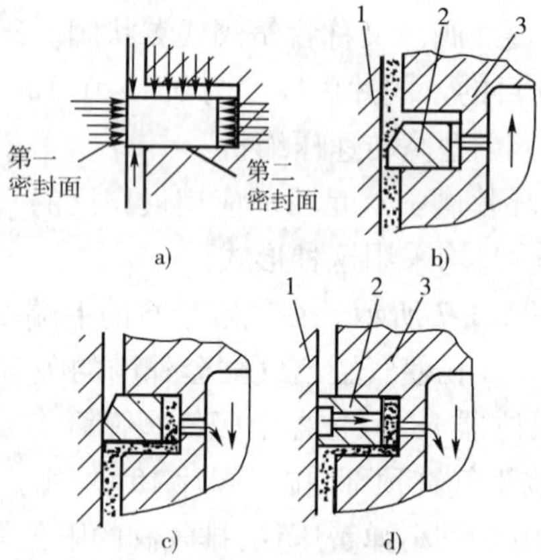

图 2.1-9 气环和油环

a)气环的密封作用;b)、c)、d)油环的刮油作用

1-气缸套;2-油环;3-活塞

气环的作用是密封气缸的工作容积,防止压缩气体通过气缸壁与活塞表面之间的间隙泄漏到曲轴箱中。

油环的作用是刮下附着于气缸壁上多余的润滑油,并使壁面上油膜分布均匀。

5. 连杆组

连杆的作用是将活塞与曲轴连接起来，将曲轴的旋转运动变为活塞的往复运动。连杆与曲轴相连的一端称连杆大头，作旋转运动；虽一端通过活塞销与活塞相连的部分，称为连杆小头，作往复运动；大头与小头之间称为连杆体，作往复与摆动的复合运动。连杆组部件如图2.1-10所示。它是由小头衬套、连杆体、大头轴瓦、连杆螺栓、大头盖、螺母及开口销等组成。

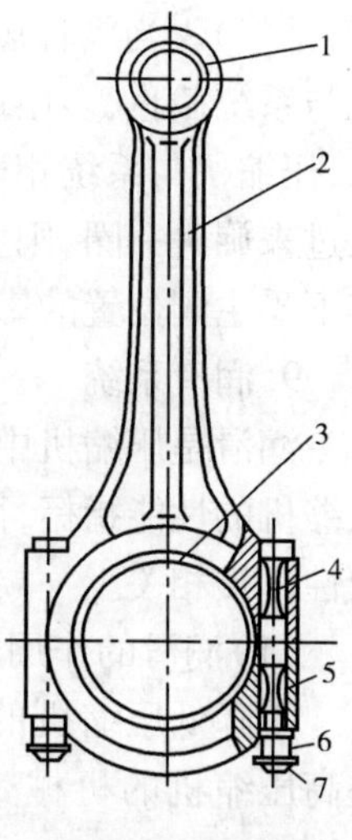

图 2.1-10　连杆组

1-小头衬套；2-连杆体；3-大头轴瓦；4-连杆螺栓；5-大头盖；6-螺母；7-开口销

连杆体的截面形状有工字形、圆形等。有些连杆体中间钻有油孔，以便使润滑油能由大头通过油孔送到小头，润滑小头轴承。

6. 曲轴

曲轴是压缩机的重要部件之一，压缩机的全部功率都通过曲轴输入。曲轴受力情况复杂，要求有足够的强度、刚度和耐磨性。在中小型制冷压缩机中，最为常见的是曲拐轴和偏心轴两种类型。

曲拐轴简称曲轴，结构如图2.1-11a)所示。它由主轴颈、曲柄和曲柄销（又称连杆轴颈）三部分组成。

偏心轴结构如图2.1-11b)所示，多用于小型全封闭或半封闭式压缩机中。连杆大头采用整体式，装在偏心轮上，轴的一端作为电动机的主轴，主轴承和连杆都采用滑动轴承，润滑油从轴上的油孔进入连杆轴承。

7. 轴封装置

轴封装置的作用是防止曲轴箱内的制冷剂通过曲轴伸出端向外泄漏，或者压缩机在真空下运行时，不致使外界空气通过曲轴伸出端向曲轴箱内渗透。

轴封装置主要有波纹管式和摩擦环式两种。摩擦环式的结构形式很多，常见的如图2.1-12所示。

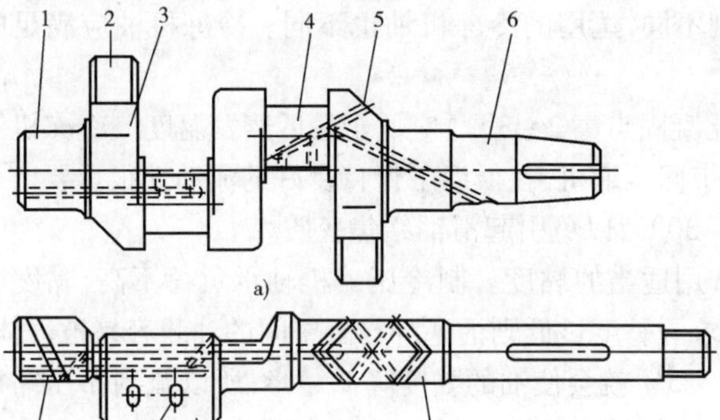

图 2.1-11　曲轴和偏心轴结构简图

a）曲轴；b）偏心轴

1-主轴颈；2-平衡块；3-曲柄；4-曲柄销；5-油孔；6-轴颈；7-下主轴颈；8-油孔；9-偏心销；10-上主轴颈

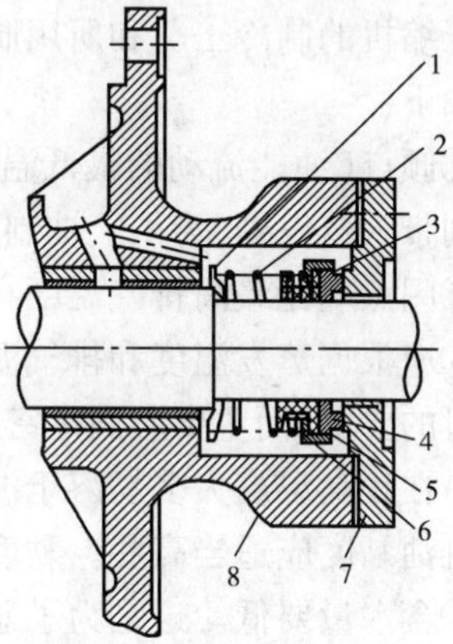

图 2.1-12　摩擦环式轴封

1-托板；2-弹簧；3-钢圈；4-动摩擦环；5-橡胶密封圈；6-钢壳；7-压板；8-轴承座

8. 双阀座截止阀

如图2.1-13所示，吸气管和排气管上分别装有吸气截止阀和排气阀。双阀座截止阀为双阀座结构，设有常接通道（接压力表、压力继电器）和多用通道（用于充、抽冷剂，添加滑油，充气、排气)。当阀杆朝里旋进,阀处于关闭位置,压缩机与系统截止,多用通道开启;若将阀杆退足,主阀全开,压缩机与系统相通,多用通道关闭,如阀杆退足又反过来旋进一圈,则主阀与多用通道都开启。常接通道不受主阀位置的影响,与压缩机常通。

9. 润滑系统

润滑是压缩机中的重要问题之一,它不仅影响到压缩机的性能指标,而且与压缩机的寿命、可靠性、安全性直接相关。

(1)润滑的作用:

①降低压缩机的摩擦功、摩擦热和零件的磨损,提高压缩机的机械效率,增加压缩机的可靠性和耐久性。

②带走摩擦热,使摩擦表面温度不致过高。

③润滑油充满与气缸的间隙和轴封的摩擦表面之间,增强了密封作用。

④带走磨屑,改善摩擦表面的工作情况。

(2)润滑油的性能。合理选用制冷压缩机的润滑油(冷冻机油)是保证压缩机安全、高效运转和延长其使用寿命的重要条件。冷冻机油的作用是:润滑、密封(渗入运动部件密封间隙,阻碍制冷剂泄漏)、冷却(带走摩擦热、降低排气温度),有的还用来控制卸载和容量调节机构。

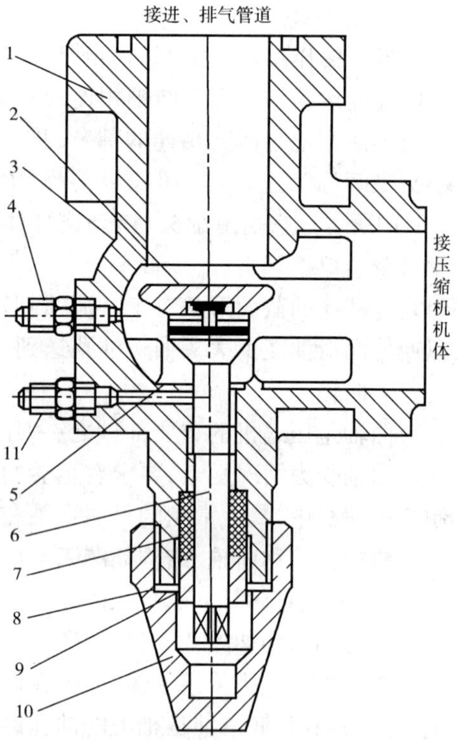

图 2.1-13 双阀座截止阀

1-阀罩;2-填料压盖;3-垫片;4-填料;5-阀杆;6-阀座;7-多用通道;8-常接通道;9-主阀座;10-阀盘;11-阀体

压缩机的制冷工况和所用制冷剂不同,选用的冷冻机油也不同。冷冻机油应满足的主要要求如下:

①倾点(油能流动的最低温度,比凝固点高 2~3℃)应低于最低蒸发温度。冷冻机油会被制冷剂带入蒸发器,为了能被制冷剂带回压缩机,在低温下保持良好的流动性很重要。

②闪点应比最高排气温度高 15~30℃,以免引起滑油结焦变质。

③应根据蒸发温度和排气温度选用适当的黏度。制冷压缩机轴承负荷不高,黏度容易满足润滑的要求,而主要应满足密封要求。黏度过低则活塞环与缸壁间的油膜容易被气体冲掉。氟利昂在较高温度大多易溶于油,溶入 5% 就会使油的黏度降低一半,所以氟利昂压缩机所用冷冻机油黏度应适当高些。黏度高的油分子链较长,倾点和闪点相对也会高些。

④含水量要低。这是为了避免在低温通道处引起“冰塞”和防止腐蚀金属。含水的润滑油与氟利昂的混合物还会溶解铜,而与钢铁部件接触时,铜又会析出形成铜膜,称为“镀铜”现象,会妨碍压缩机正常运行。

⑤化学稳定性和与所用材料(如橡胶、分子筛等)的相容性要好。如果油在高温下受金属材料催化而分解,会产生积炭和酸性腐蚀物质。

⑥用于封闭式和半封闭式压缩机时电绝缘性要好。电击穿强度一般要求在 10 kV/cm 以上。油中有杂质会降低电绝缘性能。

其他要求还包括酸值和腐蚀性低,氧化安定性好,机械杂质和灰分少等。

国标 GB/T 16632—1996 将国产冷冻机油（精制矿物油或合成烃）分为一等品 L—DRA/A、L—DRA/B 和优等品 L—DRB/A、L—DRB/B 四类。一等品适用于蒸发温度在 -40℃以上的开启式和半封闭式压缩机。其中 A 类适用制冷剂是氨，B 类适用 CFC 和 HCFC；优等品适用于 CFC 和 HCFC 全封闭式压缩机，最低蒸发温度可达 -40℃以下。每类又按 40℃的运动黏度等级分为 5 ~9 个等级，与国际标准 ISO 接轨。换用国外油公司的冷冻机油时，应采用相同的黏度等级，并核查其重要的性能指标。

R134a 不溶于矿物油或合成烃油，使用它或含同样性质组分的混合工质制冷剂时，应选用脂类油或聚醚油。前者以多元醇酯（POE）综合性能较好；后者以环氧乙炔一环氧丙烷共聚醚（PAG）的综合性能较合适。它们都需要加入抗氧化剂提高热氧化安定性。

（3）润滑方式。制冷压缩机的润滑方式可分为飞溅润滑和压力润滑两种类型。

①飞溅润滑。是利用运动零件的击溅作用，将润滑油送至需要的摩擦表面。飞溅润滑的特点是不需设置液压泵，也不装润滑油滤清器，循环油量很小，对摩擦表面的冷却效果较差，油污染较快，零件易磨损。但是由于润滑系统设备简单，在一些小型半封闭和小型开启式压缩机中仍有应用。

②压力润滑。是利用油泵产生一定的油压，通过输油通道将润滑油送到各摩擦表面。压力润滑有离心油泵润滑、齿轮油泵润滑和齿轮油泵润滑两种。

离心油泵润滑系统广泛应用于功率小于 5kW 的压缩机或小型全封闭式制冷压缩机。它是用曲轴自由端所设的甩油盘将油甩入曲轴端部的油槽，再经曲轴中心的钻孔，由轴旋转产生的离心力吸入，供至各摩擦面。其主要优点是构造简单、加工容易、无磨损、无噪声。

压缩机的曲轴为水平安装时，大多数采用齿轮油泵式压力润滑系统。

图 2.1-14 所示为齿轮油泵式压力润滑系统。曲轴箱中的滑油经过网式滤油器 1 和装放油阀 2 被滑油泵 3 吸入，油泵排出的压力油一路经手动能量调节阀 4，分送到卸载油缸 6，同时通油压表 5 和油压差继电器；另一路由设在曲轴内的油管送到机械轴封的油腔 8 中，再由曲轴 9 中的油孔将滑油送到主轴承和连杆大端轴承，并经连杆上的油孔送至连杆小端轴承。滑油从各轴承间隙溢回曲轴箱。为调节滑油工作压力在油泵端还设有压力调节阀 10，最大工作压力由其调定，有效润滑压力由油压差控制器限定，油压差定为 0.15 ~0.30MPa。装放油阀 2，实际上是一只三通阀，其手柄置于“工作”位置，则使曲轴箱与油泵吸口相通；置于“放油”位置，则使曲轴箱与通机处的外接管相通；置于“加油”位置，则使外接管与油泵吸口相通。

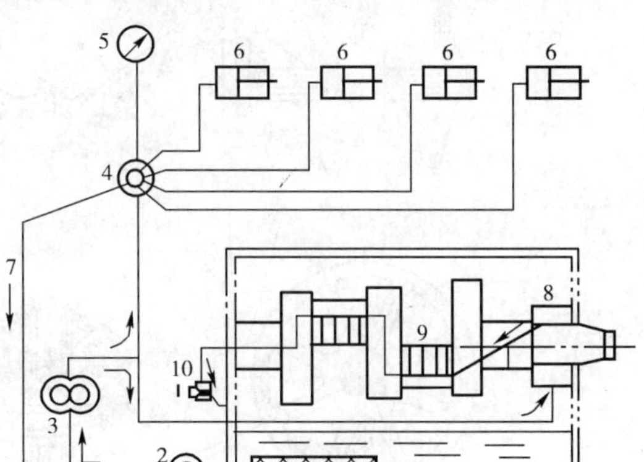

图 2.1-14　压力润滑系统

1-网式滤油器；2-装放油阀；3-滑油泵；4-手动能量调节阀；5-油压表；6-卸载油缸；7-回油管；8-轴封油腔；9-曲轴；10-压力调节阀

氟利昂易溶于油，压力越高、温度越低，溶解量就大，当压缩机启动时，可能产生“奔油”现象，通常可采用关闭吸入阀后进行“点”启动，来使油中氟利昂析出，也可在启动前开启曲轴箱内的电加热器，将油加热到 30℃左右，使氟利昂析出，润滑油正常工作温度 30 ~50℃，最高不应高于 76℃。

（4）润滑设备。压力润滑主要设备有油泵、过滤器、油冷却器、油压调节阀、油压继电器及油压表等。

①齿轮油泵。目前制冷压缩机中所采用的齿轮油泵有下列三种形式。如图 2.1-15 所示。

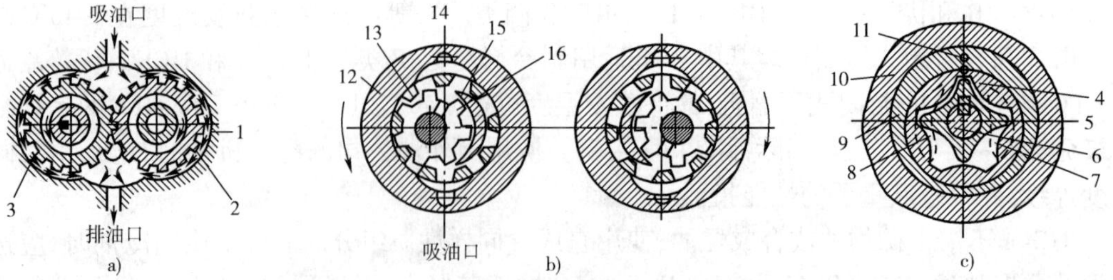

图 2.1-15　齿轮油泵

a)外啮合齿轮油泵;b)月牙形齿轮油泵;c)内啮合转子油泵

1-泵壳;2-从动齿轮;3-主动齿轮;4-外转子;5-内转子;6-传动轴;7-吸油孔;8-排油孔;9-偏心套;10-泵体;11-销钉;12-泵壳;13-内齿轮;14-排油口;15-月牙体;16-外齿轮

外啮合齿轮油泵的结构简单,但只能单方面转动供油,否则将失去泵油能力。

月牙形齿轮油泵具有可正反旋转的优点,但制造精度要求高,故使用不够广泛。

内啮合转子油泵,又称转子泵,同样具有结构紧凑、可正反旋转的优点。由于外、内转子可用铁—石墨粉末模压烧结成形,因而加工简单、节省材料、精度高、寿命长,被广泛采用。

②油过滤器。制冷压缩机中润滑油过滤器有粗过渡器和精过滤器两种。它的作用是滤去润滑油中的金属屑、型砂、机械杂质等,防止它们进入摩擦表面,造成磨损加剧。

粗滤器往往做成网式,装在曲轴箱油池内。

精滤器大多采用金属片缝隙式,其结构如图 2.1-16 所示。精滤器也可使用羊毛毡作为过滤材料,过滤效果更好,但阻力很大,且易阻塞。

③油冷却器。曲轴箱(或机壳)内的油温不宜过高,否则会因油过稀而破坏正常的润滑。油冷却器置于曲轴箱底部,它由带肋片的钢管弯制而成,管内通冷却水,把润滑油的热量带走。

④油压调节阀

油压调节阀用于调节润滑系统油压。一般安装在压缩机的后主轴承上,如图 2.1-17 所示。

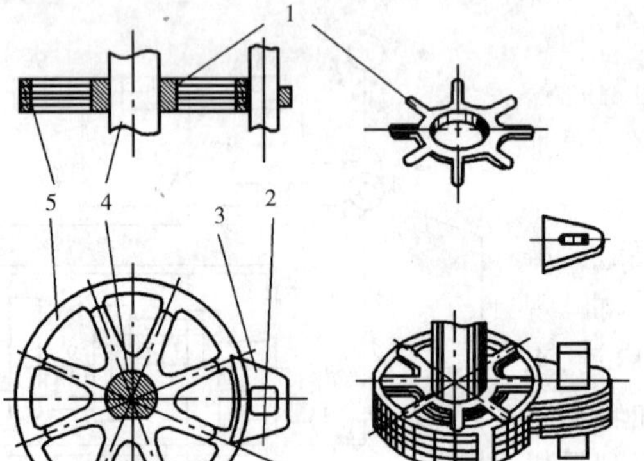

图 2.1-16　精滤器

1-中间片;2-定轴;3-刮片;4-心轴;5-主片

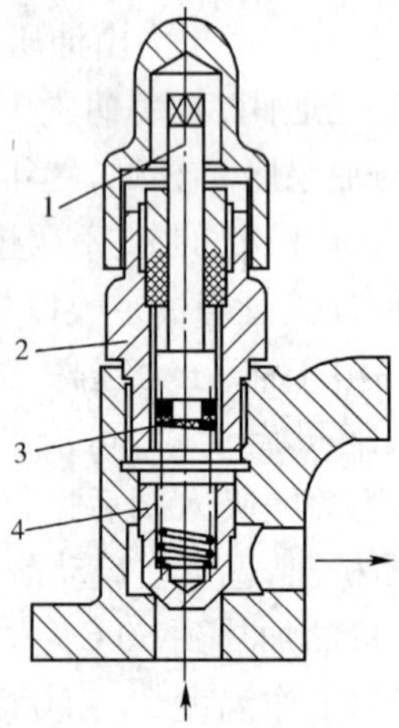

图 2.1-17　油压调节阀

1-调节阀杆;2-阀体;3-弹簧;4-阀芯

10. 冷却系统

为了防止压缩机过热,以保证其工作可靠性和耐久性,提高其热力性能和动力性能,必须避免排气温度、润滑油温度过高。为此，有必要对它们采取相应的冷却措施。

(1)气缸和气缸盖的冷却。按冷却方式，可分为空气冷却、水冷却和低压制冷工质进气冷却三种。一些结构简单的小型开启式和半封闭式压缩机，在气缸外侧和缸盖外表面铸有一定数量的散热肋片，直接由周围空气自由冷却或强制鼓风冷却。在冷水供应方便的压缩机站，可采用冷却水冷却高温的排气腔。在排气腔外部设置冷却水夹套，夹套内通以冷却水使相应部分冷却降温。这种冷却效果较好，但结构复杂，也不便于安装采用顶开吸气阀片来对能量实行调节的装置。现代高速多缸压缩机和全封闭压缩机的气缸广泛利用吸入的低压制冷工质来进行冷却。对于排气温度较高的氨压缩机和 R22 压缩机，在其缸盖或排气腔周围仍铸有冷却水夹套。对于全封闭式压缩机的机壳也有采用强制鼓风的方法来加强散热的。

(2)润滑油的冷却。按国家标准《活塞式单级制冷压缩机》(GB/T 10079—2001)规定，当环境温度高达43℃或冷却水温度33℃时，半封闭压缩机曲轴箱中润滑油的温度不得高于80℃，开启式压缩机不得高于70℃。为了控制上述润滑油的温度指标，不至于因油过稀而破坏正常的润滑，除了缸数少、缸径小的小型制冷压缩机的润滑油靠曲轴箱壁自然冷却以外，对于多缸或功率较大的制冷压缩机，通常需要考虑润滑油的强制冷却。一般可在压缩机的曲轴箱油池内安装带散热肋片的盘管式油冷却器，在管内通冷却水，将润滑油中的热量带走。也有因曲轴箱较小，而在机外另设油冷却器的。对于低温用全封闭压缩机(功率大于400W)中，其润滑油的热负荷也较大，为防止过热，可采用以冷凝器来的制冷剂，引入润滑油冷却器中对润滑油进行冷却。

11. 容量调节系统

压缩机启动时需要克服运动部件的惯性力，如果同时还要压送气体，则启动功率会比正常运转功率大得多。较大的压缩机带负荷启动对电网冲击大，而且需选配价格较高的大功率电动机，正常运转后电机又会因低负荷工作而效率较低。

另外，制冷压缩机的制冷量是根据装置设计时所确定的最大热负荷选配的，而空调和伙食冷库制冷装置的热负荷都可能变化较大，压缩机的制冷量最好也能相应调节。否则当热负荷较低时，压缩机的制冷量(输气量)如不能相应减小，吸入压力和蒸发温度就会太低，不仅影响运行的经济性，压缩机还可能使低压控制器断电而停车，以致起停频繁。

国标规定缸径≥70 mm、缸数≥4 的活塞式制冷压缩机气缸应设制冷量调节机构和卸载启动机构，它们通常是同一套机构。压缩机的制冷量调节就是输气量调节，即容量调节，过去习惯译称能量调节。

容量调节一般都以吸入压力为被调参数，它测取方便，反应较快。吸入压力增高表明压缩机的制冷量(输气量)不能满足热负荷的要求，应该增大；反之，吸入压力降低则需要减小压缩机的输气量。容量自动调节机构的动力可采用滑油泵的排出压力或压缩机的排气压力或直接用电磁力。

(1)压缩机的间歇运行。压缩机间歇运行是最简单的能量调节方法，在小型制冷装置中被广泛采用。它是通过温度控制器或低压压力控制器双位自动控制压缩机的停车或运行，以适应被冷却空间制冷负荷和冷却温度变化的要求。当被冷却空间温度或与之对应的蒸发压力达到下限值时，压缩机停止运行，直到温度或与之相对应的蒸发压力回升到上限值时，压缩机重新启动投入运行。压缩机间歇运行方式，实质上是将一台压缩机在运行时产生的制冷量与被冷却空间在全部时间内所需制冷量平衡。

间歇运行使压缩机的开、停比较频繁，对于制冷量较大的压缩机，频繁的开、停还会导致电网中电流较大的波动,此时可将一台制冷量较大的压缩机改为若干台制冷量较小的压缩机并联运行,需要的冷量变化时,停止一台或几台压缩机的运转,从而使每台压缩机的开停次数减少,对电网的不利影响降低,这种多机并联间歇运行的方法已获广泛的应用。

(2)排气回流法。使压缩机排气侧的高压气体通过容量调节阀,有控制地节流回到低压侧,降低压缩机的有效输气量。为了不致因热气回流而使压缩机吸、排气温度过高,有的改从冷凝器后的贮液器顶部引高压饱和蒸气回流,或在排气温度过高时将冷凝器(或贮液器)的液态制冷剂经喷液阀节流喷至吸气管。但是,这两种办法都不能解决低负荷时蒸发器制冷剂流量太低所导致的回油困难,更好的办法是将排气引回至蒸发器的中部或进口。

排气回流法不要求压缩机本身有容量调节机构,但比吸气节流法显然更不经济。

(3)吸气回流法。目前我国缸径在 70mm 以上的高速多缸制冷压缩机,广泛采用顶开吸气阀片的办法来调节输气量。它的工作原理是:调节机构将压缩机的吸气阀片强制顶离阀座,使吸气阀始终处于开启状态,压缩机吸气过程中,低压蒸气从吸气阀吸入,压缩过程中因压力无法升高,排气阀始终处于关闭状态,低压蒸气又通过吸气阀重新回到吸气腔,因而使该气缸的输气量为零。由于吸气阀片关闭时阀座密封面所在位置不同,顶开的方式也不同。

(4)吸气节流法。通过改变压缩机吸气截止阀的通道面积来实现能量调节。当通道面积减小时,吸入蒸气的流动阻力增加,使蒸气受到节流,从而吸气腔压力相应降低,蒸气比容增大,压缩机的质量流量减小,达到能量调节的目的。吸气节流压力的自动调节可用专门的主阀和导阀来实现。这种调节方法不够经济,在大中型制冷设备中有所应用,但目前国内应用较少。

(5)吸气截断法。通过关闭吸气通道的方法使吸气腔处于真空状态,气缸不能吸入气体,当然也没有气体排出,从而可达到气缸卸载调节的目的。这种方法没有气体的流动损失,因此比顶开吸气阀的方法效率高,但必须保证吸气通道关闭严密,一旦有泄漏存在,将会造成气缸在高压比下运行,会使压缩机过热,这是十分危险的。如图 2.1-18 所示。当线圈通电时,铁芯被吸起,打开了高压通道,使控制活塞紧紧地堵住了吸气通道口,阻止了制冷剂的吸入,气缸处于卸载状态;当线圈电源被切断时,高压通道被关闭,控制活塞在弹簧力的作用下向上升起,打开了吸气通道,压缩机处于工作状态。

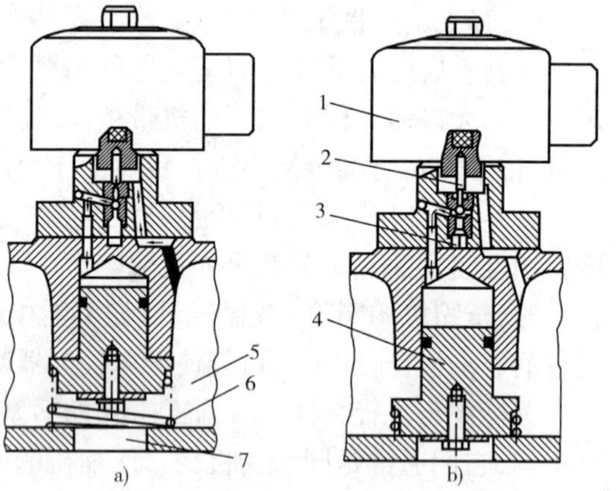

图 2.1-18 吸气截断法

a)正常工作;b)停止工作

1-线圈;2-铁芯;3-高压腔;4-卸载活塞;5-吸气腔;6-弹簧;7-吸气通道

(6)变速调节法。改变压缩机的转速来改变输气量。可分为有级变速调节和无级变速调节两种调节方法。有级变速通过改变电动机的级对数实现。无级变速的压缩机,它的电动机转速通过改变输入电动机的电源频率而改变。变转速压缩机采用变频的方法后,其输气量的调节更适应用户的需要。这种方法经济性最好,但变转速压缩机产生的技术问题较多,如润滑问题、气阀问题、变频器的生产和成本等,均需妥善解决。目前变频调速除用于家用空调器外,船上已用于冷藏集装箱的涡旋式压缩机。

12. 安全保护

压缩机运转时,可能出现一些异常的情况,如:排气压力过高,吸气压力太低,油压不足,电动机过热,过量液体进入气缸等。出现异常情况时,若没有保护措施,压缩机将会损坏。

(1)防止液击。当进入气缸的液体太多,来不及从排气阀排出时,气缸内将出现液击,液击时产生的很高的压力使气缸、活塞、连杆……等零部件损坏,因此需采取一系列保护措施。

①假盖。将气阀组件用一弹簧紧压在气缸端部,形成假盖。假盖即是排气阀的升程限制器。条形排气簧片阀的升程限制器用释压弹簧压在阀板上。缸内压力因液击升高时,升程限制器被顶起,使缸内压力下降。液击消失后,释压弹簧将升程限制器压在阀板上,压缩机继续运转。

②油加热器。曲轴箱的润滑油溶有制冷剂,环境温度低时溶入量增加。压缩机启动时,曲轴箱内压力突然降低,大量制冷剂气化,润滑油呈泡沫状并被吸入气缸,引起液击。用油加热器在启动前对润滑油加热,降低溶在润滑油中的制冷剂量是避免液击的有效措施。

③气液分离器。为了减少进入压缩机的液体量,低压蒸气在吸入前先经过气液分离器,使原来夹带在低压蒸气中的液体分离出来,从而保证压缩机的干行程。气液分离器的作用原理根据液滴和气体密度的不同,运用惯性和附着等方法来达到分离的目的。来自蒸发器的气液混合物在气液分离器内分离,气体从出口管的上部进入,从下部流出。

(2)压力保护:

①吸排气压力的控制。压缩机运转时,因系统的原因或压缩机本身的原因,可能出现排气压力过高或吸气压力过低的情况,为此需控制吸、排气压力。常见的控制器为高、低压压力控制器,它由高压控制部分和低压控制部分组成。当排气压力超过给定值时,高压控制部分动作,切断压缩机电源,压缩机停机;吸气压力低于给定值时,低压控制部分动作,切断压缩机电源,使其停机。压缩机停机时,还会同时发出声、光报警讯号。

②安全阀。为防止制冷剂泄漏至大气,采用闭式安全阀,安全阀设置在压缩机排气腔和吸气腔之间的管路上。《钢质海船入级规范》规定,安全阀在冷剂压力过高时开启或爆破,使冷剂回流至吸入侧。其开启或爆破压力应不大于表2.1-5中规定的高压侧设计压力。安全阀由工厂调定后加以铅封。万一压缩机排压升高而高压控制器未能停车时开启,使排气向曲轴箱(通吸气腔)回流。安全阀外面壳体上通大气的小孔不应被堵死。

安全阀设定值

表2.1-5

制冷剂	低压侧设计压力(MPa)	高压侧设计压力(MPa)
R22	1.7	2.2
R134a	1.1	1.4

其他制冷剂高、低压侧设计压力应分别不低于56℃和46℃时的饱和蒸气压力。若热气融霜等操作可能使低压侧处于高压,则应按高压侧同样要求。

图2.1-19为810F70型压缩机上所用的安全阀。其工作原理为:弹簧的弹力和吸气压力从下部作用于阀盘上,排气压力则从上部作用。排气压力过高时,阀盘向下运动,打开阀座下部的侧向孔,高压气体经此侧孔及阀体上的侧向孔流入吸气腔。排气压力低于规定值时,阀盘在吸气压力和弹簧的弹力作用下向上,关闭排气管。安全阀的开启压力用螺栓调节。

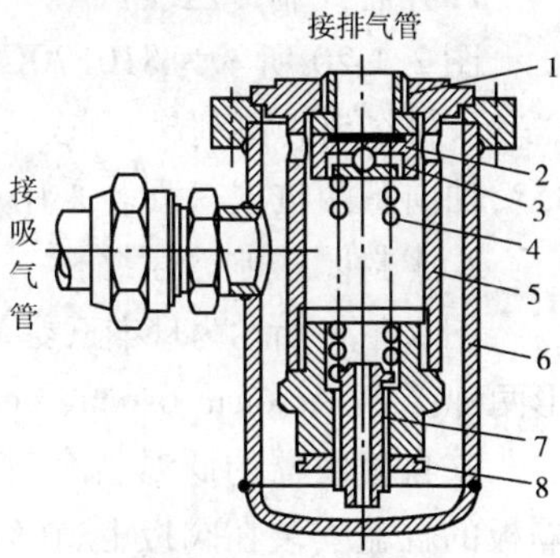

图2.1-19 安全阀

1-阀座;2-密封垫;3-阀盘;4-弹簧;5-阀体;6-外罩;7-调节螺栓;8-锁紧螺母

③安全膜。在吸、排气腔之间安装安全膜片。吸排气压力差超过规定值时,膜片破裂,排气压力降低。为防止破碎膜片落入吸气腔,在吸气腔侧装有滤网,以保护压缩机。由于压缩机排气温度较高,安全膜片的材料通常为镍、铜,厚度因直径及

压差值的不同而在 0.05 ~ 0.3mm 之间。

④润滑油压差控制器。润滑油压差系液压泵出口处油压与曲轴箱内油压之差。为保证压缩机运动部件的良好润滑,并保证有些压缩机输气量控制机构(如:液压缸一拉杆顶开机构)的正常动作,必须控制润滑油压差。为此,液压泵入口与液压泵出口分别与润滑油控制器上的低压入口和高压出口接通。当液压泵出、入口之间的压力差过高或过低时,控制器动作,切断压缩机电源,电动机停止转动。

(3)内置电动机的保护:

①过热。设计良好并在规定条件下运转的电动机,内部温度不会超过允许值,但电动机在过高或过低的电压下运转,或在高温环境下运转时,电动机内部温度会超过允许值,在频繁启动时,更会因启动电流过大使温度过高。为了电动机不过热,除了正确使用,注意维修外,还可安装过热继电器。电动机内部温度超过规定值时过热继电器的触点跳开,电动机停止运转。电动机内的温度降到规定值以下时,触点复位,电路重新接通。过热继电器可装在绕组内部,称为内置温度继电器,或装在电动机外部,称为外置温度—电流继电器。

②缺相。三相电动机缺相将导致电动机无法启动或过载。为保护电动机免遭因缺相而损坏,可采用过载继电器。过载继电器也用于正常的三相电动机,在电流过大时保护电动机。

③相间不平衡。相间不平衡电压导致三相不平衡电流。在电流最大的相中,温升增加的比例约为电压不平衡比例平方的两倍。例如:3%的电压不平衡产生约18%的温升。保护电动机不出现相间不平衡的措施与缺相时采取的措施相同。

(4)温度保护:

①排气温度保护。主要是用温控器感应排气温度,温控器应安放在靠近排气口处,排气温度过高时,温控器动作,切断电路。若排气温度过高由热气旁通引起,则不应采用停机的方法,应采用喷液冷却。

②机壳温度保护。机壳温度会影响压缩机的寿命。机壳温度过高可能起因于冷凝器的换热能力不足,所以应检查冷凝器的风量或水量,水温是否合适。制冷系统内混入空气或其他不凝性气体,冷凝压力就会上升,造成机壳过热。吸气温度过高,机壳容易过热,此外,电动机过热也会使机壳过热。避免机壳过热,保护压缩机的根本方法是正确处理上述各种问题,同时在机壳上安装温度保护器。机壳温度过高时,温度保护器的触点跳开,切断电路,压缩机停机。

(六)实例

1. 开启式制冷压缩机

图 2.1-20 所示为 810F70G 制冷压缩机,缸数为 8,缸径 100mm,行程 70mm,转速 1440rpm,F 表示制冷剂为氟利昂,G 表示高冷凝压力。气缸从轴向看成扇形布置,相邻气缸中心线夹角 45°,轴向每两缸成一列。采用 R22 时,标准制冷量为 156.3kW,属中型压缩机。

2. 半封闭式制冷压缩机

图 2.1-21 所示为日本三菱 MR 型半封闭式活塞制冷压缩机,缸径 70mm,有 4 缸 V 形及 6 缸 W 形两种;行程有 56mm、63mm、70mm 三种;转速根据交流电频率不同,分别为 1450rpm 或 1730rpm。

来自蒸发器的低温制冷剂蒸气经吸气滤网 4 吸入,流经并冷却内置电动机 2。内有 L 形隔板的缸盖安装在阀板上,在轴向的大部分按轴线左右将缸头空间分隔成吸、排气腔,而在靠排气端的小部分全被排气腔所占(见图 2.1-21)。有两块圆形的阀组件 13 安装在阀板的两缸顶部处,阀组件的上面靠排气侧和下面靠吸气侧,分别设有排气和吸气簧片阀。簧片阀的阀片用弹性薄钢片制成,一端固定在阀座上、另一端是自由的。工作中阀片像乐器的簧片那样启

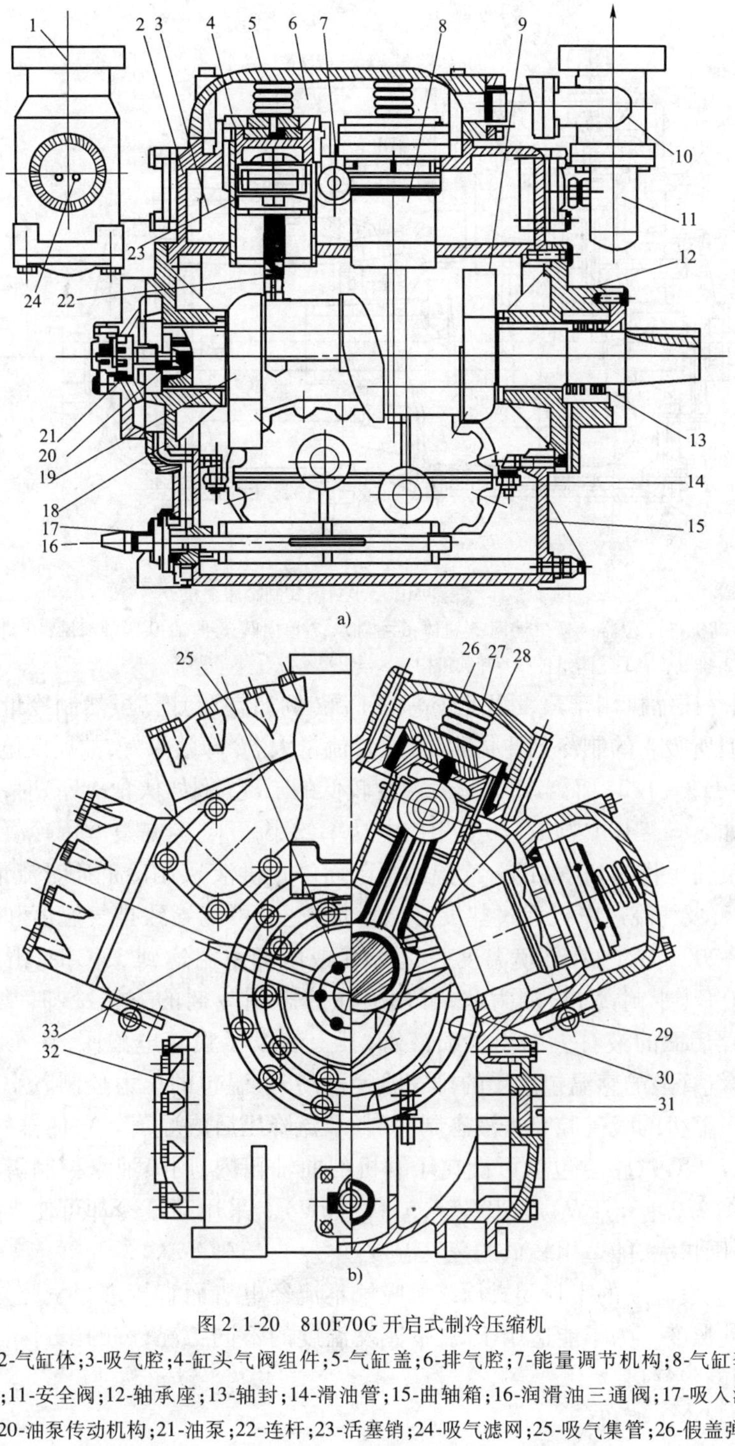

图 2.1-20　810F70G 开启式制冷压缩机

1-吸气接管;2-气缸体;3-吸气腔;4-缸头气阀组件;5-气缸盖;6-排气腔;7-能量调节机构;8-气缸套;9-下隔板;10-排气集管;11-安全阀;12-轴承座;13-轴封;14-滑油管;15-曲轴箱;16-润滑油三通阀;17-吸入滤器;18-轴承座;19-曲轴;20-油泵传动机构;21-油泵;22-连杆;23-活塞销;24-吸气滤网;25-吸气集管;26-假盖弹簧;27-活塞;28-假盖;29-卸载油缸;30-回油均压孔;31-视油镜;32-曲轴箱侧盖;33-油压调压阀

闭,使制冷剂气体吸入和排出气缸。排气经排气管 12 排出。曲轴带动的滑油泵 10 经吸油滤网 9 吸油,对各摩擦面提供压力润滑。有平衡管通过曲轴中的钻孔使机体 5 的曲轴箱和电机室相通,使两者压力保持平衡,以便吸气带回的滑油能迅速经单向阀 7 返回曲轴箱。曲轴箱内另设有 180W 的润滑油电加热器。

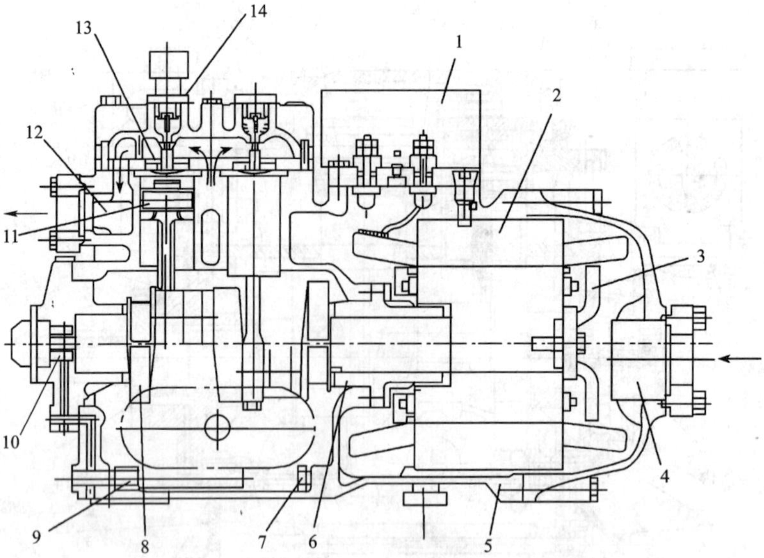

图 2.1-21　三菱 MR 型半封闭式制冷压缩机

1-接线箱;2-电动机;3-定位器;4-吸气滤网;5-机体;6-主轴承;7-单向阀;8-曲轴;9-吸油滤网;10-滑油泵;11-活塞连杆组件;12-排气管;13-气阀组件;14-卸载机构

半封闭式制冷压缩机用于蒸发温度较高的工况(例如空调)时,虽然制冷量和电动机工作时的功率较大,但所吸入的制冷剂比体积小、质量流量大、冷却效果好,故所配电动机的名义功率可比开启式小 1/3 ~1/2。而当用于蒸发温度较低的工况(例如伙食冷库)时,电动机工作时的功率较小,例如 $t_0 = -40℃$ 与 $t_0 = 0℃$ 相比电功率约小一半,但是夏季因冷凝温度高而压力比大,尤其在低负荷工作时(例如部分库温达下限而停止供液),制冷剂质量流量小,质量流量减少了 90% 以上,吸气流过电机后过热度必然增加较多,可能导致排气温度和油温过高。国标 GB/T 10079—2001 规定:在环境温度高达 43℃或冷却水温达到 33℃时,滑油温度≤70℃(开启式)或≤80℃(半封闭式)。为此,可用喷注液态制冷剂的方法冷却,常称为"喷液冷却"——从冷凝器后面的液管上引出了喷液管,其上装设了喷液电磁阀,在压缩机运转时开启。当包扎在排气管上的感温包感受的排气温度过高时,温包的压力控制着小型热力膨胀阀开启,向半封闭压缩机的吸气腔喷入液态制冷剂(节流降压后成湿蒸气),使排气温度降低(一般使排气温度≤140℃);感温包也可设在压缩机的曲轴箱内,用喷液来控制滑油温度。一般使油温低于 80℃(2.2 ~3.7kW)或 70℃(4.5 ~7.5kW)。采用喷液冷却可使半封闭式压缩机适用的压力比范围扩大,能适用较低的蒸发温度。

有的用于低蒸发温度的半封闭式压缩机吸气不流经电机而直接进吸气腔,这样可提高输气系数,降低排气温度。为了能适用于高、低蒸发温度的不同工况,有的半封闭式压缩机设有两个可改接换用的吸气口。

3. 全封闭式制冷压缩机

图 2.1-22 所示为国产 2FV5Q 型全封闭压缩机剖面图。压缩机的外部罩壳由钢板冲压而成,分上下两部分,装配后焊死。它比半封闭压缩机更为紧凑,密封性更好。

三、螺杆式制冷压缩机

(一)基本结构

螺杆式制冷压缩机主要由转子、机壳、轴承、轴封、平衡活塞及输气量调节装置组成。图

2.1-23 所示是典型开启螺杆式压缩机的一对转子、气缸和两端端座的外形图。

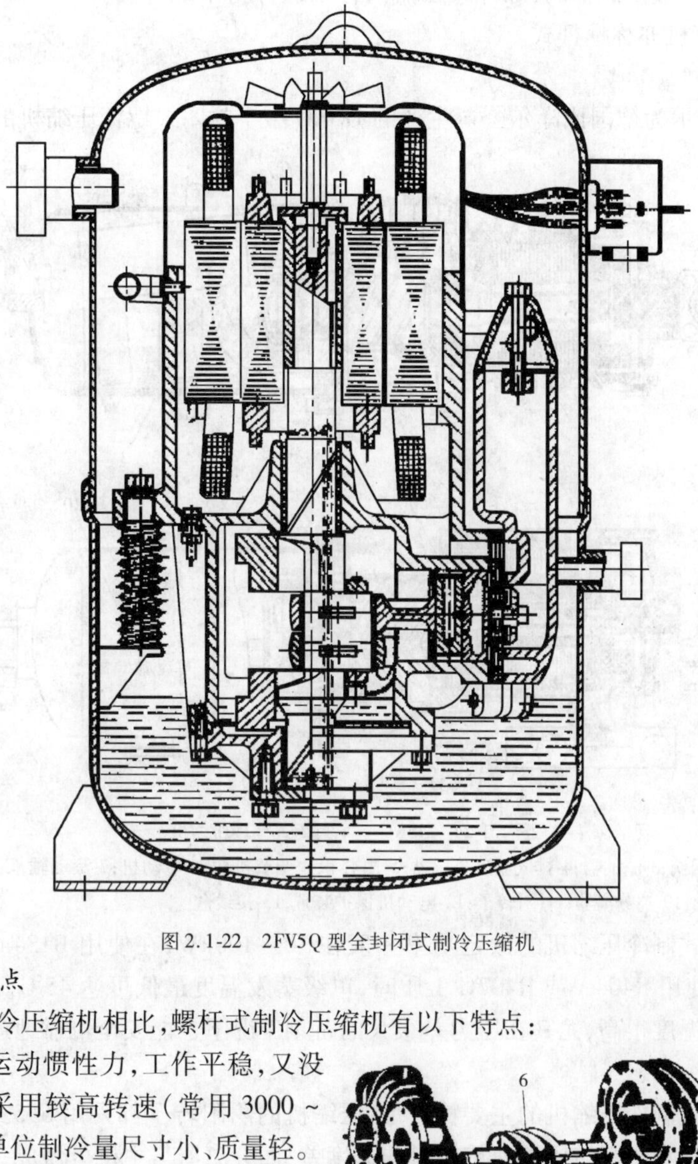

图 2.1-22　2FV5Q 型全封闭式制冷压缩机

(二)主要特点

与活塞式制冷压缩机相比,螺杆式制冷压缩机有以下特点:

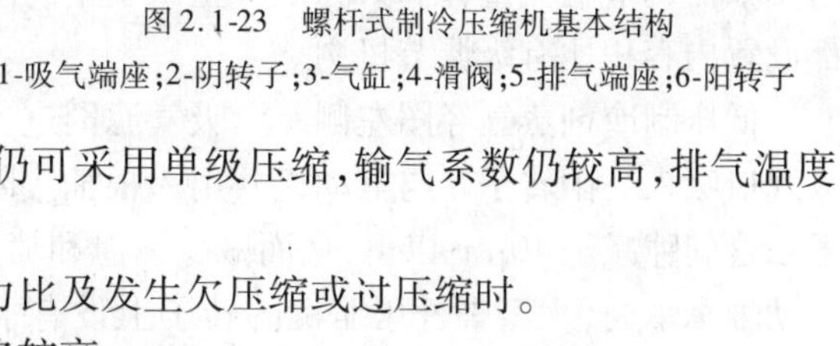

图 2.1-23　螺杆式制冷压缩机基本结构

1-吸气端座;2-阴转子;3-气缸;4-滑阀;5-排气端座;6-阳转子

(1)无往复运动惯性力,工作平稳,又没有气阀,因而可采用较高转速(常用 3000 ~ 4400rpm),所以单位制冷量尺寸小、质量轻。

(2)没有气阀、活塞环等易损件,磨损轻微,故运行可靠,检修周期可长达 3 万 ~ 5 万小时。

(3)无余隙容积,吸气阻力和预热损失小,且对气态工质带液体的湿行程不敏感,可喷油或喷液冷却和改善密封性,故高压力比时仍可采用单级压缩,输气系数仍较高,排气温度不超过 100℃。

(4)性能系数不及往复式,尤其是在高压力比及发生欠压缩或过压缩时。

(5)螺杆式压缩机的转子加工难度大,价格较高。

(6)开启式机型的噪声较大,耗油量大,油系统比较复杂,但在半封闭式机型得到改善。

（三）主要类型

按照螺杆转子数量的不同，螺杆式压缩机有双螺杆与单螺杆两种。双螺杆压缩机亦称螺杆式，单螺杆压缩机亦称蜗杆式。

（四）实例

图 2.1-24 所示为德国比泽尔公司生产的 HSKC 型半封闭式螺杆压缩机的结构图。

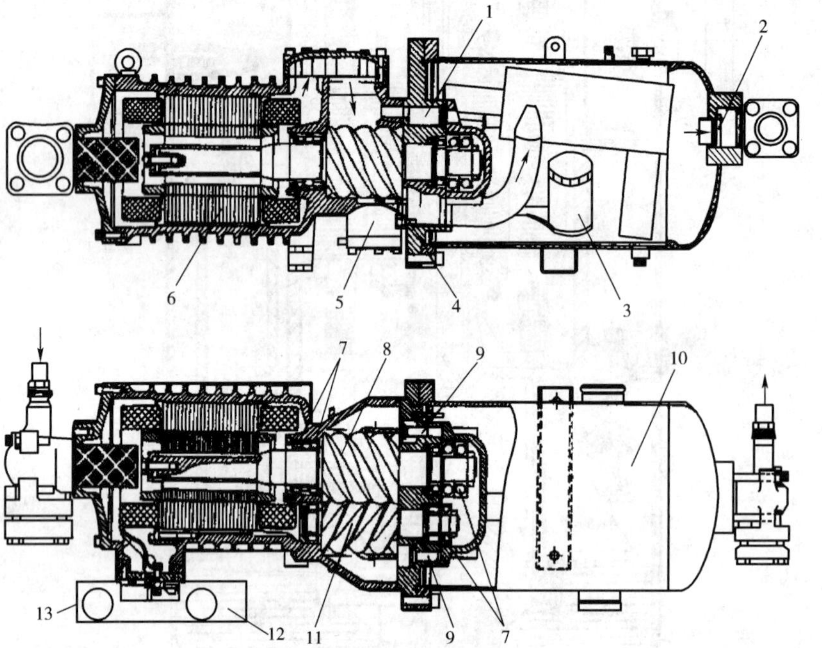

图 2.1-24　HSKC 型半封闭式螺杆压缩机

1-安全阀；2-止回阀；3-滤油器；4-排气温度传感器；5-内容积比调节机构；6-电动机；7-滚动轴承；8-阳转子；9-输气量调节柱塞阀；10-油分离器；11-阴转子；12-电动机保护装置；13-接线盒

半封闭螺杆式制冷压缩机的额定功率一般在 10～100kW，在使用 R134a 工质时，其冷凝温度可达 70℃，使用 R404A 或 R407C 工质时，单级蒸发温度最低可达 45℃。因此，由于它在冷凝压力和排气温度很高，尤其在压力差很大的苛刻工况下也能安全可靠地运行，近几年得到了长足的发展。

半封闭螺杆式制冷压缩机的主要特点是：压缩机的阴阳转子都采用 6∶5 或 7∶5 齿数，主要提高转子圆周速度和阴阳转子高速旋转时的速度差；油分离器与主机可做成一体化；内置电动机靠制冷剂气体冷却，电动机效率大大提高，而且电动机有较大的过载能力，其尺寸也相应缩小；压差供油；无油冷却系统；采用喷射液体制冷剂进行冷却降温；微型半封闭螺杆式压缩机应用变频器调节输气量，同时，除了少量微型半封闭螺杆式压缩机，大多数半封闭螺杆式压缩机都设置内容积比有级调节机构。

低压制冷剂蒸气经图左侧所示吸气滤网进入，流经并冷却电动机 6 后，再由气缸壁上部的吸气口吸入。阳转子 8 与电动机共用一根轴。阴、阳转子两端都采用滚动轴承 7 定位，可将转子啮合间隙减至 10μm 以下，从而减少漏泄和喷油量。转子所受指向吸气端的轴向力，由止推滚动轴承承受（大型螺杆压缩机的转子上设有平衡活塞）。排气经图右端所示内设的油分离器 10 分离滑油后，从止回阀 2 排出，以免停机后冷凝器内的制冷剂倒流进入压缩机。吸、排气腔间设有安全阀 10。启闭柱塞阀 9 可以有级调节输气量。同时还设有内容积比有级调节机构5。排气温度传感器4用来在排气温度超过调定值时控制喷液阀。

分离出来的滑油在排气压力作用下，经滤油器3去润滑轴承，并喷入转子间隙。采用压差供油无须油泵，而且新开发的合成润滑油在排气温度较高时也能保持润滑和密封所需黏度，故省去了油冷却器，简化了滑油系统。

四、离心式制冷压缩机

(一)基本结构

单级离心式制冷压缩机主要由吸气室、叶轮、扩压管、蜗壳等组成，如图2.1-25所示。对于多级压缩机，还设有弯道和回流器等部件。一个工作叶轮和与其相配合的固定元件(如吸气室、扩压器、弯道、回流器或蜗壳等)就组成压缩机的一个级。多级离心式制冷压缩机的主轴上设置着几个叶轮串联工作，以达到较高的压力比。为了节省压缩功耗和不使排气温度过高，级数较多的离心式制冷压缩机中可分为几段，每段包括一到几级。低压段的排气需经中间冷却后才输往高压段。

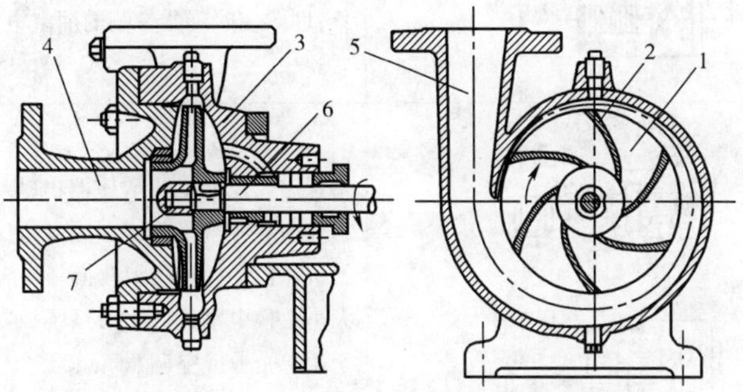

图2.1-25　离心式制冷压缩机基本结构

1-叶轮；2-叶片；3-泵壳；4-吸气室；5-扩压管；6-主轴；7-锁紧螺母

(二)主要特点

与活塞式制冷压缩机相比，离心式制冷压缩机有以下特点：

(1)在相同制冷量时，其外形尺寸小、质量轻、占地面积小。

(2)无往复运动部件，动平衡特性好，振动小，基础要求简单。

(3)磨损部件少，连续运行周期长，维修费用低，使用寿命长。

(4)润滑油与制冷剂基本上不接触，从而提高了蒸发器和冷凝器的传热性能。

(5)易于实现多级压缩和节流，达到同一台制冷机多种蒸发温度的操作运行。

(6)能够经济地进行无级调节。

(7)转速较高，用电动机驱动的一般需要设置增速器。

(8)当冷凝压力较高，或制冷负荷太低时，压缩机组会发生喘振而不能正常工作。

(9)制冷量较小时，效率较低。

(三)主要类型

1.按压缩机的密封结构形式分

(1)开启式：机组的布置是把压缩机、增速器与原动机分开，在机壳外用联轴器连接。有的机组则是压缩机、增速器在同一机壳内，由增速器与电动机轴连接。在这些机组中，为了防止制冷剂泄漏，在轴的外伸端处，必须装有轴封。参见表2.1-6。

(2)半封闭式。参见表2.1-6。

(3)全封闭式。参见表2.1-6。

离心式制冷压缩机主要类型 表 2.1-6

种　类	示 意 图	特　点
全封闭式	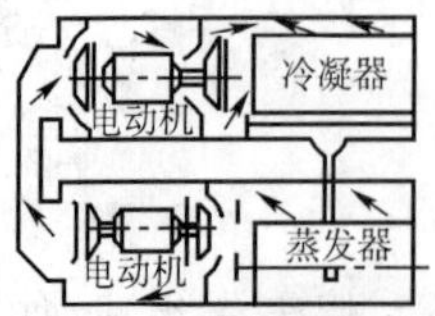	所有的制冷设备封闭在同一机壳内。电动机两个出轴端各悬一级或两级叶轮直接拖动,取消了增速器、无叶扩压器和其他固定元件。电动机在制冷机中得到充分冷却,不会出现电流过载。装置简单,噪声低,振动小。有些机组采用气体膨胀机高速传动,结构更简单。一般用于飞机机舱或船只内空调,采用氟利昂制冷剂。它具有制冷量小,气密性好的特点
半封闭式	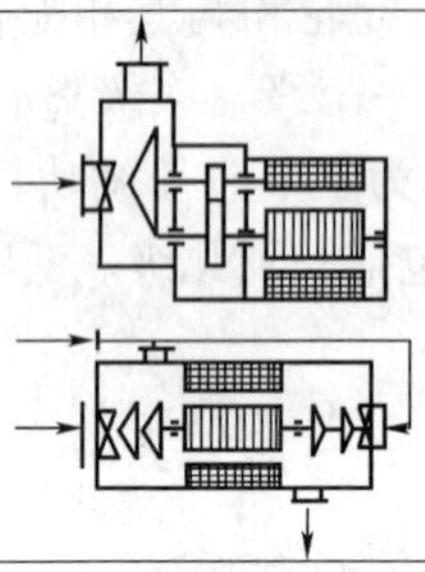	压缩机组封闭在一起,泄漏少。各部件与机壳用法兰面连接,结构紧凑。采用单级或多级悬臂叶轮。多级叶轮也可不用增速器而由电动机直接拖动。电动机需专门制造,采用制冷剂冷却并要考虑电动机的耐腐蚀。润滑系统为整体组合件,埋藏在冷凝器一侧的油室中
空调用 开启式	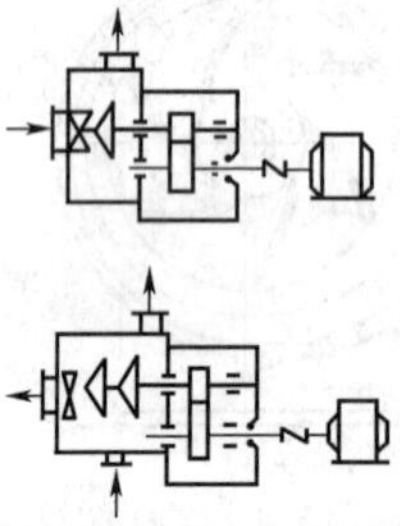	开启式压缩机或增速器出轴端装有轴封。电动机放在机组外面利用空气冷却,可节省能耗3% ~6%。也可用其他动力机械传动。若机组改换制冷剂运行时,可以按工况要求的大小更换电动机。润滑系统放在机组内部或另外设立。用于化工企业或空调
低温用 开启式	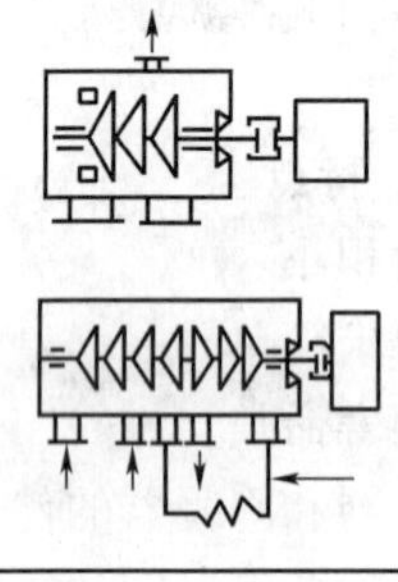	常用于化工流程中。尽量采用单位容积制冷量大的制冷剂以减小尺寸,通常采用化工工艺流程中的工质作制冷剂。采用多级压缩制冷循环以提高经济性。多级压缩机主轴的叶轮可以是顺向或逆向排列,各级有完善的固定元件,压缩机机壳为水平中分面,轴端用机械或其他形式的密封,轴的两端用止推及滑动轴承支撑。制冷剂有泄漏并有毒易爆,应控制其泄漏量。润滑系统一般另附油站,以确保转动部分的润滑和调节控制

2. 按压缩机的级数分

(1)单级离心式制冷压缩机:由于其结构决定,它不可能获得很大的压力比,因此单级离心式压缩机多用于冷水机组中。它由叶轮、增速齿轮、电动机和进口导叶等部件组成。气缸为垂直剖分型。采用低压制冷剂 R123 作为工质。压缩机采用半封闭的结构形式,其驱动电动机、增速器和压缩机组装在一个机壳内。叶轮为半开式铝合金叶轮。制冷量的调节由进口导叶进行连续控制。齿轮采用斜齿轮,在增速箱上部设置有油槽。电动机置于封闭壳体中,电动机定子和转子的线圈都用制冷剂直接喷液冷却。

(2)多级离心式制冷压缩机:由于单级离心式制冷压缩机不可能获得很大的压力比,为改善离心式制冷压缩机的低温工况性能,在低温机组中采用多级离心式压缩机。由蒸发器来的制冷剂蒸气由吸入口吸入,流经进口导叶进入第一级叶轮,经无叶扩压器、弯道、回流器再进入第二级叶轮,以此类推,最后经蜗壳把气体排至冷凝器。

(四)实例

图2.1-26所示为ALT250-36/-20型氨离心式制冷压缩机的总体结构图。该机为2段7级,主要用于化工工艺中的冷却或大型食品工业冷藏等。

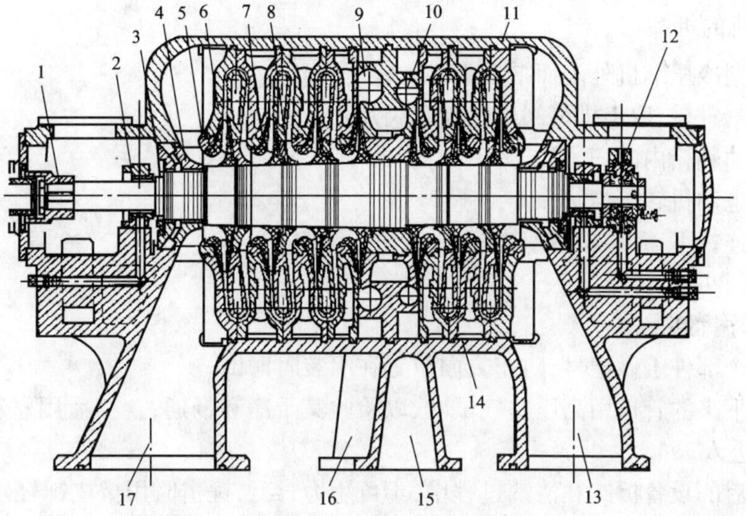

图2.1-26　ALT250-36/-20型离心式制冷压缩机

1-联轴器;2-主轴承;3-油封;4-轴封;5-轮盖密封;6-隔板;7-叶轮;8-级间轴封;9-一段排气蜗室;10-二段排气蜗室;11-上机壳;12-止推轴承;13-二段吸气管;14-下机壳;15-二段排气管;16-一段排气管;17-一段吸气管

压缩机的转子由主轴和七级叶轮组成,均用优质合金钢制造;压缩机的级间密封是轮盖密封和级间轴封组成,均为迷宫密封;压缩机两段的吸入口分别布置在机体前、后两侧,从而使轴封得以简化;压缩机主轴的轴端用齿轮联轴器与行星齿轮增速器的输出轴联接;压缩机吸入口装有蝶形阀,可采用控制其开度的方式调节压缩机的制冷量;为了确保整个压缩机组各润滑部位的用油,该机需配置润滑油站,上设两套可切换的油系统,一套投入运行,一套备用。其主要技术参数见表2.1-7。

ALT250-36/-20型离心式制冷压缩机的主要技术参数　表2.1-7

项　目		参　数
段数		2
级数		7(一段1~4级、二段5~7级)
设计工况	冷凝温度/℃	36
	蒸发温度/℃	-20
设计工况制冷量/kW		2907
一段进口温度/℃		12
一段进口压力/MPa		0.1764
二段出口温度/℃		123
二段出口压力/MPa		1.4279
转子最大直径/mm		475
主轴转速/(r/min)		12789
电机转速/(r/min)		1500
电机功率/kW		1600
机组传动方式		电动机—增速器—压缩机

- **实践技能展现**

活塞式制冷压缩机的拆装技能如下：

一、压缩机的拆卸

(1)先将制冷压缩机外表面揩擦干净。

(2)拆开气缸盖,取出排气阀组及吸气阀片。

(3)放出曲轴箱内的润滑油,拆下侧盖。

(4)取出电动机转子。

(5)拆卸连杆下盖,取出活塞连杆组。

拆卸注意事项：

(1)按顺序拆卸。

(2)在每个部件上做记号,防止方向位置在组装时颠倒。

(3)拆卸下来的管道用高压空气试吹,以检验其干净和畅通,合格后用塑料带绑扎封闭管端,防止污物进入。

(4)安装后的设备拆卸和清洗过程中,不可用力过猛,锤击时用橡皮锤轻敲。

二、设备的清洗

清洗分初洗和净洗两步骤。初洗时,先去掉加工面上的除锈油、油漆、铁锈等污物,再用细布沾上清洗剂擦洗,然后用煤油洗直到基本干净为止,净洗时,要另换干净的煤油再洗一次(可用汽油清洗,然后用机油防止生锈),以洗净为止。

三、测量

一般地说出厂合格的压缩机都是按一定的精度标准进行装配,各部件间的间隙都会有一定的限制。所以在检修中重要的一环就是通过测量确定活塞和气缸是否需要检修和更换;通过测量来确定故障原因;通过测量来确定曲轴、连杆、轴承等是否需要校正等。

(1)检查气缸余隙:将一定粗细的软铅保险丝放置在活塞顶部,装好排气阀组,盖好气缸盖,转动主轴,然后取出保险丝,间隔取两点测量其厚度,记录后重复测量一次,作好记录,求取这四个值的平均值即为气缸上止点余隙,与说明书对照,如果超过标准,则找出偏差,进行修理。

(2)吸气阀片开启高度:开启度过大,则阀片运动速度大,阀片易击碎;开启度过小,则制冷剂通过的阻力加大,影响吸、排气的效率。当阀片有轻微磨损或划伤时,应重新研磨或检修;如果阀片磨损使其厚度小0.15mm时应更换。活塞运动到上止点时,用塞尺测量出阀片到活塞顶凹部底的净高(取两个不同点测量),即是吸气阀片的开启高度。

(3)排气阀片开启高度:排气阀片的开启高度受限制片限制,所以一般以限制片的高度为排气阀片的高度为最大开启高度。

(4)活塞与气缸的间隙:取出活塞,分别在上、中间、下位置每隔120°测量一次活塞外径,作好记录。在上止点、中间、下止点每隔120°测量一次气缸内径,作好记录。分别算出平均值。其差值即为活塞与气缸间隙。通过上述测量即可确定活塞和气缸是否需要检修或更换。若气缸磨损比原气缸标准大0.15~0.25mm时,必须进行检修。或气缸与活塞的间隙超过0.45~0.6mm时也应进行检修。当活塞最大磨损在0.3~0.35mm时,应更换活塞。

(5)连杆大头与轴配合间隙:每隔120°测量一次连杆大头内径,作好记录。每隔120°测量一次曲柄销外径，作好记录。并做相应的计算和结论(标准要求0.08~0.15mm之间)。

四、压缩机的安装

压缩机的安装顺序为拆卸的逆序，需要注意的是在安装之前需要对部件进行净洗，然后将部件工作面上都涂上润滑油，然后安装。安装完毕后再灌入润滑油，作好试机的准备。经检查后，试机，看运行情况，判断维修是否成功。

工作任务 2.2　冷凝器的拆装维护

• 知识点导入

理论知识点	实践知识点
1. 传热分析； 2. 结构和特点； 3. 冷凝器形式选择的原则	冷凝器工作正常的判断技能

• 理论信息获取

冷凝器是气体制冷剂与吸热介质(水或空气)进行热量传递的热交换器。在其中，热量传递包括三个过程：过热制冷剂蒸气等压冷却为饱和蒸气、饱和蒸气等压冷凝为饱和液体、饱和液体进一步冷却为过冷液体。

一、传热分析

冷凝器的基本传热公式为：$Q = K \cdot F \cdot \Delta t$

冷凝器的传热系数如表2.2-1所示。在既定的冷凝器中，其热交换面积是一定的，因而要提高传热量，除了提高平均温差外，其重要途径是如何提高传热系数。

冷凝器的传热系数　　表2.2-1

冷凝器名称及形式	传热系数 W/($m^2 \cdot K$)	相应条件
卧式冷凝器(氨)	810~1050	传热温差4~6℃，单位面积冷却水用量0.5~0.9m^3/h
卧式冷凝器(氟利昂)	930~1169	传热温差，7~9℃，低肋管，肋化系数≥3.5，水速1.5~2.5m/s
套管式冷凝器	970~1290	传热温差，8~11℃，低肋管，肋化系数≥3.5，水速2~3m/s
空气冷却式冷凝器(强制对流)	35(R22)	迎面风速2.5~3.5m/s，冷凝器与进风温差≥15℃，室外温度35℃
空气冷却式冷凝器(自然对流)	6~9	

冷凝器中的传热过程：制冷剂的冷凝放热；通过金属壁和污垢层的导热；冷却介质的吸热过程。

(一)影响制冷剂侧蒸气凝结放热的因素

1. 制冷剂蒸气的流速流向的影响

制冷剂在冷凝器中的凝结，一般都是膜状凝结，当制冷剂蒸气与低于饱和温度的壁面接触时，便凝结成一层液体薄膜，并在重力的作用下向下流动。液膜是冷凝器中制冷剂一侧的热阻，它的增厚将使制冷剂侧的热阻增大，放热系数降低。因此，当制冷剂蒸气与冷凝液膜朝同一方向运动时，冷凝液体与传热表面的分离较快，放热系数增高。而当制冷剂蒸气作反液膜流向运动时,则放热系数可能降低,也可能增大,此时将决定于制冷剂蒸气流速。若蒸气的流速较小时,液膜流动减慢,液膜变厚,放热系数降低;若制冷剂蒸气流速相当大时,液膜层被制冷剂蒸气流带着向上移动,以致吹散而与传热壁面脱离,这种情况下,放热系数将增大。

考虑制冷剂蒸气的流速和流向对放热的影响,所以,立式壳管式冷凝器的蒸气进口,一般总是设在冷凝器高度2/3的筒位的侧面,以便不使冷凝液膜太厚而影响放热。

2. 传热壁面粗糙度的影响

冷凝液膜在传热壁面上的厚度,不仅与制冷剂的黏度等因素有关,而且传热壁面的粗糙度对液膜厚度也有很大影响。当壁面很粗糙或有氧化皮时,液膜流动阻力增加并且液膜增厚,从而使放热系数降低。所以,冷凝器管表面应保持光滑清洁,以保证有较大的凝结放热系数。

3. 制冷剂蒸气中含空气或其他不凝性气体的影响

在制冷系统中,总会有一些空气以及制冷剂和润滑油在高温下分解出来的不凝性气体存在,这些气体随制冷剂蒸气进入冷凝器,会使凝结放热系数显著降低。这是因为制冷剂蒸气凝结后,这些不凝性气体将附着在凝结液膜附近,在液膜表面上,不凝性气体的分压力显著增加,因而便使制冷剂蒸气的分压力减低。而且由于蒸气分压力的减少,会大大影响制冷剂蒸气的凝结放热。

为了防止冷凝器中不凝性气体积聚过多,以致恶化传热过程,所以必须采取措施,既要防止空气渗入制冷系统内,又要及时地将系统中的不凝性气体利用专门设备排出。

4. 制冷剂蒸气中含油对凝结放热的影响

制冷剂蒸气中含油对凝结放热系数的影响,与油在制冷剂中的溶解度有关。由于氨油基本不相溶,如果氨蒸气中混有润滑油时,油将形成油膜沉积在冷凝器的传热表面上,这样就会造成附加热阻。对于氟利昂系统,由于氟油很容易溶解,所以当含油浓度在一定范围内(小于1% ~7%)时,可不考虑对传热的影响,超过此限时,也会使放热系数降低。因此,在冷凝器的运行中,设置高效的油分离器,以减少制冷剂蒸气中含油量,降低其对凝结放热的不良影响。

5. 冷凝器构造形式的影响

制冷剂蒸气在横放单管外表面冷凝时的放热系数,一般大于直立管的放热系数。这是因为具有一定高度的直立管的下部,冷凝液膜层厚度较大。但是,对于蒸气在水平管束外表面上的凝结放热,由于下落的冷凝液可使下部管束外侧的液膜增厚,使其平均放热系数也有所降低。水平管束在上下重叠的排数越多,这种影响就越大。所以,水平管束的平均放热系数,也有可能低于直立管的放热系数。因此,要提高制冷剂在冷凝时的放热系数,无论任何一种构造的冷凝器,都应保证冷凝液体能从传热表面上迅速的排除。

(二)影响冷却介质(水或空气)侧吸热的因素

1. 作为冷却介质的水或空气的流速大小,对其一侧的传热系数有很大的影响

随着冷却介质流速的增加,其传热系数也就增加。但是,冷却介质流速的增大会使冷凝器内的流动阻力随之增加,从而输送冷却介质的设备所消耗的机械功也就增加了。冷却介质速度的选择是依据设备初投资和设备运转费用经过技术经济分析计算求得。冷凝器内冷却介质的最佳流速,冷却水为0.8 ~1.2m/s,空气为2 ~4m/s。

2. 冷却介质纯净程度及其组成成分,对冷却介质侧传热系数也有一定的影响

水垢层的厚度,取决于冷却水质,冷凝器使用时间及设备的操作管理情况等因素。

(三)传热面的污脏程度

传热面被润滑油、铁锈、沉积的盐层、水垢及冰霜等污脏时,则增加了传热的热阻。所以在运行管理中需要经常地清除污物,以便更好地发挥冷凝器的传热效果。

二、结构和特点

冷凝器的特点如表 2.2-2 所示。

冷 凝 器 的 特 点　　表 2.2-2

类别	形式	优点	缺点	使用范围
水冷式	立式壳管式	可装于室外,占地面积小,结构简单清洗方便	冷却水进出温差小,耗水量大,氨液过冷少,冷却管腐蚀较大	中、大型氨制冷机
	卧式壳管式	结构紧凑,传热效果好,冷却水进出温差大,耗水量少,可和贮液器叠装,节省占地面积	清洗不方便,泄漏不易发现	大、中、小型氨和氟里昂制冷机
	套管式	结构简单制造方便,体积小,传热效果好	流动阻力大,清洗困难	小型氟里昂空调机
	沉浸式	制造、维修、清洗均方便	冷却水在水箱内的流动速度低,传热效果差,体积大	小型氟里昂制冷机
风冷式	强迫型	不需冷却水,安装时省去水管安装	传热效果差,体积大,气温高时冷凝压力较高	小型氟里昂制冷机
	自然型	不需冷却水和风机,易安装、维修	传热效果差,体积大,限用于绝热系数小制冷剂	家用冰箱及小型制冷设备
混合式	淋水式	制造方便,清洗方便,泄漏容易发现,维修方便	体积大,占地面积大,材料消耗多,传热效果比壳管式差	中、大型氨制冷机
	蒸发式	利用水蒸发带走冷凝热量,因而冷却水消耗量少,只及水冷式的 1% ~5%	传热效果不如水冷式好,体积大,风机消耗动力,清洗维修较困难,造价较高	大、中、小型氨和氟里昂制冷机

如图 2.2-1 所示,船舶制冷装置大都采用卧式壳管式冷凝器。壳管式冷凝器中,制冷剂在管外冷凝,冷却水在管内流动而将热量带走,壳体一般采用锅炉钢板卷制焊接而成。壳体两端板之间排列着许多无缝钢管,以电焊固定在端板上,两端封盖内侧铸有限水筋条,以增加冷却水流程和流速,冷却水进出口设端盖上,从下面流进,上面流出。两侧的端盖 2 内装有防蚀锌棒,或内表面涂有防蚀涂层。冷凝器上通常装有:

1. 安全阀

安全阀装在冷凝器顶部(与接头 10 相接)。《钢质海船入级规范》规定制冷系统的所有压力容器均应装设串联安装的安全膜片和安全阀,其爆破或开启压力应不大于规定的设计压力(但应比设在压缩机排出侧的安全阀高),压力意外升高时可将排出物引至甲板安全地点排往大气。氟利昂制冷系统中上述容器的容量在 100L 以下者,可用熔点为 65℃ 的易熔塞来代替安全阀或安全膜。

2. 放气阀

放气阀装在冷凝器顶部两端处(与接头 5 相接),用来泄放不凝性气体。

3. 平衡管

平衡管从冷凝器的顶部(接头 9 处)引出,与后面的贮液气相通,使彼此压力平衡,便于冷凝器中的液体流入贮液器。如连接两者的管路短而粗,也可省去平衡管。

4. 水室放气旋塞和放水旋塞

分别装在无外接水管的端盖的最高处及最低处,前者用来泄放水腔空气,防止形成气囊,妨碍传热;后者是在检修前放空存水,或冬季停用时放水防冻。

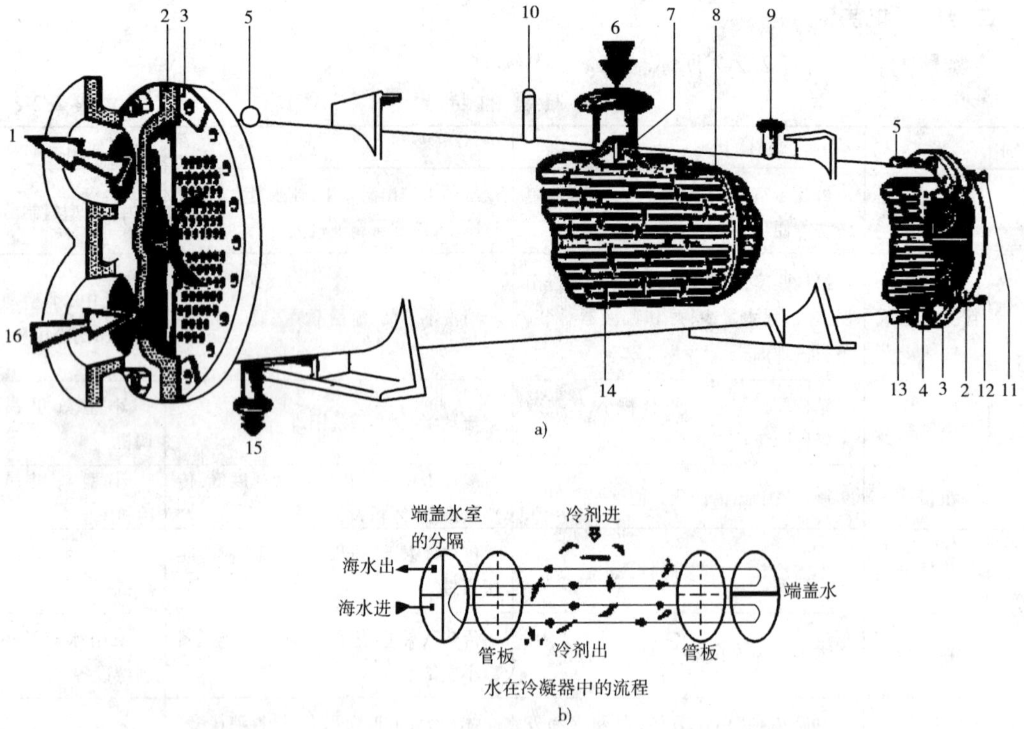

图 2.2-1　卧式壳管式冷凝器

1-冷却水出口;2-端盖;3-垫片;4-管板;5-放气阀接头;6-气态制冷剂进口;7-挡气板;8-管架;9-平衡管接头;10-安全阀接头;11-水室放气旋塞;12-水室泄水旋塞;13-泄放阀接头 14-冷却管;15-液态制冷剂出口;16-冷却水进口

此外,冷凝器兼作贮液器使用时在下部还装有液位镜或液位计。

壳管式冷凝器的优点是:传热系数大,结构紧凑,体积小,在船舶机舱易于布置。其缺点是冷却管易腐蚀,污垢排出较困难。

三、冷凝器形式选择的原则

主要取决于当地的水源、水质、水温、气候条件以及冷冻机房布置要求等因素。

(1)选用的冷凝器的冷凝面积,应能满足制冷装置实际运行的最大负荷工况要求。

(2)立式壳管冷凝器适用于水温较高、水质较差、水量充裕的地区。

(3)卧式壳管冷凝器适用于水温较低、水质较好的地区。

(4)蒸发式冷凝器适用于室外空气湿球温度较低、水源不足的地区。

(5)空冷式冷凝器适用于缺少水源或当地室外空气干球温度较低的小型制冷装置。

● 实践技能展现

冷凝器工作正常的判断技能如下:

(1)冷却水进出口温差约 2 ~4℃;

(2)冷凝温度比冷却水进口温度高 5 ~9℃;

(3)冷凝器进口温差与出口温差之比常小于 3;

(4)制冷剂流出冷凝器时有 3 ~5℃的过冷度;

(5)冷凝能力约为制冷装置制冷量 Q_0 的 1.2 ~1.4 倍。

工作任务 2.3　节流阀的拆装维护

• 知识点导入

理论知识点	实践知识点
1. 节流基本原理； 2. 节流阀的类型； 3. 毛细管； 4. 浮球阀； 5. 手动膨胀阀； 6. 热力膨胀阀； 7. 热电膨胀阀； 8. 电子膨胀阀	1. 热力膨胀阀安装和维护的技能； 2. 热力膨胀阀调试的技能； 3. 热力膨胀阀故障排除的技能

• 理论信息获取

节流阀是制冷装置中的重要部件之一，它的作用是将冷凝器或贮液器中冷凝压力下的饱和液体（或过冷液体），节流后降至蒸发压力和蒸发温度，同时根据负荷的变化，调节进入蒸发器制冷剂的流量。

如果节流阀向蒸发器的供液量与蒸发器负荷相比过大，部分制冷剂液体会与气态制冷剂一起进入压缩机，引起湿压缩或液击事故。相反若供液量与蒸发器热负荷相比太少，则蒸发器部分换热面积未能充分发挥作用，甚至造成蒸发压力降低；而且使系统的制冷量减小，制冷系数降低，压缩机的排气温度升高，影响压缩机的正常润滑。

一、节流基本原理

当制冷剂流体通过一小孔时，一部分静压力转变为动压力，流速急剧增大，成为湍流流动，流体发生扰动，摩擦阻力增加，静压下降，使流体达到降压调节流量的目的。在节流过程中，由于流速高、工质来不及与外界进行热交换，同时摩擦阻力消耗的动量也极微小，所以，可以把节流过程看作为等焓节流，即在节流过程中的热量与动量都没有变化。

节流机构在节流降压时，制冷剂通过节流孔即会沸腾膨胀而成为湿蒸气，所以又称节流膨胀。节流膨胀是完成制冷循环的重要的热力过程，节流膨胀过程主要是完成对从冷凝器出来的高压液态制冷剂进行节流而降压，保证冷凝器与蒸发器之间的压力差，使蒸发器中的液态制冷剂在较低的压力下蒸发吸热，以达到制冷的目的。

将节流机构做成阀式，即节流阀，还可调节进入蒸发器内制冷剂的流量以适应负荷变化，从而实现制冷量的调节，节流机构又称为流量控制装置。

二、节流阀的类型

（1）毛细管：不调节流量的节流机构，一般用于工况稳定的小型制冷系统。

（2）手动膨胀阀：手动调节流量的节流阀，一般用于氨制冷系统。

（3）浮球阀：利用液位调节流量的节流阀，一般用于氨制冷系统。

（4）热力膨胀阀：利用过热度调节流量，具有热力效应的普通型节流阀，一般用于氟利昂制冷系统。

(5)热电膨胀阀:利用过热度调节流量,具有热电效应的普通型节流阀,一般用于氟利昂制冷系统。

(6)电子膨胀阀:利用过热度调节流量,具有热电效应的智能型节流阀,一般用于精细流量调节的制冷系统。

三、毛细管

毛细管一般为直径为0.6~2mm、长度为0.5~5m等截面的紫铜管。

当有一定过冷的液体制冷剂进入毛细管,沿管长方向的压力及温度变化如图2.3-1所示。进口1—2段为液相区,这一过程压力降不大,而温度在过冷状态中是一定的。2—3段为两相段,制冷剂为气液两相共存的湿蒸气。3—4段为制冷剂由毛细管进入蒸发器的过程。而点4则为制冷剂在蒸发器中的状态。

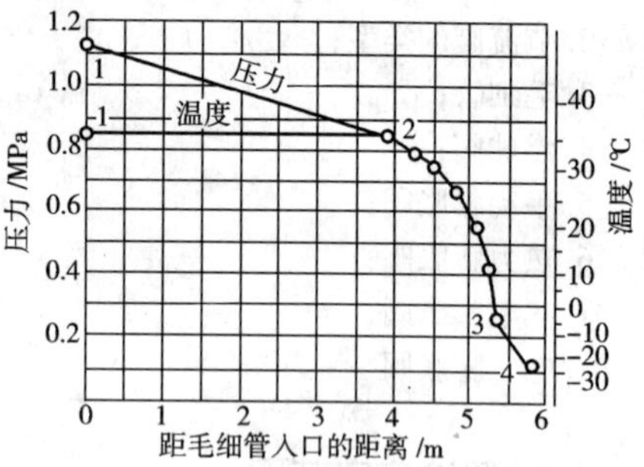

图2.3-1　毛细管的压力和温度分布

实验证明,毛细管的供液能力主要取决于毛细管入口处制冷剂的状态以及毛细管的几何尺寸(长度和内径)。长度增加,内径缩小都相应使供液能力减小。而蒸发压力在通常工作条件下对供液能力的影响较小。

毛细管的优点是制作简单,成本低廉,没有运动部件,工作可靠。在冷凝器与蒸发器之间形成一个常通的通道,保证在压缩机停车后蒸发器与冷凝器之间的压力(即系统的高、低压)迅速平衡,从而使压缩机下次能很容易启动。缺点是它的调节性能很差,不能随着制冷装置的热负荷变化而自动调节流通截面。制冷剂充注量一定要准确,过多或过少都会影响制冷机的正常工作。采用毛细管的制冷系统,其降温速度比用膨胀阀的降温速度慢,这是因为膨胀阀在启动时,其过热度大,故开启度也大,通过的流量也大,而毛细管则不能。

毛细管选配一般先确定毛细管的内径,再根据有关资料提供的计算公式(高低压差、内径、系统制冷剂的重量流量)计算出毛细管的长度,然后经实际实验找出准确的最佳尺寸,最后采用液体流量测量法加以核准。

毛细管使用时应注意:

(1)当几根毛细管并联使用时,为使流量均匀,最好采用分液器。分液器要垂直向上安装,使液体能均匀分配。

(2)毛细管的孔径小,管子长,很容易被杂质堵塞,因此,过滤网孔要细而严密。

(3)毛细管的孔径与长度是根据一定的机组和一定的工况配置的,不能任意改变工况或调换任意规格的毛细管,否则会影响设备的合理工作,甚至不能正常工作。

(4)要特别注意制冷系统内部的清洗及干燥。尤其是氟利昂制冷剂几乎是不溶解水分的,如果系统残留水分,便会在毛细管出口侧产生冰塞,破坏系统的正常运行。另外,系统内的灰尘也容易堵塞毛细管,造成冷却不良。

(5)毛缩管的接口截取与安装应特别注意,截取长短时,用剪刀沿管作圆周运动,适当加力,接近剪断时,去掉剪刀,用手掰开即可。接口应以细锉锉成大于45°的斜面,并且去除毛刺,以便扩大进出口面积,在伸入过滤器等设备中也有利于避免产生堵塞。毛细管与其他管路或设备接口相联结时,伸进的长度应在8~10mm之间为宜。

四、浮球阀

低压浮球阀，安装在氨系统蒸发器或中间冷却器的供液管路上，用来保持其液位。一般是和手动膨胀阀配合使用。按供液的流通方式分为直通式和非直通式，如图2.3-2所示。

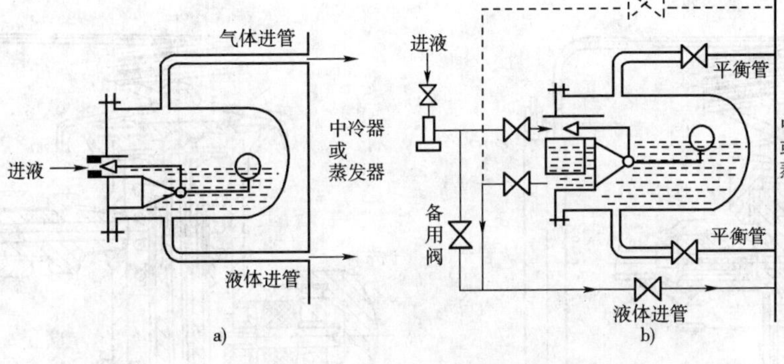

图2.3-2　浮球阀

a)直通式；b)非直通式

直通式和非直通式的共同点都是因浮球的上升和下降，杠杆则围着支点产生转动，从而推进和拉出阀针，形成减少供液或增大供液结果，控制液面在需要的水平上。

直通式浮球在工作时，液体经过阀针先进入浮球阀的壳体内，节流及产生的气体通过气体连接管直接进入蒸发器或中间冷却器，液体则通过液体连接管直接进入蒸发器或中间冷却器。这种进液会引起液面波动，使浮球阀工作不稳定。

非直通式浮球阀不是液体直接进入阀体的壳体内，而是用另一根管子通入蒸发器或中间冷却器，浮球阀是由平衡管导入的气液进行平衡的，因此浮球阀的工作面比较稳定，这种进液可以供在液面下，也可以从任何位置供进去。非直通式浮球阀在自动控制中可以做主阀的感应机构。

五、手动膨胀阀

手动膨胀阀是最老式的节流阀，与普通截止阀相似。如图2.3-3所示。不同之处：阀芯为针形或具有V形缺口的锥体，而且阀杆采用细牙螺纹——当旋转手轮时，可使阀门的开启度缓慢地增大或减小，以保证良好的调节性能。

手动膨胀阀开启的大小，需要操作人员频繁地调节，以适应蒸发器负荷的变化。通常开启度为1/8～1/4圈，一般不超过一圈，开启度过大就起不到节流（膨胀）的作用。目前手动膨胀阀大部分已被自动节流机构取代，只有氨制冷系统或试验装置中还在使用。在氟利昂制冷系统中，通常手动膨胀阀作为备用阀安装在旁通管路中，以便自动节流机构维修时使用。

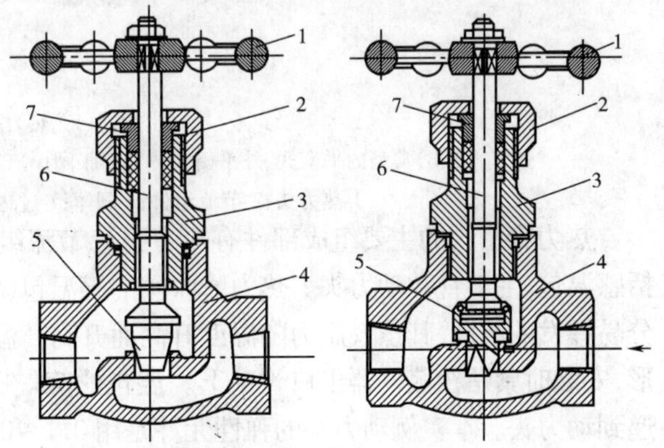

图2.3-3　手动膨胀阀

a)针形阀芯；b)V形缺口锥体阀芯

1-手轮；2-上盖；3-填料函；4-阀体；5-阀芯；6-阀杆；7-填料压盖

六、热力膨胀阀

（一）作用

将制冷剂节流降压，以便在蒸发器中汽化吸热；调节供液量，符合冷藏库热负荷的需要；确保制冷剂具有一定过热度，以免“液击”和保证蒸发器的利用率。

（二）基本结构

热力式膨胀阀按膜片平衡方式不同有内平衡式和外平衡式两种类型，如图2.3-4a）、b）所示。图2.3-4c）、d）为应用十分广泛的T2型（内平衡式）和TE5型（外平衡式）热力膨胀阀。

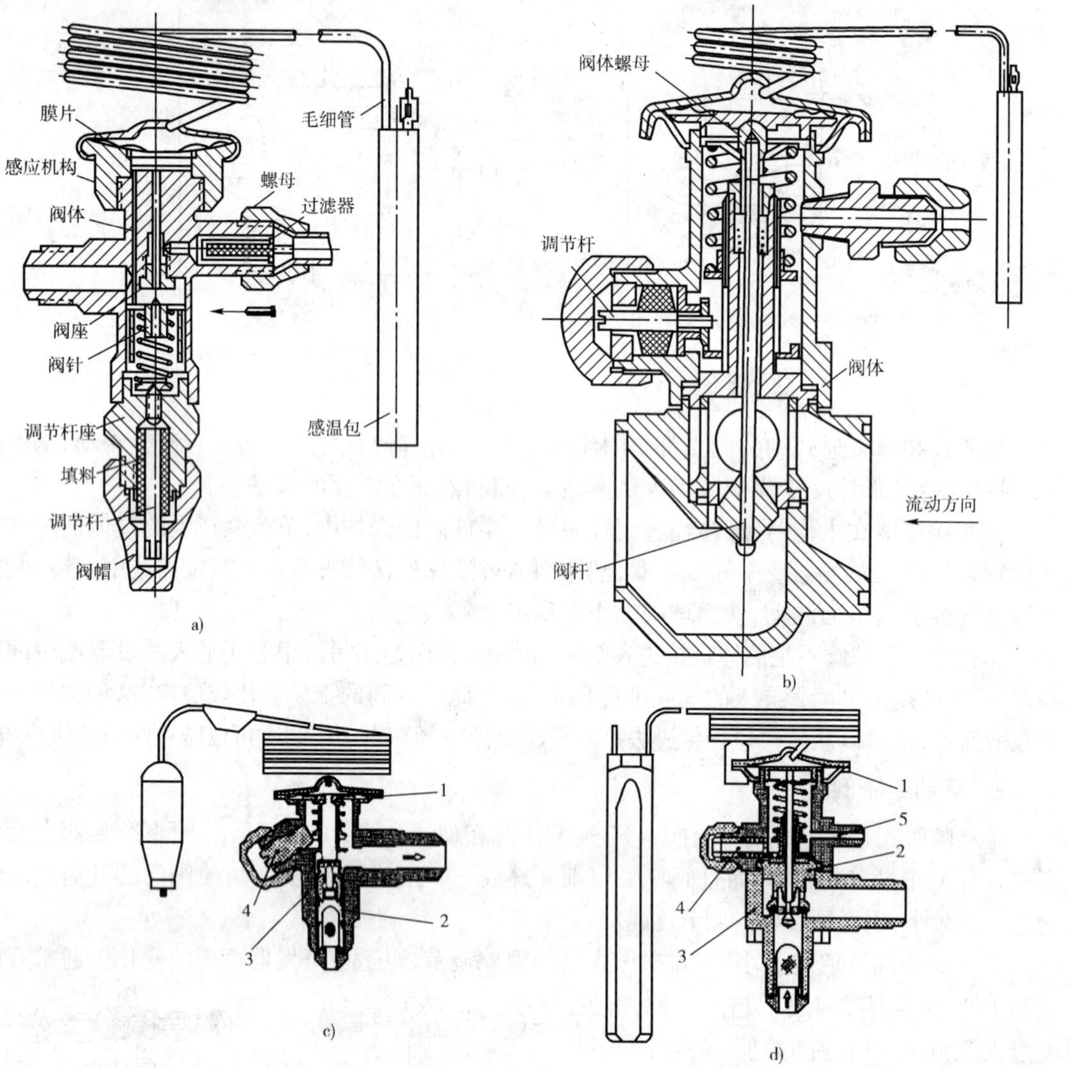

图2.3-4　热力膨胀阀

a）、b）典型内平衡式、外平衡式热力膨胀阀；c）T2型（内平衡式）；d）TE5型（外平衡式）

1-热力头；2-节流组件；3-阀体；4-过热度调节机构；5-平衡管接头

热力膨胀阀的主要组成部件有热力头1、节流组件2、阀体3和过热度调节机构4。热力头包括感温包、毛细管和动力头。热力膨胀阀的感温包（简称温包）常用的是蒸气式，其内部充有一部分易挥发的液体，其蒸气压力随温度升高而升高。温包由导热良好的黄铜制成，外面有一面成凹形，安装时紧贴在蒸发器出口管壁上。温包的蒸气压力通过内径0.1～0.2mm的紫铜毛细管传递到动力头。本实例动力头的弹性元件是用0.1～0.2 mm厚的特种不锈钢片制成的膜片；较大的阀可采用由不锈钢或磷青铜制成的波纹管，以得到更大的行程。动力头弹性元件在蒸气压力作用下克服调节机构的弹簧张力，产生向下的位移。阀体上开有制冷剂的进口和出口，进口内设有可拆洗的小滤网。TE5和T2型的阀体分别是分体式和整体式，拆开前者的下部或后者的进口滤网都可更换节流组件。每种阀体可换用节流孔口径不同的节流组件,以改变阀的容量(制冷量)。节流组件的阀座和阀芯由抗蚀耐磨的金属制成。T2 型采用下面有小弹簧的针阀,TE5 型采用锥阀,阀的开度(阀芯行程)是靠动力头的弹性元件通过顶杆压下阀芯来控制的。

过热度调节机构通过可以调节主弹簧的预压缩量来改变弹簧的张力。T2 型是靠调节螺杆内端的齿轮连接直接转动弹簧座。TE5 型是靠调节螺杆的内侧有小齿轮可带动套在阀杆外的大齿轮旋转,从而使与大齿轮上部以螺纹连接的弹簧座上下移动。

内平衡式和外平衡式的主要区别是:前者动力头的下方承受的是蒸发器进口处的压力;后者动力头的下方通过平衡管与蒸发器的出口相通,承受的是蒸发器出口处的压力。

(三)工作原理

图 2.3-5 所示为外平衡式热力膨胀阀的工作原理。供入热力膨胀阀的液态制冷剂经开度可变的阀口节流降压后进入蒸发器,在进口 A 处蒸发压力为 p_0(相应蒸发温度为 t_0);当制冷剂流到接近蒸发器出口 B 处时汽化完毕,成为饱和蒸气,这时压力降为 p'_0,(相应蒸发温度降为 t'_0);制冷剂流到蒸发器出口 C 处时成为过热蒸气,压力仍近似为 p'_0,温度升为 t_1,过热度为 $\Delta t(t_1-t'_0)$。蒸发器出口处的压力 p'_0 被平衡管引至动力头弹性元件的下方,同时作用在弹性元件下方的还有弹簧张力 p_s;弹性元件上方作用的是温包压力 p_1。由图可见,当蒸发器出口的过热度 Δt 越大,弹性元件上下方的压力差($p_1-p'_0$)越大,直至与单位面积的弹簧张力 p_s 相平衡,阀的开度才保持稳定。即:阀的开度对应于弹性元件上下气体压力差($p_1-p'_0$),对应于蒸发器出口过热度 $\Delta t(t_1-t'_0)$。因此,热力膨胀阀能根据过热度变化自动开大或关小阀口,控制供液量,保持过热度稳定。注意,热力膨胀阀接受的信息(或者说输入热力膨胀阀的信息)是过热度,不是温度。热负荷的变化是通过蒸发器出口的过热度来反映的,热负荷增大,蒸发器管路的蒸发段变短,过热段变长,过热度增加。

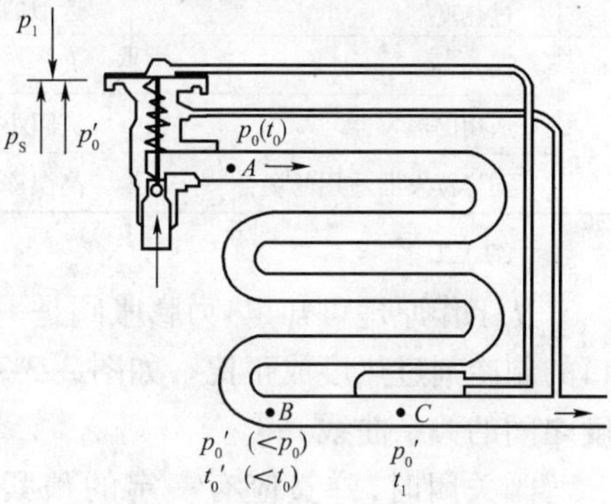

图 2.3-5　外平衡式热力膨胀阀工作原理

若蒸发器进出口的压降较小,相应的蒸发温度降($t_0-t'_0$) <1℃左右,可选用内平衡式热力膨胀阀。这时弹性元件下方作用的是蒸发器进口压力 p_0,阀的开度与压差(p_1-p_0)成正比,而此压差只能反映(t_1-t_0),不能反映蒸发器出口过热度($t_1-t'_0$),但误差不大。如图2.3-6所示。

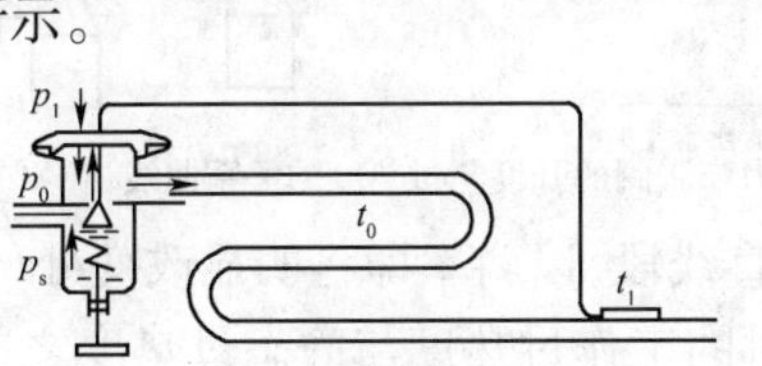

图 2.3-6　内平衡式热力膨胀阀工作原理

制冷剂饱和压力与饱和温度的关系曲线的斜率随温度的升高而增大,故蒸发温度越低,同样压降对应的蒸发温度降越大。因此,有的同样的蒸发器,用于高温库可配用内平衡式膨胀阀,而用于低温库时则需配用外平衡式。

内平衡式热力膨胀阀只适用于蒸发温度不太低,容量不大和制冷剂流阻不大的盘管式蒸发器。小型冷库采用排管式蒸发器的一般阻力不大,常可采用内平衡式膨胀阀。而使用冷风机为蒸发器时,其分液器和分液管的压降都比较大,一般多选用外平衡式膨胀阀。外平衡式若用内平衡式代替,必然使阀的开度变小,蒸发器出口过热度太大,过热度的提高会造成蒸发器的过热段过长,换热面积利用率降低,制冷能力下降,供液量不足,装置运行的经济性变差。

热力膨胀阀特点如表 2.3-1 所示。

热力膨胀阀的特点 表 2.3-1

		内平衡式	外平衡式
结构	主体结构	针阀,阀座,调节弹簧	
	压力引进通道	内平衡孔	外平衡管
	顶杆的通孔	兼为内平衡孔,不能密封	必须密封
	阀体外接口	2 个	3 个
原理	膜片上方承受的温包充剂压力	蒸发器出口处的压力 p_1(t_1 对应的)	蒸发器出口处的压力 p_1(t_1 对应的)
	膜片上方的温包充剂状态	饱和蒸气	饱和蒸气
	膜片下方承受的制冷剂压力	蒸发器进口处的蒸发压力 p_0	蒸发器出口处的压力 p'_0(近似)
	膜片下方的制冷剂状态	湿蒸气	过热蒸气
	蒸发器进出口的压降	较小	较大
	过热度	近似的过热度($t_1—t_0$)	真实的过热度($t_1—t'_0$)
特点	误差	大	小
	适用的蒸发器	流阻小的盘管式蒸发器	流阻大的冷风机
	同样蒸发器适用的场合	高温库	低温库

(四)工作性能

从工作原理可知,热力膨胀阀是一种近似的比例调节元件,其在稳态时的开度与蒸发器出口的制冷剂过热度成正比。如图 2.3-7 所示为热力膨胀阀的开度与蒸发器出口处制冷剂过热度之间的关系曲线。

阀关闭时,弹簧应有一定的预紧力,以保持阀关闭严密,故蒸发器出口过热度需要达到一定值时热力膨胀阀才开始开启,该值称为“静态过热度”。蒸发器出口过热度越大,阀的开度也越大。阀在开启状态时的蒸发器出口过热度称为“工作过热度”。在阀的开度超过一定限度(额定开度)前,它与过热度的关系曲线(*AB* 段)大致是向上倾斜的直线;超过此限度后,过热度增加时阀的开度增加得越来越小(大约可增加不少于 20%),曲线的 *BC* 段越来越陡,这是因为动力头的弹性元件变形受到限制。一般应尽量使热力膨胀阀工作在关系曲线的直线段,以斜率即将明显改变处(*B* 点)的开度作为膨胀阀的额定开度。膨胀阀达到额定开度时的工作过热度与静态过热度之差称为“过热度变化量”。我国标准 B3548—83(热力膨胀阀)将过热度变化量 4℃(Danfoss 热力膨胀阀定为 6℃)时的开度定为热力膨胀阀的额定开度。

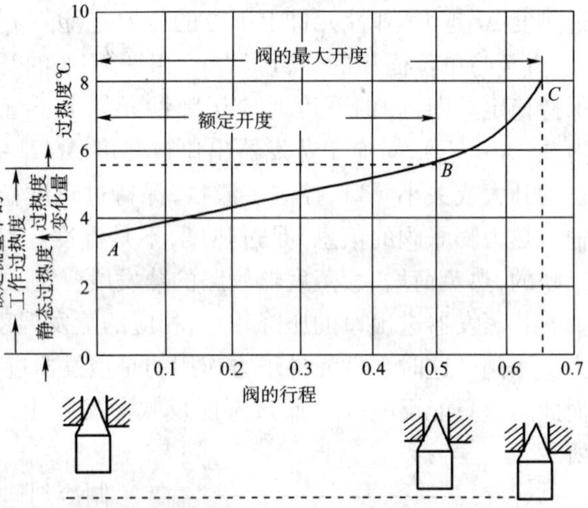

图 2.3-7 热力膨胀阀的开度与过热度的关系曲线

调节热力膨胀阀的弹簧预紧力可以改变其控制的过热度,即使曲线 *ABC* 上下平行移动。静态过热度一般可在 2~8℃范围内调节。

(五)选配

1. 按蒸发器阻力

蒸发器阻力小,采用内平衡式热力膨胀阀;蒸发器阻力大,采用外平衡式热力膨胀阀。

2. 按蒸发器的制冷量

(1)通常热力膨胀阀的容量要比蒸发器制冷量大 20% ~30% 较为适宜;最多不超过蒸发器制冷量的 2 倍。

(2)膨胀阀前后的正常压差应大于 0.4 ~0.5MPa(R12:p_k 要大于 0.5 ~0.6;R22:p_k 要大于 0.6 ~0.67),防压差过小影响制冷剂的循环量。

(3)阀的最小开度不小于额定开度的 50%,最大开度不超过额定开度的 2 倍。

3. 按蒸发温度

空调用 -10 ~ +10℃以上;冷藏用 -18 ~ +2℃;低温冷藏用 -40 ~ -18℃。

4. 按制冷剂种类

氟利昂,采用适用铜材料;氨,采用不锈钢材料。

(六)温包充注

普通的蒸气式温包中液体的充注量占温包容积的 70% ~80%,好处是即使阀体或毛细管的温度低于温包温度,温包内的液体向阀的动力头或毛细管转移,液面仍保持在温包内,蒸气压力始终由温包温度决定。这种温包的缺点是开机后若蒸发器的热负荷一直较大,则蒸发压力下降较慢,压缩机质量流量大,容易过载;而且充液多则热惯性大,调节滞后较严重;此外,停机后虽然蒸发器出口过热度为零,但阀的动力头弹性元件仍然有向下的压力差,阀勉强靠弹簧预紧力关闭,关阀力较小。

为了克服上述缺点,开发了带限压式蒸气温包的热力膨胀阀。这种温包充液量较少,当温包的温度超过设定的最高温度 t_{MOP}时,其中液体全部汽化,压力—温度曲线变得很平坦,温包压力几乎不再随温度的升高而明显升高。这种限制蒸发器最大工作压力的热力膨胀阀简称 MOP 阀。Danfoss N 系列 R22 的 MOP 阀的 MOP 点表压是 0.69 MPa(相应 t_0 =15℃)。

七、热电膨胀阀

热电膨胀阀也称电动膨胀阀,是利用热敏电阻的作用来调节蒸发器供液量的节流阀。

如图 2.3-8 所示,热敏电阻具有负温度系数特性,即温度升高,电阻减小。它直接与蒸发器出口的制冷剂蒸气接触。在电路中,热敏电阻与膨胀阀膜片上的加热器串联,电热器的电流随热敏电阻值的大小而变化:当蒸发器出口制冷剂蒸气的过热度增加时,热敏电阻温度升高,电阻值降低,电加热器的电流增加,膜室内充注的液体被加热而温度增加,压力升高,推动膜片和阀杆下移,使阀门开启或开大;当蒸发器的负荷减小,蒸发器出口蒸气的过热度减小或者变成湿蒸气时,热敏电阻被冷却,阀门就会关小或关闭。这样热电膨胀阀就可以控制蒸发器的供液量,使其与热负荷相适应。

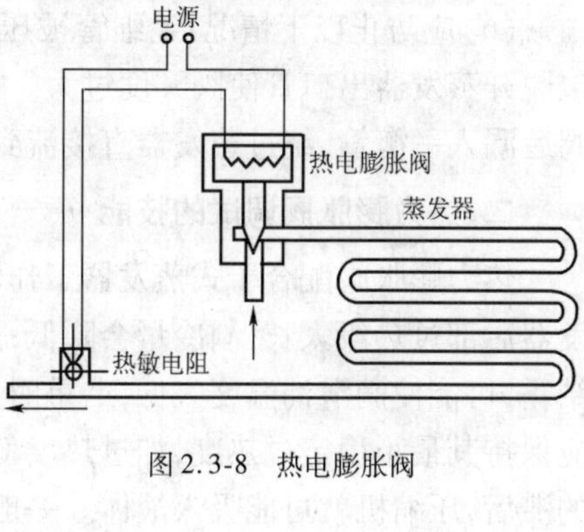

图 2.3-8 热电膨胀阀

热电膨胀阀具有结构简单、反应灵敏等优点。为了保证热电膨胀阀良好的控制性能,热敏电阻需要定期更换。

八、电子膨胀阀

电子式膨胀阀是制冷技术机电一体化产品,主要应用在智能控制的变频式空调器中。电子膨胀阀优点是流量调节范围大;控制精度高;适用于智能控制;能适用于高效率的制冷剂流量的快速变化。

电子膨胀阀的开度可以和压缩机的转速相适应,使压缩机输送制冷剂量与阀的供液量匹配,使蒸发器的能力得到最大限度的发挥,实现空调制冷系统的最佳控制。

使用电子膨胀阀,可以提高变频压缩机的能量效率,实现温度的快速调节,提高系统的季节能效比。对大功率变频空调,必须采用电子膨胀阀为节流元件。

目前使用的电子膨胀阀有日本鹭工 DKV 型、美国艾柯 EX2 型、国产 DPF-18A 型等。电子膨胀阀的结构由检测、控制、执行三部分组成,按驱动方式可分为电磁式和电动式。电动式又分为直动型和减速型,步进电机直带阀针的为直动型,步进电机通过齿轮组减速器带阀针的是减速型。

- **实践技能展现**

一、热力膨胀阀安装和维护的技能

(1)阀体直立安装在蒸发器进口的水平管上,尽量靠近蒸发器,进出口不要接错。如离蒸发器较远,二者间管路应适当加粗,冷库外面的管路应包隔热材料。

(2)蒸发器出口的管路若上行,通常设有集油弯。温包应装在集油弯上游的水平段,不应靠近质量较大的阀或其他金属件,以便能灵敏地感受制冷剂的温度。

(3)外平衡式热力膨胀阀的温包应置于平衡管的接点之前,以免万一有少量液态制冷剂漏入平衡管时影响温包感受的过热度。平衡管应从蒸发器出口管的顶部引出,以免管底部有液体或积油时影响引出的压力。

(4)管径 <21mm 时,温包放在水平管的顶部;管径 >21mm 时,考虑到管顶部蒸气可能已过热而下部仍含液滴,而管底部又可能积油,温包应放在管子的侧面或侧下方,管径越大越向下放,但不宜低到离管底 45°以下。温包处的毛细管应向上,以免液体从温包中流出。

(5)应清除放温包处的管壁外部的油漆和铁锈,并涂以银粉漆。温包应与管壁贴紧,用薄钢片夹箍固定,外面妥善地包以隔热材料,使其两端超出温包适当长度。

(6)应防止以下情况:毛细管被压扁不能正常工作;温包或毛细管漏泄使阀无法开启;温包脱开蒸发器出口管使阀开度过大。外平衡式平衡管结霜则表明阀内密封不良,有制冷剂从阀后漏入平衡管,绕过蒸发器直接流到出口,这会导致压缩机吸入液体。

二、热力膨胀阀调试的技能

热力膨胀阀配合干式蒸发器工作时,蒸发器出口过热度的调节应适当。过热度太大则蒸发器后部过热段太长,制冷量会降低;过热度太小压缩机可能会吸入湿蒸气,吸入管和缸头会结霜,可能使润滑油温度太低,严重时会发生液击。实践证明,使用热力膨胀阀时蒸发器出口应保持其最小稳定过热度,如过热度低于该值,装置启动时或热负荷变化较快时,由于阀调节的滞后,压缩机就可能吸入液体。一般认为膨胀阀以调到蒸发器出口过热度 3~6℃为宜。当装置有回热器时,最小稳定过热度可稍许减小。

当蒸发器出口装有温度表和压力表时,温度表读数与压力所对应的饱和温度(蒸发温度)之差即为过热度。但一般装置只在压缩机吸口有温度表和压力表。如果吸气管上没有温度表,便只能按管壁结霜或结露的情况来粗略估计过热温度:①有回热器的低温库的吸气管、空调制冷装置的吸气管、高温库的蒸发器表面应发凉并结露;②无回热器的低温库的吸气管、低温库的蒸发器表面应冰冷粘手或均匀结薄霜。

调试热力膨胀阀时应注意：

(1)热力膨胀阀的调试应在装置运转且工况基本稳定时进行。

调试前应检查验证：制冷剂应充足，冷凝压力应在合适范围，阀状况良好并安装正确，阀及管路没有堵塞，蒸发器结霜不太厚，蒸发器若为冷风机则应通风良好。

(2)热力膨胀阀每次调节量不宜过大，以转动调节螺杆 1/4 ~ 1/2 圈为宜。调节后反应较慢，要等 15 ~ 30min 才能看出效果，故每次调节应间隔 30 min 以上。

三、热力膨胀阀故障排除的技能

热力膨胀阀的故障排除如表 2.3-2 所示。

热力膨胀阀的故障排除

表 2.3-2

故障现象	原因	排除方法
制冷压缩机开车时，热力膨胀阀打不开	①感温包内充注工质泄漏； ②过滤器和阀孔被堵塞	①修理或更换膨胀阀； ②清洗过滤器或阀件
制冷压缩机启动后，阀很快被堵塞(吸入压力降低)，阀外加热后，阀又立即开启工作	系统内有水分，水分在阀孔处冻结，造成冰塞	加强系统干燥(在系统的液管加装干燥器或更换干燥剂)
膨胀阀进口管上结霜	膨胀阀前的过滤器堵塞	清洗过滤器
膨胀阀发出“丝丝”的响声	①系统内制冷剂不足； ②液体无过冷度，液管阻力损失过大，在阀前液管中产生“闪汽”	①补充制冷剂； ②保证液体冷剂有足够大的过冷度
膨胀阀供液一会多，一会少，但有液体进入蒸发器	①选用了过大的膨胀阀； ②开启过热度调得过小； ③温包位置或外平衡管位置不当	①改用容量适当的膨胀阀； ②调整开启过热度； ③选择合理的定装位置
膨胀阀关不小	①膨胀阀损坏； ②感温包位置不正确； ③膨胀阀内传动杆太长	①更换或修理膨胀阀； ②选择合理的定装位置； ③把传动杆稍微锉短一些

工作任务 2.4　蒸发器的拆装维护

• 知识点导入

理论知识点	实践知识点
1. 传热分析； 2. 结构和特点； 3. 蒸发器形式选择的原则	蒸发器工作正常的判断技能

• 理论信息获取

蒸发器是液态制冷剂与放热介质(空气或冷媒)进行热量传递的热交换器。其中，热量传递包括二个过程:饱和制冷剂液体等压蒸发为饱和蒸气、饱和蒸气进一步吸热为过热蒸气。

一、传热分析

蒸发器的基本传热公式为

$$Q = K \cdot F \cdot \Delta t$$

蒸发器的传热系数如表 2.4-1 所示。在既定的蒸发器中,其热交换面积是一定的,因而要提高传热量,除了提高平均温差外,其重要途径是如何提高传热系数蒸发器的传热系数。

蒸发器中的传热过程:制冷剂的沸腾吸热;通过金属壁和污垢层的导热;被冷却介质的放热过程。

蒸发器的传热系数 表 2.4-1

蒸发器名称及形式			传热系数 K W/($m^2 \cdot K$)	相应条件
壳管式蒸发器	满液式	氨,水	490~580	蒸发温度 0℃,水速 1~2m/s
		氨,盐水	410~550	传热温差 4~6℃
		氟利昂,盐水	490~520	传热温差 4~6℃,水速 1~1.5m/s,肋化系数 3.5
		氟利昂,盐水	520~760	传热温差 4~8℃,水速 1~1.5m/s,光管外径 15.9mm
	干式	氟利昂,水	450~910	传热温差在 7℃以上,水速高的情况为大值
		氟利昂,水	340~790	传热温差在 4℃以下,水速低的情况为相应小值
		氟利昂,水	1630~1750	R22,8 肋内肋管,水速 1.1m/s
冷库用	冷却排管	氨,空气	10.5~13	光管,蒸发温度为 -20℃
	冷风机组蒸发器	高温库(氨)	17.5~18.5	库温与蒸发温度差 10℃,迎面风速 2.5m/s
		低温库(氨)	11.5~14	
空调用空气冷却器		R12	37	管排数 3~4,迎面风速 2~2.5m/s
		R22	43	管排数 6~8,迎面风速 2.5~3m/s

(一)制冷剂液体沸腾吸热程度

1. 沸腾状态的影响

根据沸腾的状态不同,可分为泡状和膜状沸腾。在泡状沸腾阶段,随着热负荷的增加,传热系数将增加,沸腾传热加强。但在膜状沸腾阶段,如热负荷增加,传热系数将迅速下降,使传热情况恶化。

因此,在制冷系统运转过程中,蒸发器的沸腾吸热应控制在泡状沸腾范围内,不能允许膜状换热的出现。实际上,蒸发器的热流密度远低于临界热负荷值,所以一般为泡状沸腾。

2. 制冷剂液体物理性质的影响

导热系数较大的液体制冷剂,垂直于传热表面的热阻就较小,其传热系数就较大;密度和黏度较小的制冷剂液体,在沸腾过程中,受气泡扰动较强,其对流传热系数就较大;制冷剂液体的密度和表面张力越大,汽化过程中气泡的直径就越大,气泡离开传热壁面的时间就越长,放热系数也就越小。

氨的导热系数比氟利昂大,而密度和黏度比氟利昂小,所以氨传热系数比氟利昂大。

3. 沸腾液体的润湿性的影响

沸腾的液体润湿加热面时,所形成的气泡体积不大,基部细小,很容易脱离传热面。如果液体不能润湿传热面时，则所形成的气泡基部很大，减少汽化核心的数目，甚至形成气膜，致使放热系数大大降低。

常用的几种制冷剂均为润滑性的液体，但氨的润湿性能要比氟利昂好。

4. 制冷剂沸腾温度的影响

制冷剂的放热强度随着沸腾温度的变化而变化。在制冷剂液体沸腾过程中，沸腾温度越高，饱和温度下液体的密度越小，而饱和蒸气的密度越小，两者之差就越小，汽化过程就更迅速，放热系数就越大。

5. 蒸发器构造的影响

蒸发器的结构必须保证制冷剂蒸气能很快地脱离传热表面。为有效地利用传热面，应将液体制冷剂节流后产生的蒸气在其进入蒸发器前就从液体中分离出来。此外，在运行中，蒸发器内必须保证合理的制冷剂液面高度，否则就会降低蒸发器的传热效果。

（二）被冷却介质的放热强度

制冷装置中常用的被冷却介质有空气、水和盐水，其放热强度除了取决于其物理性质以外，还与其流速，管束的几何形状等因素有关。

（三）传热面的污脏程度

传热面被润滑油、铁锈、沉积的盐层、水垢及冰霜等污脏时，则增加了传热的热阻。在运行管理中需要经常地清除污物，以便更好地发挥蒸发器的传热效果。

二、结构和特点

蒸发器的特点如表 2.4-2 所示。

蒸发器的特点 表 2.4-2

类型			优点	缺点	使用范围
冷却空气蒸发器	排管蒸发器	立式墙管	加工制作方便，传热好	充液量大，液柱压力影响大	氨冷库墙排管
		U 形顶管	供液回路短，回气阻力小，传热效果好	对制造和安装的水平度要求高，否则供液不均	氨冷库顶排管
		蛇形盘管	加工制作方便，充液量小	回路较长，阻力大，传热效果降低	氨或氟里昂冷库墙排
		搁架排管	传热效果好，温度均匀	钢材耗量大，劳动强度大，效率低	小型冻结装置
	板管蒸发器	管板式	加工制作方便，传热效果较好，不易泄漏	用料较多，适用小型装置	家用冰箱
		复合板式	传热效果好，用料较省	制造工艺复杂，维修较难	家用冰箱
		单脊翅片管式	单位长度制冷量比光滑管好，又易于制造和清洗	一般为蛇形单通道，不易做大面积蒸发器	家用冰箱冷藏室
		平板式	传热好，适用范围广	制造工艺复杂，难修理	家用冰箱
	冷风机	翅片管式	传热效果好，占地空间小，节省材料	制造工艺复杂，难清洗，冷冻和空调的片距不同	冰箱，空调及冷库
		吊顶式	结构紧凑，不占库房面积	温度不均匀，安装要求高	氨或氟里昂冷库
		落地式	易冲霜，易维护，温度均匀	体积大，占据有效库容，易碰撞	氨或氟里昂冷库
		湿式	结构简单，不结霜，传热效果好温度均匀	空气阻力大，盐水浓度易降低，对管道腐蚀大	空气调节系统
		混合式	结构紧凑，不结霜，传热好	盐水对管材腐蚀大	空气调节系统

续上表

类型		优点	缺点	使用范围
冷却液体蒸发器	立管式	制冷剂产生的蒸气很快脱离传热面,传热效果好	消耗材料多,人工多,成本高	氨制冷的冰池或冷冻箱
	螺旋管式	比立管式省材,传热效果好,制造方便	维修困难	氨制冷的冰池或冷冻箱
	蛇形盘管式	结构简单,工作安全	管内流速低,传热效果差	小型氟里昂制冷装置
	卧式壳管式	传热好,易清洗,制冷剂流程长,压缩机运行安全	消耗材料多	氟里昂及氨制冷系统
	排管式	传热好,易清洗,制造方便	盐水对管材腐蚀大	冰棒或雪糕降温池
	梅花桩式	传热快,生产效率高	成本高,操作复杂	快速制冰
接触式	卧式平板	传热效果极好,劳动强度低,耗电量低	操作复杂	小包装食品
	立式平板			散装食品

蒸发器按其冷却介质不同,可分为冷却空气的直接冷却式蒸发器和冷却淡水、盐水或其他载冷剂的间接冷却式蒸发器两大类。间接冷却一般用于氨系统与大型制冷装置。直接冷却式蒸发器又分有盘管式和表面式(空气冷却器)两种。如图 2.4-1 所示。

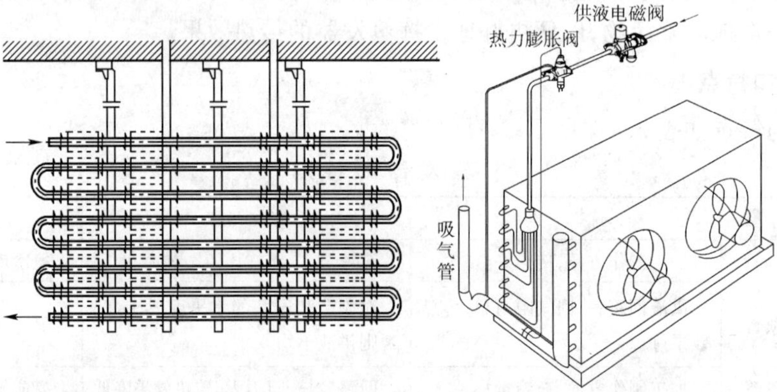

图 2.4-1　直接冷却式蒸发器

盘管式蒸发器,常称为蒸发盘管,布置于冷库四壁和顶部,靠库内空气自然对流使空气和贮藏物被冷却。这种传热形式的特点是:上面进液,下面回气,以便滑油返回压缩机;靠自然对流,传热系数很小,传热效果差;管径粗、长度大;充剂量多;库温不均匀;检漏不方便;易受船体振动变形影响而损坏造成泄漏。一般用于小型伙食低温库。

表面式蒸发器由多路并列蛇形盘管集合成多层盘管簇,周围用外罩围起一方形箱、位于冷库内一处,用风机强制库内空气通过管簇循环,被管内制冷剂吸热而冷却,其特点为:

(1)采用空气强迫对流传热,传热效果比盘管式大 4 ~6 倍;

(2)尺寸小,充剂量少;

(3)库温均匀;

(4)除湿效果好,但食品易脱水;

(5)风机耗电使冷库热负荷增加;

(6)易于采用电热融霜;

(7)蓄冷能力小。

空气冷却器式蒸发器是船用伙食冷库中使用较多的一种,使用时常将空气冷却器与风机组合在一起称冷风机。

三、蒸发器形式的选择原则

(1)以纯水、盐水为载冷剂时,可采用螺旋管、立管、卧式壳管式、干式蒸发器。

(2)以空气为载冷剂则采用冷却排管或空气冷却器(冷风机)。

(3)当冷冻水温较高时,且用于闭式冷冻水系统时,宜采用卧式壳管式蒸发器(满液式)。

(4)冷冻水供喷水室使用时,宜采用螺旋管式或立管式蒸发器。

- **实践技能展现**

蒸发器工作正常的判断技能如下:

(1)蒸发温度比库温低 5 ~15℃。

(2)蒸发器的表面均匀地结着薄霜。

(3)蒸发器的设计制冷量约为装置制冷量的 1.1 ~1.2 倍。

工作任务 2.5　辅助设备的拆装维护

- **知识点导入**

理论知识点	实践知识点
1. 分离型设备的种类、结构和原理; 2. 储存型设备的种类、结构和原理; 3. 防护型设备的种类、结构和原理; 4. 冷却型设备的种类、结构和原理; 5. 指示型设备的种类、结构和原理; 6. 动力型设备的种类、结构和原理	1. 判断滑油分离器工作正常的技能; 2. 干燥剂更换的技能

- **理论信息获取**

一、分离型设备

(一)滑油分离器

滑油分离器装在压缩机排出端,用来分离排气带出的滑油,避免压缩机排气将过多的滑油带入系统。虽然制冷系统设计上要求能让滑油随制冷剂一起返回压缩机,但滑油进蒸发器太多会使制冷量降低。油分离器并不能将油全部分离出来,仍会有少量滑油随制冷剂一起循环,因此,有些小型伙食冷库制冷装置或空调制冷装置由于系统管路不长而省去油分离器。

氟利昂制冷系统油分离器分离出来的冷冻机油不会变质,可以直接流回曲轴箱。

氨制冷系统油分离器分离出来的冷冻机油受高温作用而稍变质,不能直接用于润滑。

滑油分离器按分离原理分主要有:填料式、离心式、过滤式、洗涤式。

(1)填料式油分离器:利用重力分离和过滤分离,适用于中小型制冷系统。

(2)离心式油分离器:利用离心力分离,适用于中大型制冷系统。

(3)过滤式油分离器:利用重力分离和过滤分离,适用于氟利昂制冷系统。

(4)洗涤式油分离器:利用惯性力分离和洗涤冷却分离,适用于氨制冷系统。

如图 2.5-1 所示,填料式滑油分离器利用油滴和气体的比重不同,由于流道面积突然扩大,流速降低并且流向转折向下,较大油滴被壁面、滤网等拦截,落至筒体的底部。气体经滤网折回向上,由顶部出气管流出到冷凝器,筒底积油油位达到一定高度时,将使浮球升起,与浮球杆连在一起的自动回油阀失灵时,筒内积油过多,被气体大量带入系统,还设有备用的手动回油阀可定期开启。回油管中设有电磁阀和节流孔板。电磁阀靠延时继电器控制,在压缩机启动 20 ~ 30 min 后开启,以免刚启动时分出的油不多,气态制冷剂向压缩机回流;而压缩机停车时电磁阀同步关闭。节流孔板是控制回油速度,防止回油过快,使部分排气冲入曲轴箱,及对浮球阀的冲蚀。常用机型选用的孔径是 0.6mm。

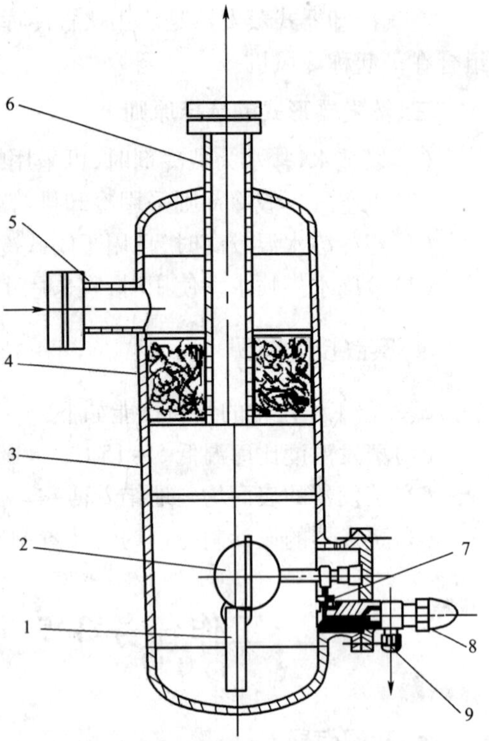

图 2.5-1　填料式滑油分离器

1-手动回油管;2-浮球;3-壳体;4-滤网;5-进气管;6-出气管;7-自动回油管;8-截止阀;9-接头

正常工作时,自动回油是间隔进行(至少 1h 以上),对应的自动回油管应是时热时温。因此:①回油阀卡死在关闭位置,此时回油管始终不发热,同时曲轴箱滑油位有不断下降现象,大量滑油被带入系统;②回油阀不能关闭或关闭不严,会造成高压排气窜回曲轴箱和吸气腔,使压缩机排气量下降,排气温度升高,使压缩机频繁起停不止。此时回油管始终是热的。

(二)空气分离器

为了提高制冷系统的经济性、安全性、操作性,需要排除制冷系统中的不凝性气体(主要是空气),根据空气和制冷剂气体的密度不同,在不同制冷剂的制冷系统中,空气分离器的位置是不同的,一般,氟利昂系统在冷凝器的上部管路上,氨制冷系统在冷凝器的下部管路上。

1. 氟利昂用空气分离器

如图 2.5-2 所示,螺旋冷却管式空气分离器一般直接装在卧式冷凝器或贮液器上。用来起冷却作用的制冷剂液体,由进液口 2 进入,液体在盘管内汽化后,由出气口 4 引出,接入压缩机的吸气管中;混合气体由进气口 1 进入,在壳体内受到冷却,其中制冷剂的蒸气凝结成液体,并由回液口 5 返回到冷凝器或贮液器中,而空气则由放空气阀 3 放出。

许多氟利昂制冷系统,由于系统中压力高于大气压力,空气进入系统可能性较小,这种情况下,可不设空气分离器。如果需要放出不凝性气体,可在停机后从压缩机排气阀的多用通道处排除。

2. 氨用空气分离器

(1)卧式套管式空气分离器。如图2.5-3 所示,从高压贮液桶来的氨液经节流阀节流后进入空气分离器的内管 1 和内管 3 腔中,低温氨液吸收管外混合气体的热量而汽化,经内管 3、出气管去系统氨液分离器或低压循环贮液器的进气管。混合气体自冷凝器和高压贮液桶来,通过进气管进入空气分离器的外管 4 和内管 2 腔中,受内管 1、3 腔中的低温氨液的冷却,混合气体中氨气凝结成氨液积聚在管 4 底部,当积液多时,关闭管 1 上的节流阀,开启旁通管上的

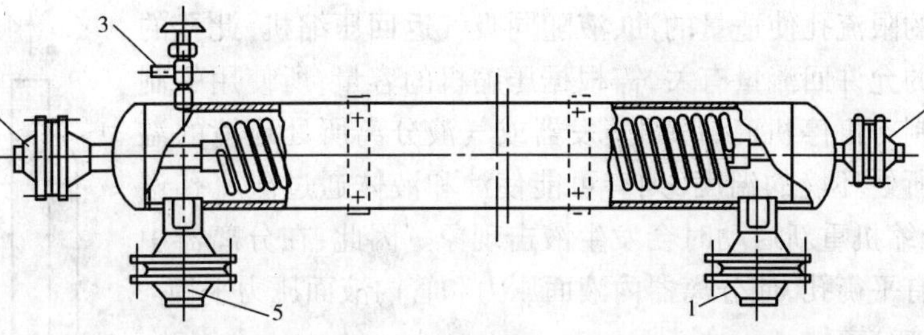

图 2.5-2　螺旋冷却管式空气分离器

1-进气口;2-进液口;3-放空气阀;4-出气口;5-回液口

节流阀,由旁通管供入管 1 作蒸发吸热用。而不凝性气体(含空气)经内管 2 出气管阀门排至盛水容器中,以便从盛水容器中生成气泡的形状判断放出空气是否还含有氨。安装套管式空气分离器要稍向后端倾斜使凝结的氨液能积聚在外管 4 的后半部,便于从旁通管流出,它分离的效果较好,操作方便,在各类冷库中使用较多。

(2)立式盘管式空气分离器。如图 2.5-4 所示,由高压贮液桶送来并经节流后的氨液进入蛇形蒸发管组,在其中吸热汽化,而进入分离器内的混合气体则被冷却。冷却后,混合气体中被冷凝的氨液沉积于分离器底部,由出液口排出,分离出来的空气则从上侧部的空气口放出。

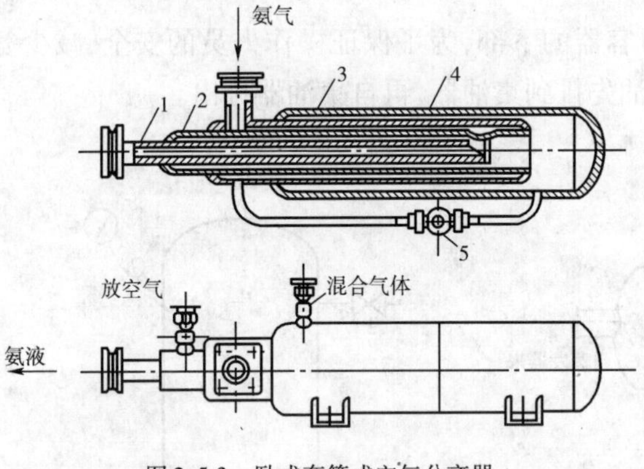

图 2.5-3　卧式套管式空气分离器

1-供氨液管;2-空气出口;3-氨蒸气出口;4-混合气体进入管;5-节流阀

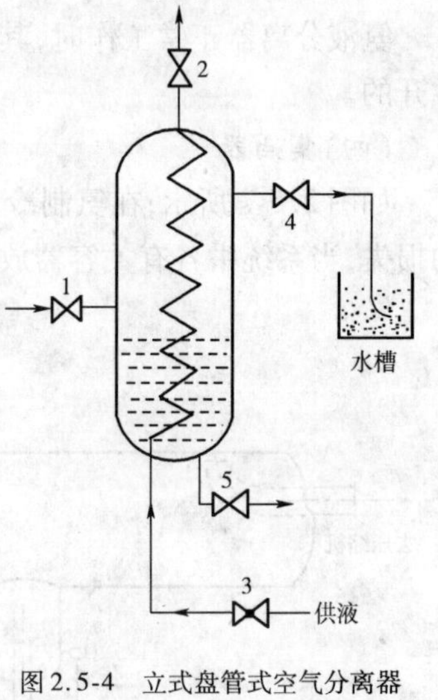

图 2.5-4　立式盘管式空气分离器

1-进气阀;2-吸气阀;3-节流阀;4-放空气阀;5-出液阀

(三)气液分离器

1. 氟利昂用气液分离器

在不采用回热器的制冷系统中,为了防止未蒸发完的液态制冷剂或滑油万一大量返回压缩机发生液击,在压缩机吸气管上设有气液分离器。

如图 2.5-5 所示,气液分离器利用蒸气和液体微粒的密度不同而产生不同的惯性作用。进口管开口向下,与开口向上的 U 形出口管错开。如果吸气中有未蒸发完的制冷剂液体,或者有滑油返回吸气管,由于液体的密度较大,会落到分离器的底部。液态制冷剂会因环境温度较高而蒸发,细微的雾状制冷剂和过多的滑油可经 U 形管上的许多小孔被吸走。因为小孔的总面积不到吸气管通流面积的 10%,故不会过多吸入液体。

分离器中的限流孔使适量的油、液随同吸气返回压缩机,此孔的大小与压缩机的允许回流量有关,需根据压缩机的容量,所使用的制冷剂等而定。制冷机停机时,假如蒸发器或气液分离所处环境的温度高于压缩机所处环境的温度,则有可能使油和液体通过限流孔送回压缩机,当压缩机重新启动时会发生液击现象。因此,在分离器中的回气管上开有平衡孔,使分离器内液面压力和管内液面压力平衡。

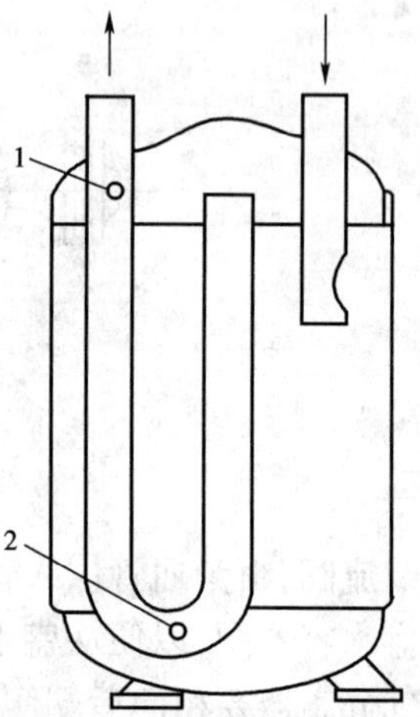

图2.5-5　氟利昂用气液分离器
1-平衡孔;2-限流孔

2. 氨用气液分离器

如图2.5-6所示,氨用气液分离器一般应用于氨重力供液系统中,节流后的两相制冷剂利用蒸气和液体微粒的密度不同而产生不同的惯性作用进行分离氨气,而氨液利用静压供入蒸发器。进液的液量多少是由液面控制器或浮球阀来控制,使液位控制在容器高度的1/3处左右,严禁达到70%。

选择氨液分离器应使氨气在桶内流速控制在0.5~1m/s。氨液分离器安装高度应保证其正常液面高于蒸发器排管最高层1.5~2m,常取1.5m。它兼做低压贮液器,或是低压循环桶(液泵供液系统中)。

氨液分离器在低温下工作,应包有隔热层。氨液分离器应定期放油。

氨液分离器正常工作时,其进气阀、回气阀、供液阀、出液阀、浮球的均压阀、压力表阀都是常开的。

(四)集油器

如图2.5-7所示,在氨制冷系统中压力容器的下部,为了保证操作人员的安全,减少氨液的损失,当系统中各有关容器放油时,可将油先排到集油器,再自集油器排出。

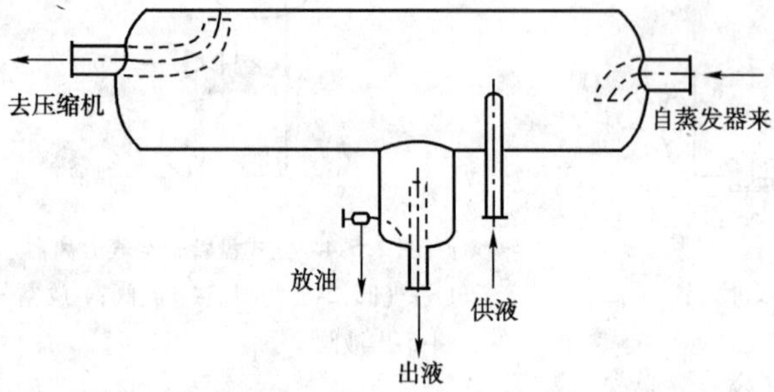

图2.5-6　氨用气液分离器

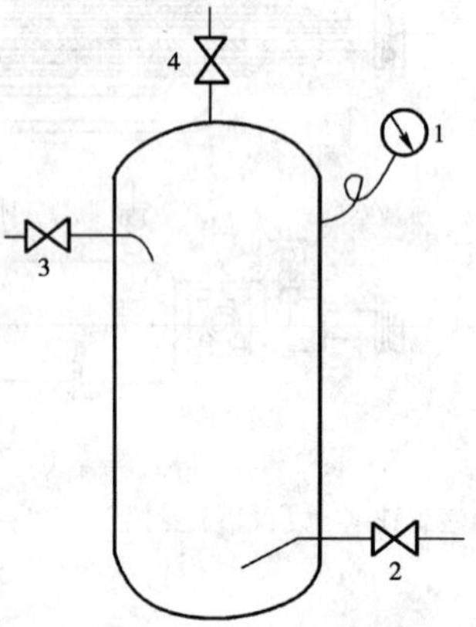

图2.5-7　集油器
1-压力表;2-放油阀;3-进油阀;4-吸气阀

二、储存型设备

(一)贮液器

高压贮液器是装在冷凝器后用来储存液态制冷剂的容器。其作用是:

(1)在制冷系统中储备制冷剂。当热负荷减小,蒸发压力降低时,蒸发器等低压管路中制冷剂量减少,可防止冷凝器中液位太高而妨碍气体冷凝,以致排气压力过高;而当系统中制冷剂有所损失,或热负荷增大,蒸发压力升高,低压管路中制冷剂量增加时,可防止膨胀阀供液不足。

(2)装置检修或长期停用时收存系统中的制冷剂,减少漏失。

(3)对供液管起“液封”作用。小型装置可不设贮液器而以冷凝器兼之。

如图 2.5-8 所示,贮液器的进液管 5 不长,不设平衡管。船用贮液器底部做成“存液井”,让出液管 2 插入其中,以便船摇晃时能更好地保持“液封”,同时进行污物沉淀。壳体上、下设有观察镜 4,用手电筒从下镜照射可由上镜观察液位。在壳体下侧装有易熔塞 9。

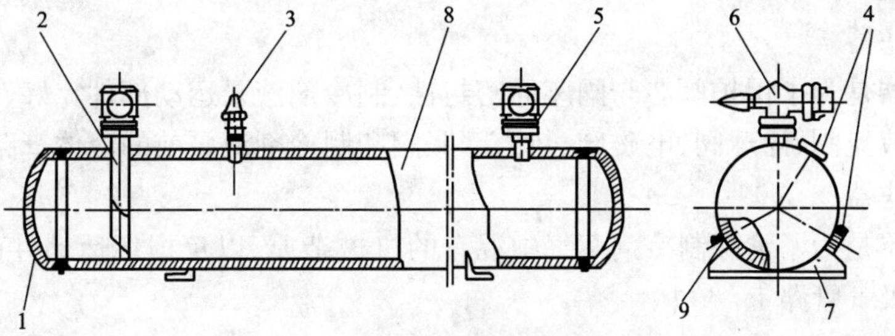

图 2.5-8　贮液器

1-封头;2-出液管;3-压力表阀;4-观察镜;5-进液管;6-出液阀;7-支座;8-壳体;9-易熔塞

贮液器应有足够的容积。贮液器内正常的液位控制在 1/3 ~1/2 处,装置中全部制冷剂贮入后不超过容积的 80%。贮液器不允许完全充满液体,否则当温度升高时会有压力过高的危险。

(二)低压贮液器

低压贮液器一般在大中型氨制冷装置中使用,根据用途的不同可分为低压贮液器和排液桶等。低压贮液器与排液桶属低温设备,筒体外应设置保温层。

低压贮液器是用来收集压缩机回气管路中氨液分离器所分离出来的低压氨液的容器,在不同蒸发温度的制冷系统中,应按各蒸发压力分别设置低压贮液器。低压贮液器一般装设在压缩机总回气管路上的氨液分离器下部,进液管和平衡管分别与氨液分离器的出液管和平衡管相连接,以保持两者的压力平衡,并利用重力使氨液分离器中的氨液流入低压贮液器,当需要从低压贮液器排出氨液时,从加压管送进高压氨气,使容器内的压力升高到一定值,将氨液排到其他低压设备中去。低压贮液器的结构与高压贮液器基本相同。

排液桶的作用是贮存热氨融霜时由被融霜的蒸发器如冷风机或冷却排管内排出的氨液,并分离氨液中的润滑油。一般布置于设备间靠近冷库的一侧。排液桶是用钢板卷板焊接制成筒体,筒体两端焊有封头的压力容器。在筒体上设有进液管、安全阀、压力表、平衡管、出液管等接头。其中平衡管接头焊有一段直径稍大的横管,横管上再焊接两根接管,这两根接管根据其用途称为加压管和减压管(均压管)。出液管伸入桶内接近底部。桶体下部有排污、放油管接头。容器的一端装有液面指示器。

排液桶除了贮存融霜排液外,更重要的是对融霜后的排液进行气、液分离和沉淀润滑油。其工作过程是通过相应的管道连接来完成的。在氨制冷系统中,排液桶上的进液管与液体分调节站排液管相连接;出液管与通往氨液分离器的液体管或库房供液调节站相连;减压管与氨液分离器或低压循环贮液器的回气管相连接,以降低排液桶内压力,使热氨融霜后的氨液能顺利地进入桶内;加压管一般与热氨分配站或油分离器的出气管相连接,当要排出桶内氨液时,关闭进液管和减压管阀门,开启加压管阀门,对容器加压,将氨液送往各冷间蒸发器。在氨液排出前,应先将沉积在排液桶内的润滑油排至集油器。

(三)膨胀水柜

在闭式的冷媒系统中,为使系统中的水因温度变化而引起的体积膨胀留有余地,以及有利于系统中空气的排除,在水泵的吸入侧的管路中连接有膨胀水柜。其标高至少高出系统最高点1m,其容积是由系统中水容量和最大的水温变化幅度决定的。

三、防护型设备

(一)过滤器

1. 液体过滤器

液体过滤器是为了保护阀芯与阀座的密封性、制冷剂液泵运动部件完好性,防止自控阀堵塞。一般位于节流阀、浮球阀、电磁阀、热力膨胀阀和制冷剂液泵前的液体管路上。

2. 气体过滤器

气体过滤器是为了清除制冷剂蒸气中混有的机械杂质,以免损坏运动件而发生故障。一般位于压缩机吸气管路上。

(二)过滤干燥器

对于氨制冷系统,无水氨不腐蚀金属,但只要混入少量水分,就会腐蚀铜及铜合金,并使润滑油生成淤泥,危害系统的安全运行;氟利昂制冷剂必须严格控制水分,极少量水分也足以使膨胀阀冻结而造成系统冰堵。更严重的是水分会与其他物质生成酸,腐蚀系统的零部件,影响运行安全。要防止水分进入制冷系统,应在制冷系统中配备干燥器,尽可能吸收已进入系统中的水分。因此,《钢质海船入级规范》规定氟利昂制冷系统中均应装设干燥器,其布置应使其能旁通并关断,以便在拆开时不妨碍系统的运行。同时还规定在压缩机的吸入管路(常设在压缩机吸入口)和节流阀的制冷剂管路上应设过滤器。现在通常将过滤器和干燥器做成一体装在液管上,构成过滤干燥器。

图2.5-9所示是其一种常见的过滤干燥器的结构形式。它设有100~120目的金属滤网,滤网内装满干燥剂。

常用的干燥剂可分为吸收性和吸附性两类。前者如无水氧化钙、氧化钙等,能将水吸收成结晶水或与水发生化学作用。它们价格低、吸水能力较强,但吸水后易溶解成糊糊状,只宜短时间临时使用。例如无水氧化钙接入系统时间不宜超过6~8h。

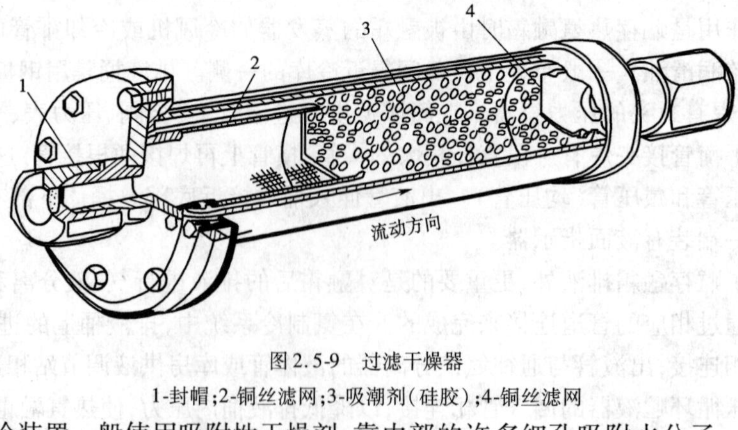

图2.5-9 过滤干燥器

1-封帽;2-铜丝滤网;3-吸潮剂(硅胶);4-铜丝滤网

氟利昂制冷装置一般使用吸附性干燥剂,靠内部的许多细孔吸附水分子。最常用的是硅胶,通常呈3~7mm大小的块状树脂状,内部有许多2~3 nm的细孔,能吸附制冷剂中的水分子(直径约3.2nm),而不能吸附分子较大的滑油和氟利昂。硅胶常加有染色剂,吸足水分后会变色(根据所加染色剂而不同),硅胶吸水前后的颜色变化为:白色变黄色,棕色变蓝色,绿色变无色,红色变淡粉色,深蓝黑变桃红色等。硅胶在温度高于30℃后吸水性变差。将吸足水的硅胶加热到140～160℃并保持3～4 h,就能使其吸附的水分蒸发,从而可再生使用。含水的硅胶加热太快易碎裂,再用时应筛过。用久了硅胶的细孔会被油和杂质堵塞,便不宜再生使用。

分子筛是一种理想的吸附性干燥剂,其吸水能力比硅胶、无水氯化钙都强,特别在水分浓度低时仍有很高的吸水能力,但价格较贵。R134a 的分子较小,容易被硅胶吸附,只能用分子筛做干燥剂。

分子筛初用前要经过活化处理,如 A 型(Ca 型)活化温度为450～550℃,活化时间视用量而定。分子筛使用一段时间后会逐渐失效,需再生脱附水分后才能重用(可再生上千次)。再生温度与活化温度相同,一般要加热6h,再冷却2h。

为避免干燥剂颗粒在液体冷剂的冲击下,互相摩擦而产生粉末被带出,填充干燥剂时,应墩压结实,安装时应使液流方向与干燥过滤器上箭头的方向一致,以保证让出口端的毡垫阻止干燥剂的粉末进入系统。

(三)安全阀

为保证制冷设备在规定压力下安全工作,除了位于制冷压缩机的吸排气连通管上和冷凝器上装设安全阀之外,一般在贮液器的下侧方也设有安全阀。如图2.5-10所示。

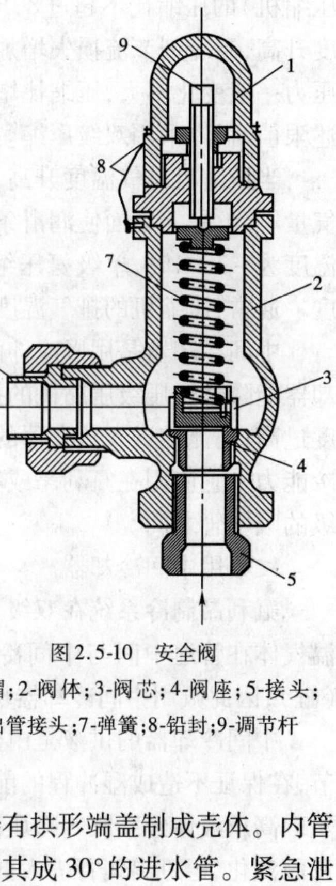

图2.5-10 安全阀

1-阀帽;2-阀体;3-阀芯;4-阀座;5-接头;6-排出管接头;7-弹簧;8-铅封;9-调节杆

(四)紧急泄氨阀

紧急泄氨器用于中大型氨制冷系统中,设置在氨制冷系统的高压贮液器、蒸发器等贮氨量较大的设备附近。其作用是当遇到火警等紧急事故时或出现严重自然灾害,又无法挽救情况下,通过紧急泄氨器将制冷系统中的氨液与水混合后迅速排入水处理系统,以保护人员和设备的安全。

紧急泄氨器是由两不同管径的无缝钢管套焊而成。外管两端有拱形端盖制成壳体。内管下部钻有许多小孔,从紧急泄氨器上端盖插入。壳体上侧设有与其成30°的进水管。紧急泄氨器下端盖设有排泄管,接下水道。

紧急泄氨器的内管与高压贮液器、蒸发器等设备的有关管路连通;如需要紧急排氨时,先开启紧急泄氨器的进水阀,再开启紧急泄氨器内管上的进氨阀门;氨液经过布满小孔的内管流向壳体内腔并溶解于水中,成为氨水溶液,由排泄管安全地排放到下水道。

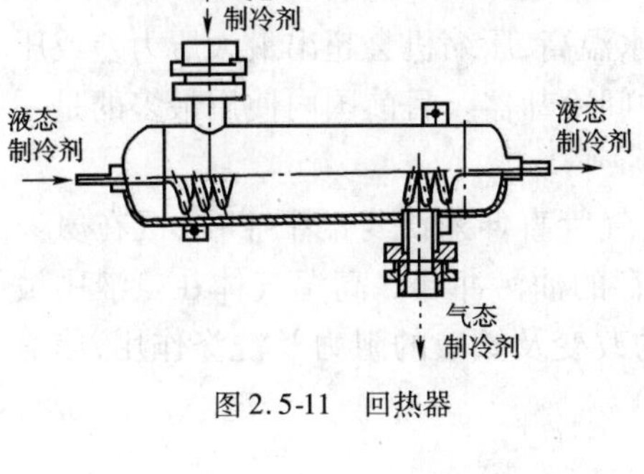

图2.5-11 回热器

四、冷却型设备

(一)回热器

如图2.5-11所示。回热器结构中,来自贮液器的温度较高的液态冷剂在管内流动,管外是来自蒸发器温度相对较低的气态制冷剂,两者通过管壁进行热交换,同时获得过冷过热。某些小型制冷装置,不设专门回热器,只将液管与吸气管紧匝在一起,外扎隔热材料。

(二)中间冷却器

多级压缩时,制冷剂气体在高、低压缩级之间进行的冷却称为中间冷却。有中间完全冷却与不完全冷却之分,前者使低压级排气冷却到中间压力下的干饱和蒸气状态,氨的双级压缩常采用此法;后者用于使低压级排气与中间冷却器中蒸发的蒸气混合,降低了温度,但并未达到中间压力下的干饱和蒸气状态,常用于 R12 和 R22 的双级压缩中。

气体压缩后的绝对压力与压缩前的绝对压力之比称为压缩比。又称"压力比"。在制冷机中常以冷凝压力(绝对压力)与蒸发压力(绝对压力)之比代替。单级制冷压缩机(一般为氨压缩机)的压缩比不超过 8,R12 和 R22 不超过 10。否则,将会使压缩机的输气量减少,排气温度升高,制冷剂节流损失增加,对制冷机的可靠性和经济性不利。在通常情况下,制冷机冷凝压力一般变化不大,压缩比增大的主要原因是蒸发温度低使蒸发压力降低。当压缩比超过上述限值时,应采用双级压缩。

当压缩机排气温度升高,气缸壁温上升,这一方面使吸入蒸气的温度升高,比容增加,使吸气量下降;另一方面使润滑条件恶化,压缩机运转发生困难。例如,当冷凝温度为 40℃,蒸发温度为 -30℃时,单级氨压缩机的排气温度可达 160℃以上。显然,不允许这样高的排气温度。通常,压缩机的排气温度应作如下限制:R717(NH_3) < 140℃;R12 < 100℃;R22 < 115℃。

中间冷却器是用以冷却两个压缩级之间被压缩的气体或蒸气的设备。制冷系统的中间冷却器能降低低压级压缩机的排气温度(即高压级的吸气温度),以避免高压级压缩机的排气温度过高;还能使进入蒸发器的制冷剂液得到过冷,减少管中的闪发气体,从而提高压缩机的制冷能力。它应用在氟利昂或氨的双级或多级压缩制冷系统中,连接在低压级的排气管和高压级的吸气管之间。

1. 氟用中间冷却器

氟利昂制冷系统在双级压缩时大都采用一次节流中间不完全冷却循环,低压级排出的高温气体在管道中间与中间冷却器蒸发汽化的低温饱和气体混合后再被高压级吸入高压机(缸),因此氟用中间冷却器比较简单。

中间冷却器的供液是由热力膨胀阀自动控制,压力一般在 0.2 ~ 0.3MPa,靠热力膨胀阀调节,在保证不造成湿冲程的前提下,提供适量的湿饱和蒸气。

高压液体经膨胀阀降压节流后,进入中间冷却器,吸收了蛇形盘管及中间冷却器器壁的热量而汽化,通过出气管进入低压级与高压级连接的管道里与低压级排出的高温气体混合,达到冷却低压排气的效果。而高压常温液体通过蛇形盘管向外散热也降低了温度,实现了过冷,过冷度一般在 3 ~ 5℃左右。再送到蒸发器的供液膨胀阀,经节流降压进入蒸发器,因为该液体有一定的过冷度,所以提高了制冷效果。

2. 氨用中间冷却器

氨制冷系统在制取较低蒸发温度时,由于夏季冷凝水温高,压缩机会超出最大压力差或压缩比,因此应设计成双级压缩制冷系统,也就需要使用中间冷却器。目前国内使用最多的是一次节流中间完全冷却的循环。

低压机(缸)排出的高温气体由上方进入进气管,进气管直伸入筒身的下半部,沉在氨液中,出气口焊有挡板,防止直接冲击筒底,以免把底部积存的油污冲起。高温气体在氨液中被冷却,与此同时,因为截面的扩大、流速减小,流动方向的改变及氨液的阻力及洗涤作用,使氨气与氨液和油雾分离。

经过氨液洗涤后的氨气反向向上流动，其中仍夹带有氨液和油滴，当通过多孔的伞形挡板时分离出来，以免被带入高压机（缸）内，然后被高压级吸走。

高压常温的氨液经过中冷器筒内的冷却蛇形盘管，向液氨放热而被冷却，实现过冷，一般过冷度在5℃以内，然后再流向供液站去蒸发器。

中间冷却器的供液（用于洗涤的氨液）进入中间冷却器内有两种方式，一种自中间冷却器下侧面进入，另一种是从中间冷却器顶部进气管进入，这时进液是与低压级排气混合一同进入的。

中间冷却器供液量应使液面稳在一定的高度上。

另外，中间冷却器上还接有液位指示器、放油阀、排液阀（氨液出口）、安全阀及压力表。中间冷却器是在低温下工作的，所以筒身外部加装隔热材料，蛇形盘管出中间冷却器后也应加装保温层。

关于中间冷却器运行及操作应注意下列事项：

（1）中间冷却器内气体流速一般为0.5～0.8m/s。

（2）蛇形盘管内氨液流速一般为0.4～0.7m/s，其出口氨液温度比进口低3～5℃。

（3）中间冷却器的中间压力一般在0.3MPa（表压）左右，不宜超过0.4MPa（表压）。

（4）高压级的吸气过热度，即吸气温度比中间冷却器的中间温度高2～4℃。

中间冷却器内的液面一般控制在中间冷却器高度的50%左右，这可通过液面指示器来观察，液面高低受液面控制器（浮球阀）来自动控制，若液面不符合要求，说明自动控制失灵，可临时改用手动调节阀来控制液面。液面过高会使高压机（缸）产生湿冲程或液击；若液面过低，则冷却低压排气的作用大大降低，致使高压吸气过热度明显增高，影响制冷系统正常运行。中间冷却器要定期放油。

（三）冷却塔

冷却塔是利用水和空气的接触，通过蒸发作用来散去制冷空调中产生的废热的一种设备。基本原理是：干燥（低焓值）的空气经过风机的抽动后，自进风网处进入冷却塔内；饱和蒸汽分压力大的高温水分子向压力低的空气流动，湿热（高焓值）的水自播水系统洒入塔内。当水滴和空气接触时，一方面由于空气与水的直接传热，另一方面由于水蒸气表面和空气之间存在压力差，在压力的作用下产生蒸发现象，带走蒸发潜热，将水中的热量带走即蒸发传热，从而达到降温之目的。

冷却塔的工作过程（以圆形逆流式冷却塔的工作过程为例）：热水自主机房通过水泵以一定的压力经过管道、横喉、曲喉、中心喉将循环水压至冷却塔的播水系统内，通过播水管上的小孔将水均匀地播洒在填料上面；干燥的低焓值的空气在风机的作用下由底部入风网进入塔内，热水流经填料表面时形成水膜和空气进行热交换，高湿度高焓值的热风从顶部抽出，冷却水滴入底盆内，经出水管流入主机。一般情况下，进入塔内的空气、是干燥低湿球温度的空气，水和空气之间明显存在着水分子的浓度差和动能压力差，当风机运行时，在塔内静压的作用下，水分子不断地向空气中蒸发，成为水蒸气分子，剩余的水分子的平均动能便会降低，从而使循环水的温度下降。从以上分析可以看出，蒸发降温与空气的温度（通常说的干球温度）低于或高于水温无关，只要水分子能不断地向空气中蒸发，水温就会降低。但是，水向空气中的蒸发不会无休止地进行下去。当与水接触的空气不饱和时，水分子不断地向空气中蒸发，但当水气接触面上的空气达到饱和时，水分子就蒸发不出去，而是处于一种动平衡状态。蒸发出去的水分子数量等于从空气中返回到水中的水分子的数量，水温保持不变。由此可以看出，与水接触的空气越干燥，蒸发就越容易进行，水温就容易降低。

按通风方式分，有自然通风冷却塔、机械通风冷却塔、混合通风冷却塔。

按热水和空气的接触方式分，有湿式冷却塔、干式冷却塔、干湿式冷却塔。

按热水和空气的流动方向分，有逆流式冷却塔、横流(交流)式冷却塔、混流式冷却塔。

五、指示型设备

(一)液流指示器

液流指示镜是用来指示液管中液体流动的情况。工作正常时应看到稳定的液流；若见到许多气泡，则表明系统中制冷剂在液管中的压降太大，出现“闪气”，或是制冷剂不足。

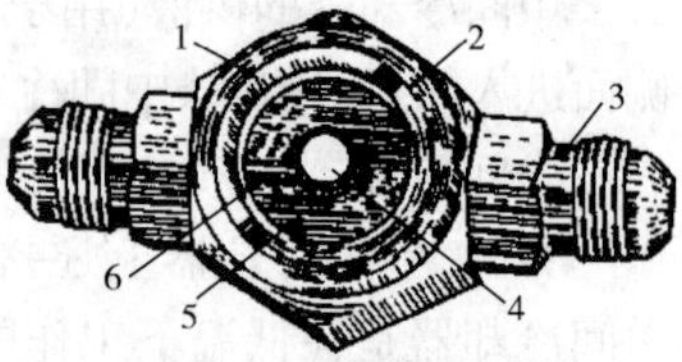

图 2.5-12　液流指示镜

1-压座；2-壳体；3-管接头；4-纸质圆芯；5-芯柱；6-观察镜

如图 2.5-12 所示。氟利昂制冷装置用的液流指示镜还常兼水分指示器，其中装有浸透金属盐指示剂的纸芯，当制冷剂含水量不同时，金属盐生成的水化物能显示不同颜色。例如 Danfoss 公司的 SGI 水分指示器在温度 20 ~ 40℃时，金属盐对 R22 液体含水质量分数的颜色反应是：< 60 ppm 呈绿色；60 ~ 125ppm 呈无色；> 125 ppm 呈黄色。R22 允许含水的质量分数 60ppm，故水分指示器纸芯呈无色时应及时更换干燥剂。在有回热器的系统中，这种指示器应装在回热器之前，因为制冷剂液体温度较高，金属盐对水的反应更迅速。

(二)液面指示器

如图 2.5-13 所示。为了对压力容器中的液位有直观的判断，设置有液面指示器。根据连通器原理，液体连通管和气体连通管分别水平地与压力容器的液体空间和气体空间相通，在两个连通管之间装有耐热钢化玻璃管。玻璃管与连通管的连接处由填料函保证密封。为了防止玻璃管破裂时制冷剂液体大量漏出，在液体连通管与玻璃管连接处装有止回阀。液体连通管和气体连通管上分别装有常开的液体阀和气体阀。安装玻璃管水位计时，应注意不要将插入玻璃管处的填料压盖拧得过紧，否则玻璃管容易被挤碎。

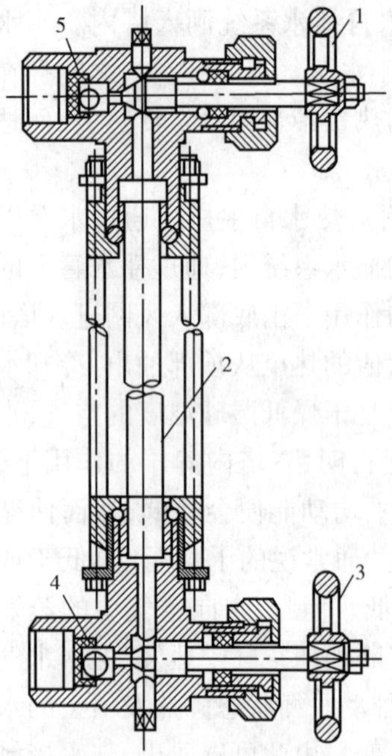

图 2.5-13　液面指示器

1-气体阀；2-玻璃管；3-液体阀；4、5-止回阀

六、动力型设备

(一)离心水泵

离心水泵由叶轮、叶片、泵壳、吸入接管和扩压排出管、泵轴及轴封等组成。如图 2.5-14 所示。

一般离心水泵没有自吸能力，在启动前需设法使泵内充满水(称为引水)，否则离心水泵无法正常工作。为此，在泵壳的最高处装设有一个引水旋塞，在吸入管下端装设有一个单向阀(称为底阀)。

在泵壳内充满水的条件下，离心水泵工作时，高速旋转的叶轮及其叶片带动叶间的液体一起回转，在离心力的作用下，液体从叶轮中心向四周甩出，然后由具有渐扩截面的泵壳流道汇集，经扩压管降速，将其中的大部分速度能转化成压力能，从排出管排出。与此同时，在叶轮中心处形成一定的真空，液体在吸入液面和叶轮中心处之间的压力差作用下经吸入管被吸入离心水泵叶轮。因此只要叶轮能保持均匀的回转，离心水泵就可连续不断地吸入和排出液体。

显然，离心水泵的工作原理是，通过叶轮带动液体高速旋转对液体传递机械能，并通过泵壳扩压段将其中大部分的速度能转换成压力能，以减少因高流速而造成的阻力损失。

（二）风机

轴流风机的结构如图 2.5-15 所示。它由叶轮（风叶）、集流器、机壳等组成。叶轮安装在圆筒形机壳中，当叶轮由电机带动高速旋转时，空气则由集流器进入叶轮，并在叶片作用下，通过能量的转换，提高空气的动能和压力能，实现空气的输送。

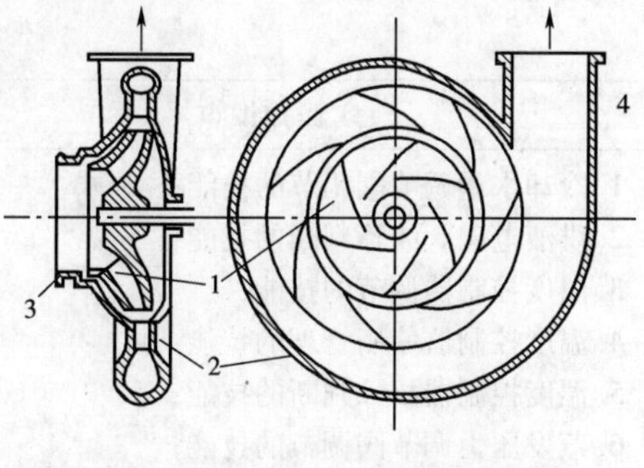

图 2.5-14　离心水泵

1-叶轮；2-风道；3-接口；4-壳体

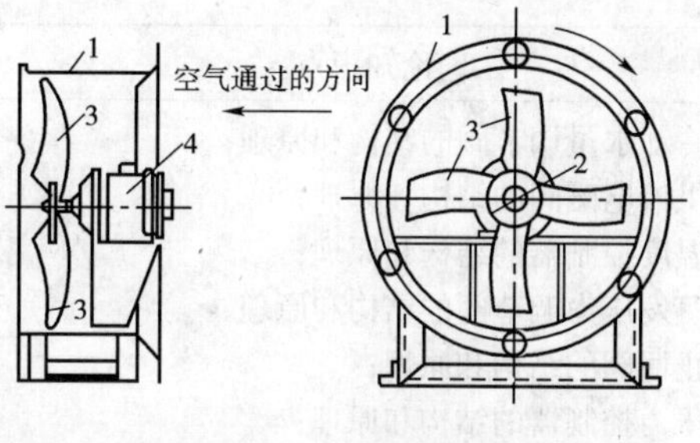

图 2.5-15　轴流风机

1-外壳；2-心轴；3-叶轮；4-电动机

• 实践技能展现

一、判断滑油分离器工作正常的技能

滑油分离器正常工作时，自动回油是间隔进行（至少 1h 以上），对应的自动回油管应是时热时温。

回油阀卡死在关闭位置，此时回油管始终不发热，同时曲轴箱滑油位有不断下降现象，大量滑油被带入系统。

回油阀不能关闭或关闭不严，会造成高压排气窜回曲轴箱和吸气腔，使压缩机排气量下降，排气温度升高，并使压缩机频繁启停不止。此时回油管始终是热的。

二、干燥剂更换的技能

干燥器位置图如图 2.5-16 所示。

（1）判断干燥剂是否失效。

（2）旋开干燥器进口阀 3、干燥器出口阀 4，关闭阀 1，开启压缩机，回收制冷剂至贮液器，当低压压力表的压力为略高于大气压时，停掉压缩机。

（3）关闭阀 2、阀 3、阀 4。

（4）旋开干燥器两端螺母 a、b，卸掉干燥器，依次取出其中卡簧、过滤网、纱布袋、干燥剂等。

（5）干燥器外壳、卡簧、过滤网用汽油或四氯化碳清洗，用高压氮气吹干；纱布袋换洗。

（6）更换干燥剂时，对新充装的干燥剂应压实，以免干燥剂颗粒在制冷剂液体的冲击下因相互摩擦而产生粉末。

（7）上紧干燥器进口螺母 a，带上干燥器出口螺母 b 但不旋紧；旋开阀 1，稍开干燥器进口阀 3，当干燥器出口螺母 b 处有冷气出来时，上紧

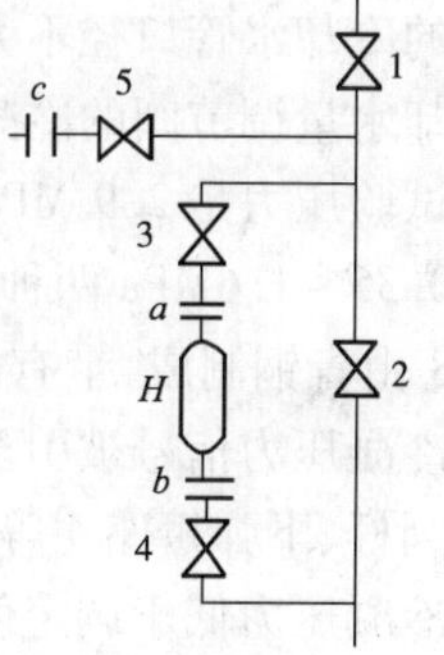

图 2.5-16　干燥器位置图

1-贮液器出口阀；2-旁通阀；3-干燥器进口阀；4-干燥器出口阀；5-充注阀；a-干燥器进口螺母；b-干燥器出口螺母；c-充液管螺母；H-干燥器

出口螺母。

(8)关闭干燥器进口阀3,旋开旁通阀2,开启压缩机,系统投入正常工作。

工作任务2.6　自控设备的拆装维护

• 知识点导入

理论知识点	实践知识点
1. 冷却水量调节阀的结构和原理; 2. 供液电磁阀的结构和原理; 3. 温度控制器的结构和原理; 4. 蒸发压力调节阀的结构和原理; 5. 止回阀的结构和原理; 6. 压力控制器的结构和原理; 7. 油压差控制器的结构和原理	1. 冷却水量调节阀调节的技能; 2. 供液电磁阀故障判断的技能; 3. 温度控制器调节的技能; 4. 温度控制器使用管理的技能; 5. 温度控制器故障判断的技能; 6. 蒸发压力调节阀调节的技能; 7. 压力控制器调节的技能; 8. 油压差控制器调节的技能

• 理论信息获取

一、冷却水量调节阀

制冷装置的冷却水温较低时,若不及时关小冷却水量调节阀调低流量,冷凝压力就会太低,可能使蒸发器供液不足,蒸发压力过低,制冷量减小;而关小冷却水阀后,若水温升高未能及时将阀开大,冷凝压力又会过高而停车。远洋船舶航区变化较快,水温经常变化,为了避免人工调节麻烦,通常在冷凝器的出水管上装设冷却水量调节阀,它能根据冷凝压力变化自动改变开度,调节冷却水流量,使冷凝压力保持在调定的范围内。

冷却水量调节阀按工作原理也有直动式和伺服式之分。如图2.6-1所示。船舶伙食冷库制冷量一般不很大,冷凝器的冷却水管口径不大,大多选用直动式。WVFX型直动式冷却水量调节阀的冷凝器侧的最大工作压力是2.64 MPa,最大试验压力是2.9 MPa,关闭压力调定范围有0.4~2.3MPa和0.35~1.6MPa两种。阀座和阀体是用不锈钢制成的。阀盘8由青铜制成,带有由特种橡胶硫化而成的密封层。工作时,冷凝压力信号被引至波纹管10外,通过推力块9、导杆3和阀杆、下弹簧座4等,克服弹簧的张力,使阀盘向上开启。当冷凝压力低于调定值时,阀在弹簧作用下关闭。上下的橡皮膜片7起水密作用,可防止调节部件和波纹管被海水腐蚀。上、下导杆3可在导套6中滑动,以保持阀盘启、闭时不致偏移。导杆上装有O形密封圈5。铝制的弹簧罩壳2开有导向槽,上弹簧座11的延伸部分形成指针嵌在槽中,罩壳上铆有指示牌。若阀被污物堵塞,可用螺丝刀插入下弹簧座4的下面用力使之抬起,迫使阀全开让水冲洗。

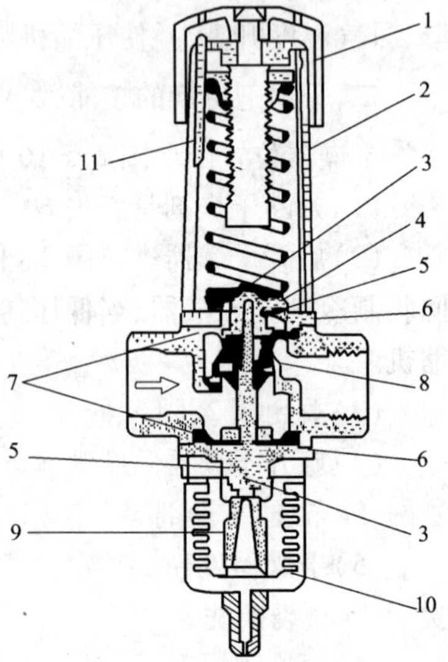

图2.6-1　冷却水量调节阀

1-调节手轮;2-弹簧罩壳;3-导杆;4-下弹簧座;5-密封圈;6-导套;7-膜片;8-阀盘;9-推力块;10-波纹管;11-上弹簧座

有的制冷装置冷凝器的冷却水进水管上还装有水压控制器，它是靠水压控制的压力继电器。当冷却水中断时电开关断开，压缩机无法启动，起安全保护作用。

二、供液电磁阀

电磁阀是由电磁力控制启闭的阀。在制冷装置中它常装在热力膨胀阀前的液管上，由冷库的温度控制器控制，作为决定向蒸发器供给制冷剂液体与否的供液电磁阀。

电磁阀按工作原理不同分为直动式与伺服式（亦称先导式）。

图2.6-2所示为EVR2型直动式电磁阀。当电磁线圈8断电时，衔铁6在重力、弹簧力和工质进出口压力差作用下使阀盘5落在阀座2上，将阀关闭；线圈8通电则产生电磁力，克服上述各种力将衔铁吸起，直接提起阀盘开阀。

图2.6-3所示为EVR6型伺服式电磁阀。主阀3为膜片阀（更大型的可以是活塞阀），其中央开有导阀口7，边上开有小平衡孔5。导阀8装在衔铁9的底部。当电磁线圈10通电时，电磁力克服重力、弹簧力和工质进出口压差将衔铁吸起，开启导阀；这时主阀上方经导阀口与主阀的出口端相通，压力迅速下降，于是主阀膜片在下方和上方的工质压差的作用下被顶开。当电磁线圈断电时，衔铁落下将导阀关闭，主阀上方的压力因平衡孔的沟通又逐渐升高到阀进口端的压力，这时主阀上方承压面积比下方大，在上下工质压力差的作用下，主阀关闭在阀座4上。由此可见伺服式主阀只有在进出口工质具有一定压差时才能开启，膜片式最小压差是0.005 MPa，活塞式是0.02MPa。

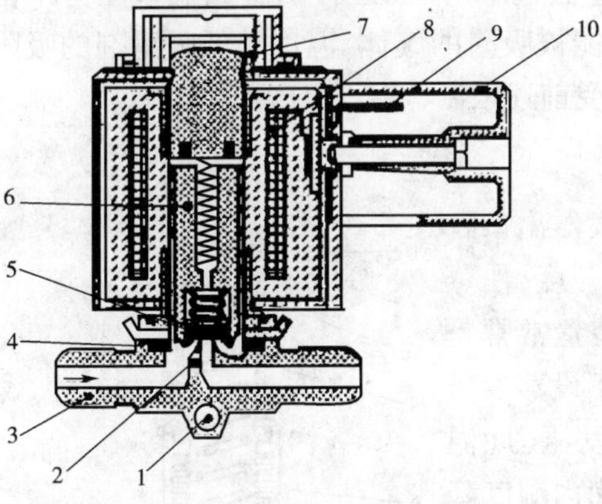

图2.6-2　直动式电磁阀

1-安装孔；2-阀座；3-阀体；4-垫片；5-阀盘；6-衔铁；7-顶罩；8-电磁线圈；9-接线插头；10-接线护罩

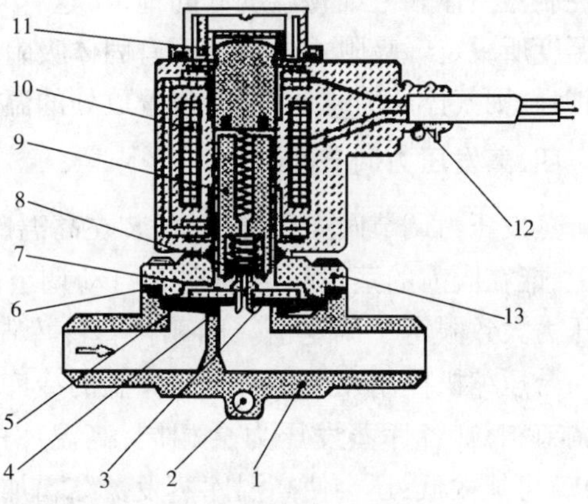

图2.6-3　先导式电磁阀

1-阀体；2-安装孔；3-主阀；4-主阀座；5-平衡孔；6-阀座垫片；7-导阀口；8-导阀；9-衔铁；10-电磁线圈；11-顶罩；12-电线接头；13-阀盖

三、温度控制器

温度控制器是以温度为控制信号的电开关，即温度继电器，亦称温度开关。它常被用来控制供液电磁阀通电与否，以使冷库的库温得以保持在给定范围内。也有用温度控制器直接控制压缩机启停的。

图2.6-4所示为KP型温度控制器。当用来控制库温时，感温包17置于冷库内，其中压力通过毛细管作用在波纹管9内。当库温升高至调定上限时，温包压力升高到能克服主弹簧7的张力，使主杠杆3绕支点顺时针偏转，拨动翻转元件16，并使静触头12在与动触头11断开的同时与动触头10接通，使供液电磁阀通电开启。蒸发器制冷后，温包压力随库温下降而降

低，主杠杆在弹簧张力作用下逆时针偏转，至调定下限时，克服幅差弹簧 8 的拉力，拨动元件 16 翻转，并使静触头 12 与动触头 10 断开，与动触头 11 接通，这时供液电磁阀断电关闭。接线柱 13 之 *A* 和 *B*、*C* 分别与静触头 12 和动触头 11、10 相连，显然，供液电磁阀的控制电路应与接线柱 *A*、*C* 相接。

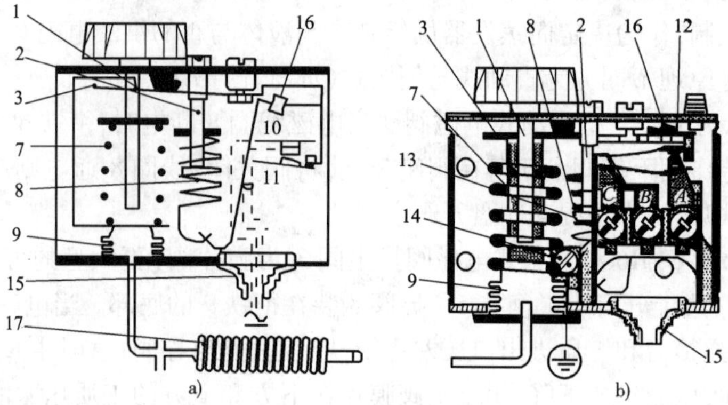

图 2.6-4　温度控制器

1-主调螺杆；2-幅差调节螺杆；3-主杠杆；7-主弹簧；8-幅差弹簧；9-波纹管；10、11-动触头；12-静触头；13-接线柱；14-接地柱；15-进线孔；16-翻转元件；17-感温包

KP 型温度控制器的温包的充注方式有蒸气式和吸附式两种。蒸气式温包必须放在比温度控制器主体和毛细管温度低的地方，这样可防止温包中"液面迁移"，导致温包压力不由温包温度所决定。吸附式温包里面有固体吸附剂和能被吸附的气体，温度越低吸附剂的吸附能力越强，则气体压力越低，其温包置放处的温度不受前述限制，广泛用于融霜保护。

四、蒸发压力调节阀

蒸发压力调节阀亦称背压阀，装在高温库蒸发器出口管路上，能在阀前的蒸发压力变动时自动调节阀的开度，使蒸发压力大致限定于调定值。船舶伙食冷库制冷装置常常是由一台压缩机控制几个要求不同库温的冷库，若不设蒸发压力调节阀，则各库蒸发压力会相同，高温库的蒸发压力(温度)就可能太低；还会使高温库蒸发器结霜加重，库内湿度降低，增加食品干耗；而在高温库制冷时低温库不易达到足够低的蒸发温度，使低温库库温难以下降。因此，通常在高温库蒸发器出口管上设蒸发压力调节阀，使之保持适当高的蒸发压力和蒸发温度。

蒸发压力调节阀按工作原理可分为直动式和伺服式。

图 2.6-5 所示为在船舶冷库普遍使用的 KVP 型直动式蒸发压力调节阀。由蒸发器来的制冷剂蒸气从阀的进口流入，克服弹簧 4 的张力，推动阀盘 7 上移。蒸发压力 p_0 稍有增大，则阀开大，可避免 p_0 明显升高；而当 p_0 降到调定值，阀就关闭。平衡波纹管 6 既能防止制冷剂漏泄，又能产生与阀出口侧制冷剂作用在阀盘背面压力相等而方向相反的平衡力，避免出口压力对阀的开度产生影响。阻尼器 9 可减轻阀

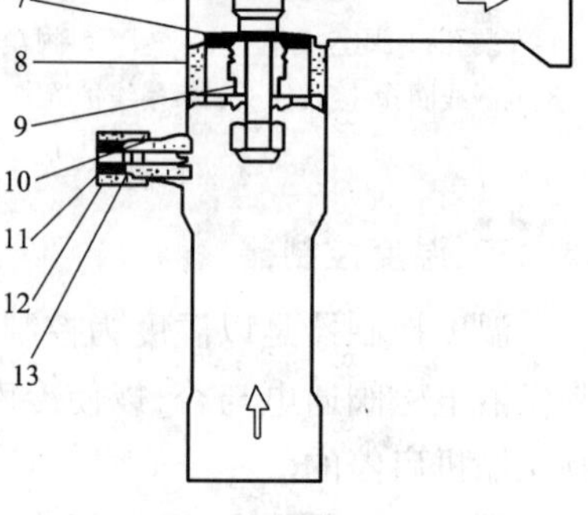

图 2.6-5　蒸发压力调节阀

1、11-保护罩；2、12-垫片；3-调节螺钉；4-主弹簧；5-阀体；6-平衡波纹管；7-阀盘；8-阀座；9-阻尼器；10-压力表接头；13-单向阀

在调节过程中产生振荡。

直动式蒸发压力调节阀是比例调节元件，不能使蒸发压力(温度)完全恒定，只是将其控制在一定范围内。KVP 型阀从全开到关闭的压力变化量是 0.17 MPa 和 0.28 MPa。由于阀在所要求的工作压力(温度)下工作时开度一般未达到最大，故调压偏差(工作压力与最低工作压力之差)比上述压力变化量低。蒸发器管路口径较大(≥28 ~35 mm)的可选用带先导阀的伺服式，其调压偏差很小，亦称恒压阀。

蒸发压力调节阀也可装在单机单库装置(例如冷藏集装箱)的蒸发器回气管上，维持要求的蒸发压力(温度)，这时它可起到吸气节流调节压缩机制冷量的作用。

五、止回阀

止回阀装在低温库蒸发器出口管路上，是使制冷剂气体正向通过，反向截断的自动控制元件。船舶伙食冷库制冷装置常常是由一台压缩机控制几个要求不同库温的冷库，若在低温库蒸发器出口不设止回阀，则高温库热负荷较大时压缩机吸入压力较高，当高于低温库库温所对应的制冷剂饱和压力，则高温库产生的制冷剂蒸气就会倒流进入低温库蒸发器冷凝放热。

如图 2.6-6 所示。止回阀主要由阀体、阀芯和复位弹簧等组成。当制冷剂气体正向通过止回阀时，只需克服弹簧力，阻力很小，而当制冷剂气体企图反向流动时，阀芯在气体压力与弹簧力的联合作用下被紧压在阀座上，截断制冷剂气体通道。

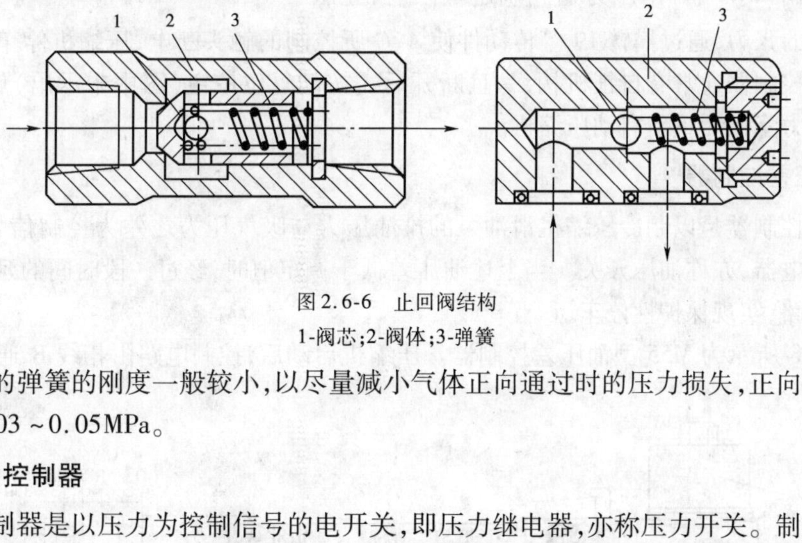

图 2.6-6　止回阀结构

1-阀芯;2-阀体;3-弹簧

止回阀的弹簧的刚度一般较小，以尽量减小气体正向通过时的压力损失，正向最小开启压力大约为 0.03 ~0.05MPa。

六、压力控制器

压力控制器是以压力为控制信号的电开关，即压力继电器，亦称压力开关。制冷装置一般都设有高压和低压控制器。高压控制器感受压缩机排出压力，当其高于调定值时，即切断压缩机控制电路，实现保护性停车。低压控制器以压缩机吸入压力为信号，控制压缩机启停，既可使压缩机根据制冷的需要自动间断地工作，又可当吸入压力过低时实现保护性停车，防止空气漏入系统。多库共用一台压缩机的伙食冷库制冷装置，当各库库温先后到达调定下限而温度控制器陆续断电后，供液电磁阀全部关闭，吸入压力很快降到调定下限，低压控制器即断电使压缩机停车；当某库库温回升到上限，温度控制器通电使供液电磁阀开启，制冷剂进入蒸发器，吸入压力回升到调定上限值时，低压控制器又通电，使压缩机重新启动。有时只剩个别冷库还在制冷，如果该库热负荷设计时就很低，或蒸发器不能充分发挥效能(例如结霜太厚、制冷剂流量不足等)，吸入压力有可能会低于调定下限，压缩机会保护性停车。当然，这种情况不太合适，因为仍有供液电磁阀开启，吸入压力不久就会回升，压缩机可能启停过于频繁，故热负荷变动大的伙食制冷装置宜采用有容量调节的压缩机。

也有的伙食制冷装置采用的自动控制方案是当各库库温均达下限，各温度控制器都断电时，直接使压缩机断电停车；只要有一个库的温度控制器接通，压缩机便通电启动。这样低压控制器仅在吸气压力过低时断电停车起保护作用。这种方案压缩机不会因气阀等漏泄使吸入压力回升较快而启停频繁，但停车时不能将吸入侧（包括曲轴箱）压力尽量抽低，因而停车期间制冷剂溶入滑油中的量可能会多（可设油加热器来防止）。

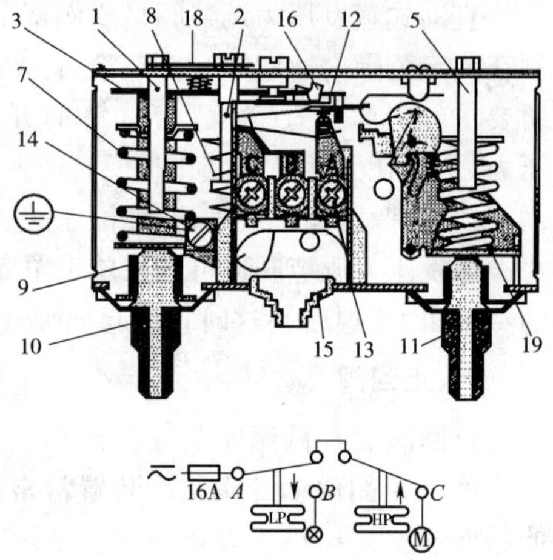

图 2.6-7　压力控制器

1-低压主调螺杆；2-低压幅差调节螺杆；3-主杠杆；5-高压幅差调节螺杆；7-低压主弹簧；8-低压幅差弹簧；9-低压波纹管；10-低压接头；11-高压接头；12-电开关接头；13-接线柱；14-接地柱；15-进线孔；16-翻转元件；18-锁定板；19-摇臂

图 2.6-7 所示为较常用的组合式 KP 型高低压控制器。图中左半部为低压控制器，接头 10 直接通压缩机吸入口感受吸气压力。当吸入压力达到上限时，*A*、*C* 通电，控制压缩机启动；而吸入压力降至下限时，*A*、*C* 断电，压缩机停车。图示右半部为高压控制器，接头 11 通压缩机排出口。当排出压力达到调定上限时，克服高压主弹簧的张力，通过摇臂 19 等传动件使 *A*、*C* 所控制的触头断电，压缩机停车。制冷装置使用的高压控制器通常有自锁机构，一旦断开后需按动复位按钮（图中未示出）解除自锁，才能在排出压力降低后重新启动压缩机。

七、油压差控制器

油压差控制器是以制冷压缩机滑油泵的排油压力与吸气压力之差为控制信号的电开关，即油压差继电器，亦称油压开关。当上述油压差低于调定值时，经过一段时间的延时即自动切断压缩机电路，实现保护性停车。

图 2.6-8 所示为 M55 型油压差控制器。压缩机启动后，控制电路由相线 R 通过过电流保

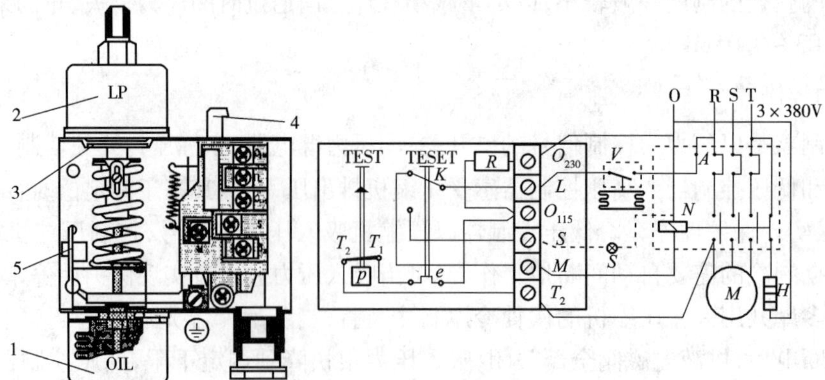

图 2.6-8　油压差控制器

1-油压波纹管；2-低压波纹管；3-调节轮；4-复位按钮；5-试验扳手；*A*-过电流保护开关；*R*-降压电阻；*K*-延时开关；*V*-压力开关；T_1、T_2-油压差开关；*N*-接触器线圈；*e*-延时开关电加热器；*S*-油压故障灯；*H*-曲轴箱电加热器

护开关A、压力开关V接到接线柱L,再经过延时开关K,接线柱M,使接触器线圈N通电,主电路开关合上,压缩机启动。在启动期间,分别通到波纹管1、2外的滑油泵排油压力与吸气压力(即曲轴箱压力)之差低于调定值,在主弹簧张力的作用下,油压差开关T_1、T_2闭合,延时开关的电加热器e通电。在既定的延时时间(有螺钉可调节)内,若油压升高超过了调定压力和固定幅差(不超过0.02MPa)之和,则主杠杆克服主弹簧张力偏转,使T_1、T_2断开,于是电加热器e断电,压缩机正常工作;若在延时时间内油压达不到足够高,或正常工作中油压因故障降到调定值以下的时间超过了既定的延时时间,则电加热器e会使一金属片弯曲,导致延时开关K开启,线圈N断电,压缩机停车,同时油压故障灯S亮。压缩机停车的同时曲轴箱电加热器H接通,以免油温降低而溶入更多的制冷剂,造成再启动时“奔油”。

开关K一旦断电停车即被自锁,必须扳动复位按钮4解除自锁才能使之重新闭合,否则无法再启动压缩机。在停车后应等2min左右,让金属片冷却复原后,才能按复位按钮使延时开关闭合,以备重新启动。

- **实践技能展现**

一、冷却水量调节阀调节的技能

转动冷却水量调节阀的调节手轮使上弹簧座上下移动,改变弹簧的张力,调节冷凝压力。

二、供液电磁阀故障判断的技能

供液电磁阀损坏主要发生在线圈烧断,阀芯卡阻和芯铁剩磁三个方面。线圈通电时可用锯条感知磁力。可用手动开关检查阀芯有无动作声响判断其开关是否正常。剩磁过大可取出芯铁加热或摔打。

三、温度控制器调节的技能

转动温度控制器的主调螺杆调节温度上限和下限,不受幅差弹簧影响;转动幅差调节螺杆则只改变温度下限,即改变温度上下限之差(称幅差或差动值)。通常温度可设为设计库温±1.5℃,即幅差为3℃左右。

四、温度控制器使用管理的技能

温度控制器用来控制库温时的使用注意事项如下:

(1)温包应放在空气流通和能代表库温的地方。如蒸发器是冷风机,温包应放在回风区,而不宜放在直接被出风所吹到的地方或太靠近库门。

(2)采用蒸气式温包的控制器本体不能放在环境温度比温包所控温度更低处,毛细管也不应接触比被控库温更低的温度。

(3)由于温包感温迟滞等因素,实际控制的库温可能和控制器标示的不一样,调定时应以实际库温为准。

(4)更换温度控制器时应注意其适用温度范围,不要搞错接线方式。

五、温度控制器故障判断的技能

温度继电器的常见故障:

(1)温包内充剂泄漏,使触点无法闭合,应更换。

(2)触点烧毛或烧毁,使触点接触不良或接不通,可用细砂纸擦平或更换。

六、蒸发压力调节阀调节的技能

蒸发压力的调整是通过调节螺钉改变主弹簧的张力来实现的。调节步骤如下：

(1)按要求保持的库温减去设计传热温差(一般5~10℃)确定蒸发温度，再求其对应的饱和压力即为要求的蒸发压力。

(2)拆下压力表接头的帽罩，接入压力表(自动顶开单向阀)。

(3)拆下保护盖，在所调库电磁阀开启、蒸发器在制冷时，慢慢地转动调节螺钉，调节后让蒸发压力有一个稳定过程，直至压力表指示到所选定的蒸发压力为止。

七、压力控制器的调节的技能

取下压力控制器的锁定板，转动主调螺杆调节低压上限，低压下限同时改变。转动幅差调节螺杆则只改变低压下限，即改变低压下限与上限之幅差。高、低压控制器的调定值可按制冷装置说明书提供的数据进行。缺少数据时可参考以下方法选定：

高压断电压力(上限)：一般R22制冷装置多选为表压1.7~1.9MPa(相当于$t_k=46\sim51$℃)；R134a可选为1.2MPa($t_k=50$℃)。

高压通电压力(下限)：高压控制器一般采用手动复位，通常做成固定幅差。若幅差是可调的，取为0.2~0.3 MPa即可。

低压断电压力(下限)：可取设计蒸发温度减去5℃后所对应的制冷剂饱和压力，但一般应不低于表压0.01 MPa。设计的蒸发温度由被冷却介质(空气、水或其他载冷剂)所要求的制冷温度减去设计传热温差(5~10℃)而得。实际上，采用直接冷却方式的伙食冷库制冷装置以低压侧不致漏入空气为原则，可适当取低些。这样，既可起到防止出现真空的保护作用，而且对以低压控制器控制压缩机启停的装置来说，还可以减少个别库仍在进液而停车的可能性，可减轻压缩机启停频繁的程度。空调制冷装置的低压控制器应能防止蒸发温度过低而使管壁结霜，以免空气冷却器通风不畅，一般取蒸发温度-3℃对应的冷剂饱和压力为低压控制器的断电压力，也有建议取更低的(肋片不结霜即可)。

低压通电压力(上限)：适当提高低压通电压力(增大幅差)，可减轻压缩机启停频繁程度。但低压通电压力所对应的制冷剂饱和温度应适当低于库温上限，否则库温升至上限供液电磁阀开启后，吸入压力仍不能迅速达到闭合压力，要等到库温升至高于低压开关调定的上限所对应的制冷剂饱和温度，压缩机方可能启动。低压开关的调节幅差对R22来说一般为0.1~0.2 MPa。

压力控制器调定值的标示刻度不太精确，实际动作值应以调试测得值为准。测试低压控制器时应慢慢关小压缩机吸入截止阀，注意吸入压力表的指示值，压缩机停车和重新启动时的指示值即为低压控制器的下限和上限。试验高压控制器可慢慢关小压缩机排出截止阀，读出排出压力表在压缩机停车时的读数，即为高压断开压力。试验前要证实压力表可靠；排出阀不应全关，以保安全。

八、油压差控制器的调节的技能

拆开油压差控制器的前盖板，用螺丝刀拨动调节轮转动调节螺套，使弹簧座上下移动，改变弹簧张力，可在0.03~0.45MPa范围内改变油压差调定值。不同的机型要求的调定值不同，开启式压缩机最低一般≥0.1~0.15 MPa，设有油压卸载机构的应取高些。

为了检验油压差控制器能否正常工作，可按动试验扳手强行使油压差开关T_1、T_2闭合，观察压缩机是否经过延时时间后停车。

评价反馈

方　式	项　目
内容评价	1. 如何从能量转换和传递的角度对制冷压缩机的工作进行分析？ 2. 影响冷凝器传热效果的因素有哪些？ 3. 如何理解热力膨胀阀的节流降压作用？ 4. 影响蒸发器传热效果的因素有哪些？ 5. 辅助设备有哪些类型？各起什么作用？ 6. 自控设备有哪些？如何进行控制？
问题反馈	1. 请你判断对"认知制冷设备"情境内容的掌握程度。 2. 请你思考对"认知制冷设备"情境内容的学习方法。 3. 请你提出对"认知制冷设备"情境内容的改进意见。

学习情境3 应用制冷装置

目标要求

主要知识目标	主要能力目标
1. 冷库热负荷和装置制冷量； 2. 制冷装置的验收要求； 3. 制冷装置工作时的设备状态	1. 具备制冷装置匹配的能力； 2. 具备吹污的能力； 3. 具备气密试验的能力； 4. 具备抽空试验的能力； 5. 具备试运转试验的能力； 6. 具备冷库温度回升试验的能力； 7. 具备启动、运转检查、停车的能力； 8. 具备制冷剂充注的能力； 9. 具备制冷剂取出的能力； 10. 具备冷冻机油添加的能力； 11. 具备冷冻机油更换的能力； 12. 具备空气排放的能力； 13. 具备检漏的能力； 14. 具备融霜的能力； 15. 具备主要故障分析处理的能力

工作任务3.1 制冷装置的匹配

• 知识点导入

理论知识点	实践知识点
冷库热负荷和装置制冷量	1. 蒸发器与压缩机匹配的分析技能； 2. 冷凝器与压缩机匹配的分析技能； 3. 热力膨胀阀与蒸发器匹配的分析技能

• 理论信息获取

制冷装置并非将主要设备配齐并按正确流程连接就行，只有当它们的容量彼此匹配，方能达到要求的性能而满意地工作。即使设备选用合适，如果管理不好也会使设备的性能改变，以至匹配失当而使工况参数偏离合理范围，使制冷量和制冷系数降低，甚至由于各种保护性控制器动作而自动停车。因此，管理人员为能维护合适的工况及正确地选用备件，应了解制冷装置主要设备的选配知识。

冷库热负荷和装置制冷量

为了将库温降至要求的范围并予以保持,每单位时间必须从冷库中移出的热量称为冷库“热负荷”,它是选用制冷机组及其相关设备的依据。

船舶冷库的热负荷取决于所需保持的库温与环境温度的温差、冷库的大小及隔热性能以及所存物品的品种和数量等。

冷库热负荷包括:

(1)渗入热 Q_1:通过冷库隔热结构传入的热量;

(2)货物热 Q_2:为在规定时间内将货物的温度降至贮藏温度所需移出的热量;

(3)换气热 Q_3:冷库通风换气和开库门时外面空气带入的热量;

(4)呼吸热 Q_4:菜、果等植物性食品呼吸所产生的热量;

(5)操作热 Q_5:库内风机、照明灯及工作人员所产生的热量;参照制冷设计手册计算。

装置所需的制冷量 $Q_0 = (110\% \sim 120\%) \times (Q_1 + Q_2 + Q_3 + Q_4 + Q_5)$　　kW

● 实践技能展现

一、蒸发器与压缩机匹配的分析技能

蒸发器应与压缩机匹配,即蒸发器的制冷量和压缩机的制冷量相称。

蒸发器的制冷量即为蒸发器在单位时间内从冷库所吸走的热量,用 Q_{0z} 表示:

$$Q_{0z} = K_1 \cdot F_1 \cdot \Delta t_1 = K_1 \cdot F_1 \cdot (t_r - t_0)$$

式中:K_1——蒸发器的传热系数;

F_1——蒸发器的传热面积,m^2;

t_r——库温,K;

t_0——蒸发温度,K。

按上式所示函数关系,可画出蒸发器的性能曲线($Q_{0z} - t_0$),如图 3.1-1 所示。它是一条向左上方倾斜的直线,在横坐标上的起点是 t_r,斜率 $\tan\alpha = K_1 F_1$。在同一坐标图上同时画出压缩机的性能曲线($Q_{0c} - t_0$),它比前述的冷凝温度不变时压缩机性能曲线斜率要小,因为 t_0 增高则 t_k 增高,Q_0 会减小;而且冷凝器性能越差,这种影响越严重,即压缩机性能曲线的斜率越小。

在蒸发器工况稳定时,蒸发器的制冷量应等于压缩机的制冷量,即吸气工况点是两者函数曲线的交点 Z,其横坐标即给出了 t_0 值。由吸气工况图 3.1-1 可分析制冷装置制冷量减小的原因:

(1)正常工作时:库温由 t_r 降为 t_r',蒸发器性能曲线($Q_{0z} - t_0$)向左平移,从 Z 到 Z_1。

(2)蒸发器性能差:如制冷剂供液不足(这时沸腾换热段面积 F_1 减小,而过热段的换热能力要小得多)、结霜严重或风速降低(即 K_1 减小)等,蒸发器性能曲线($Q_{0z} - t_0$)斜率降低,从 Z 到 Z_2;

(3)压缩机在使用中性能降低:包括输气系数减小、转速降低或减缸运行等,压缩机的性能曲线($Q_{0c} - t_0$)降低,从 Z 到 Z_3。

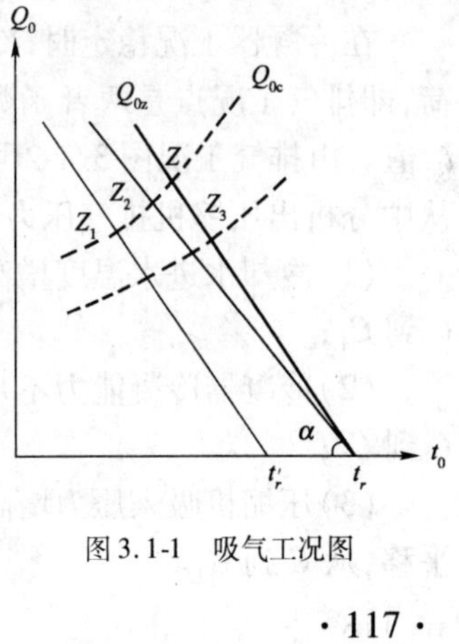

图 3.1-1　吸气工况图

如前所述,制冷装置设计制冷量应为冷库热负荷的 1.1 ~

1.2倍。由上式可知,若设计时选用的传热温差较大,则蒸发器的尺寸可较小,但运行经济性较差;反之,所选传热温差小,则蒸发温度较高,运行经济性好,但蒸发器所需尺寸较大。一般冷风机和蒸发盘管的传热温差在5~10℃范围内。如果设计时所选蒸发器太小(压缩机太大),则传热温差太大,导致库温未到下限时蒸发温度就太低,压缩机会在低压控制器作用下提前停车,从而启停频繁。

二、冷凝器与压缩机匹配的分析技能

冷凝器应与压缩机匹配,即冷凝器的排热量和冷凝器的热负荷相称。

冷凝器的排热量即为冷却介质在单位时间内从冷凝器所带走的热量,用 Q_k' 表示:

$$Q_k' = K_2 \cdot F_2 \cdot \Delta t_2 = K_2 \cdot F_2 \cdot [t_k - 1/2(t_{w1} + t_{w2})]$$

式中:K_2——冷凝器的传热系数;

F_2——冷却水管外表总面积,m^2;

t_k——冷凝温度,K;

t_{w1}、t_{w2}——冷却水的进、出口水温,K。

制冷剂蒸气进冷凝器后先冷却到冷凝温度,然后开始冷凝。冷却段传热温差比冷凝段要大,但传热系数小,将全部换热面积按冷凝状况计算误差不大。此外,船用冷凝器进口与出口的传热温差之比常小于3,故可近似取算术平均温差计算,将 K_2 取小些即可。

根据冷却水带走的热量来计算冷凝器的排热量,则:

$$Q_k' = G_w \cdot C_w \cdot (t_{w2} - t_{w1})$$

式中:G_w——冷却水的质量流量;

C_w——冷却水的比热容。

所以,综合上述两式,可得:

$$Q_k' = (t_k - t_{w1}) / (1/K_2F_2 + 1/2\ G_wC_w)$$

按上式所示函数关系,可画出函数曲线($Q_k' - t_k$),如图3.1-2所示。它是一条向右上方倾斜的直线,在横坐标上的起点是 t_{w1},斜率 $\tan\alpha = 1/(1/K_2F_2 + 1/2\ G_wC_w)$。

冷凝器的热负荷 Q_k 即单位时间内所需排走的热量,近似等于压缩机的制冷量 Q_0 和指示功率 P_i 之和,可由压缩机的性能曲线(指示功率 $P_i = P_e\eta_m$,机械效率 η_m 约取0.9)求得。画出冷凝器的性能曲线($Q_k - t_k$),如图3.1-2所示。它是一条的向右下方倾斜的直线。t_0 不变 t_k 升高时,Q_k 减小(主要是因为制冷量 Q_0 减小),性能曲线下移;t_k 不变 t_0 升高时,Q_k 增大(主要是因为制冷量 Q_0 增大),性能曲线上移。

在冷凝器工况稳定时,冷凝器的排热量应等于冷凝器的热负荷,即排气工况点是两者函数曲线的交点 C,其横坐标即给出了 t_k 值。由排气工况图3.1-2可以看出所有影响装置 t_k 的因素,并从中分析出压缩机排气压力过高的原因(工况点 C 右移):

(1)冷却水进水温度增高:函数曲线($Q_k' - t_k$)向右平移,从 C 到 C_1;

(2)冷凝器冷凝能力不足:函数曲线($Q_k' - t_k$)斜率降低,从 C 到 C_2;

(3)压缩机吸入压力增高:冷凝器的性能曲线($Q_k - t_k$)向上平移,从 C 到 C_3。

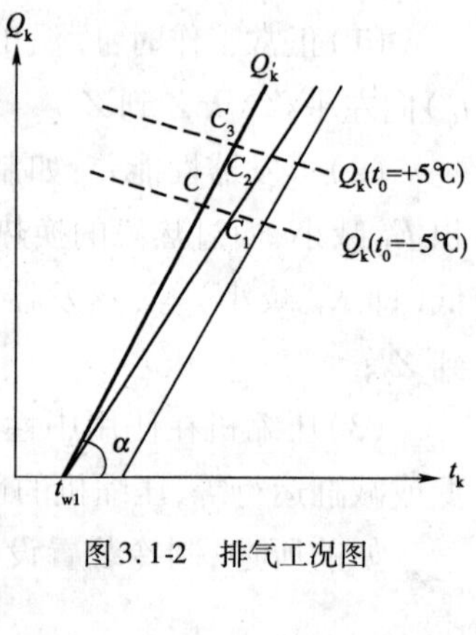

图3.1-2　排气工况图

三、热力膨胀阀与蒸发器匹配的分析技能

热力膨胀阀的容量是指阀在额定开度时每单位时间内流过的制冷剂在蒸发器中完全汽化时的吸热量，用 Q_{ov} 表示。它是热力膨胀阀在额定开度时的质量流量 G(kg/s)与蒸发时的单位质量制冷量 q_0(kJ/kg)的乘积，由下式求出：

$$Q_{ov}=G\cdot q_0=\mu A(2\rho\Delta p)^{1/2}\cdot q_0$$

式中：μ——流量系数；

A——阀的通流截面积，m^2；

ρ——阀入口处制冷剂的密度，kg/m^3；

Δp——阀前后压差，MPa。

由此可见，热力膨胀阀的容量取决于阀的型号（通流面积 A）、制冷剂的性质（μ、ρ）和工况条件（蒸发温度、阀前后压差和阀前制冷剂的过冷度），它们影响着 G 和 q_0 的大小。

图 3.1-3 所示是热力膨胀阀的性能曲线。由图可见，既定膨胀阀当冷凝压力降低（前后压差减小）时，因流量减小，其容量也随之变小；而若其他条件不变，随着蒸发温度的增高，膨胀阀的容量先增大（因 q_0 增大），然后增加趋势变缓（因 Δp 减小）。此外，当阀前制冷剂过冷度增大时，因 q_0 增大，则阀的容量增大。

热力膨胀阀的名义容量是指其在名义工况的容量。Danfoss 公司 N 系列阀规定的名义工况是：$t_0=5℃$、$t_k=32℃$，阀前制冷剂液体温度 $t_3=28℃$。我国规定的热力膨胀阀名义工况是：$t_0=5℃$、$t_k=40℃$，阀前制冷剂液体温度 $t_3=38℃$，通过阀的压降 R22 为 0.69MPa。

为了便于选用热力膨胀阀，生产厂通常给出在不同蒸发温度和压力差时阀的容量表。名义容量以英制"冷吨"为单位。1 冷吨是指能在 24 h 内将 1t 0℃的水变成 0℃的冰的制冷量，英制以 2000lb(907kg)为 1t，1 冷吨约相当于 3.52kW，1 公制冷吨约相当于 3.87kW。

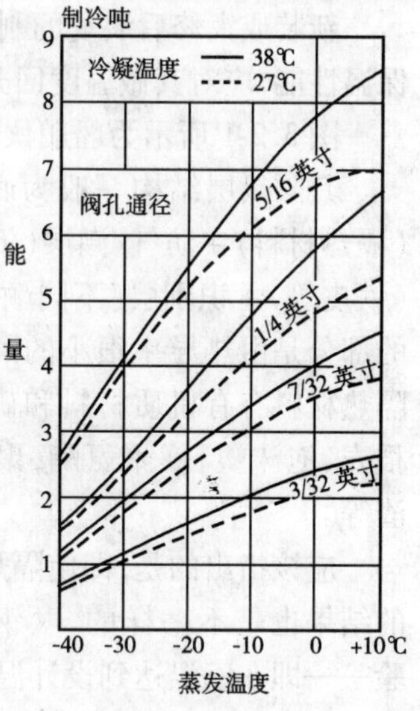

图 3.1-3 热力膨胀阀的性能曲线
（其中，1 英寸 =0.0254m）

热力膨胀阀的容量应与其所配用的蒸发器相匹配，即其性能曲线应适当高于蒸发器性能曲线。若热力膨胀阀容量选得太小，即使全开也会供液不足，则蒸发器的能力不能充分发挥，会使吸气过热度太高，蒸发压力降低，制冷量减小；反之，若热力膨胀阀容量选得太大，则阀工作时开度过小，不仅阀冲蚀严重，而且工作不稳定。膨胀阀工作时的开度以不小于额定开度的一半为宜，因此其容量以比蒸发器制冷量大 20% ~30%，而最大不超过后者的 2 倍为宜。

选择热力膨胀阀时首先要根据所用的制冷剂，其次按所用蒸发器情况决定用外平衡式或内平衡式，然后根据设计时所选定的冷凝温度和蒸发温度，按管路条件（参照设计手册）算出阀前后压差，再按热力膨胀阀容量表选择容量适当大于设计制冷量的型号。船舶制冷装置冷却水温度变化较大，在寒冷水域冷凝压力可能会过低，以致热力膨胀阀流量达不到设计要求。这时应减小冷却水量，以免冷凝压力过低。一般来说热力膨胀阀前后压差应≥0.4 ~0.5 MPa，故 R22 伙食冷库制冷装置冷凝压力一般应≥0.6 ~0.7MPa。

工作任务 3.2　制冷装置的验收

• 知识点导入

理论知识点	实践知识点
制冷装置的验收要求	1. 吹污的技能； 2. 气密试验的技能； 3. 抽空试验的技能； 4. 试运转试验的技能； 5. 冷库温度回升试验的技能

• 理论信息获取

制冷装置的验收要求

新装或大修后装复的制冷装置应该对系统吹除杂质，做气密试验，抽空；为了检查冷库的保温性能，应对其做温度回升试验。

图 3.2-1 所示为船舶伙食冷库隔热结构图。

其隔热层结构一般为底层（防腐漆）+ 隔热层（隔热材料）+ 防气/潮层（沥青 + 油毡纸）+ 保护层（铁皮等）+ 识别层（不同颜色油漆）。其中，最重要的部分是由热导率很小的隔热材料构成的隔热层。隔热材料有有机质材料和矿物质材料，如：软木板、稻壳、泡沫塑料（聚氨酯，聚苯乙烯）、玻璃纤维、炉渣等。

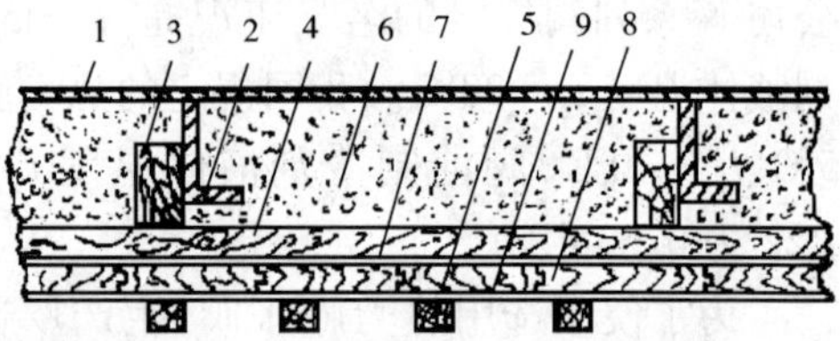

图 3.2-1　船舶伙食冷库隔热结构

1-船体钢板；2-船体肋骨；3-衬木；4-木方条；5-护木；6-隔热层；7-防潮层；8-木铺板；9-镀锌铁皮

应该指出的是，即使隔热结构的隔热性能完全相同，不同大小、形状的冷库温度回升试验的结果也是不一样的。《钢质海船入级规范》规定新设计的货物冷藏装置要做热平衡试验——即在库温达到设计温度的稳定工况下求得装置的制冷量，将其减去舱内设备热即为渗入热，由此算出隔热结构的平均传热系数[通常为 0.47 ~ 0.52W/(m^2 · ℃)]，核对其是否合乎要求。

• 实践技能展现

一、吹污的技能

吹污的目的是防止阀芯受损、气缸镜面拉毛、滤器堵塞。因此：

（1）灌入适量的三氯化乙烯进行溶解油污。

（2）通入 0.5 ~ 0.6MPa 的空气或氮气。

（3）分段进行，先吹高压管路，后吹低压管路；吹污排口位于系统最低处。

二、气密试验的技能

气密试验的目的是检查系统密封性。如图 3.2-2 所示。

一般用氮气或干空气试验，严禁使用氧气等危险性气体。我国《钢质海船入级规范》规定货物冷藏的制冷装置气密试验压力为设计压力（低压侧 1.7 MPa，高压侧 22 MPa），伙食冷库和空调制冷装置可参照执行。因此：

（1）注意低压侧的蒸发压力调节阀、低压控制器等适用的最高压力，隔离旁通不能承受试验压力的元件。将高压侧的安全阀与其后段管路脱开，用盲板堵死阀出口。

（2）关闭压缩机吸、排截止阀和所有通大气的阀以及油分离器回油阀；开启热力膨胀阀的旁通阀和正常工作时应开启的其他各阀。

（3）将装试验用气的钢瓶经减压阀接到系统管路上（例如通过充剂阀），然后开钢瓶阀向系统充气到 0.3 ~ 0.5 MPa，检查系统若有漏泄应予消除；若没有进一步加压至要求的试验压力。关闭供液电磁阀前截止阀将系统高、低压侧分隔，分别加压至不同的设计压力。

（4）仔细地对系统各处查漏。可关冷凝器冷却水，开启水室泄水旋塞泄水，在旋塞口查漏，发现漏气应拆下冷凝器端盖检查。查漏可用皂液法，也可先在系统中充表压 0.07 ~ 0.1MPa的氟利昂再用检漏灯查。如果压缩机内压力升高，则表明其吸入或排出截止阀漏。

（5）根据规范：承压 24h，前 6h 压力降不超过 2%，后 18h 保持稳定。

（6）查漏结束后从冷凝器放气阀将高压系统压力适当放低，然后取下安全阀出口盲板检查安全阀漏否。气密试验合格后，放尽试验用气体。

三、抽空试验的技能

抽空的目的是检查密封性；抽除系统中的气体和水分。如图 3.2-3 所示。

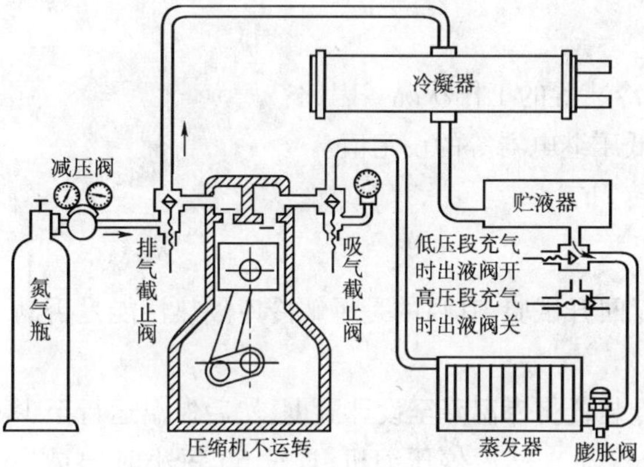

图 3.2-2　气密试验

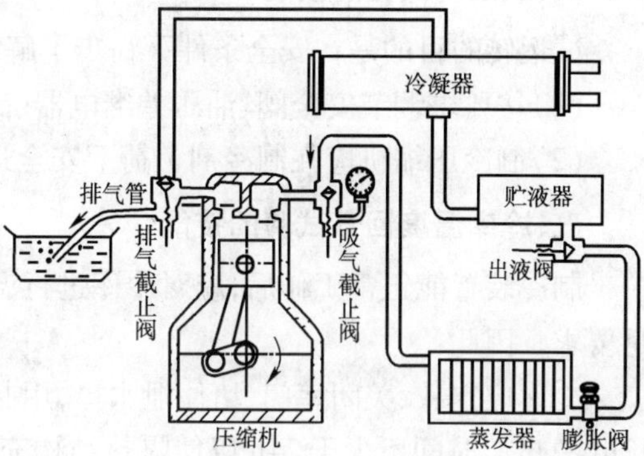

图 3.2-3　抽空试验

（1）最好用独立的真空泵进行，所需抽的真空度一般为当天当地的大气压力乘上 0.96 的系数。为了防止突然断电，泵内滑油和外界空气倒灌进入系统，可在泵与系统之间的接管上装一个随真空泵电动机启停同时启闭的电磁阀。否则，利用制冷压缩机本身来抽空。

（2）关排出截止阀，开多用通道。

（3）先稍开吸入截止阀，压缩机启动后再逐渐增加开度，压缩机以小排量运行。

（4）短接低压继电器和油压差继电器，以免压缩机因吸压和油压过低而自动停机。

（5）放尽冷凝器的冷却水。如能利用蒸发器电热融霜加热器或其他方法对系统适当加温，将有利于加速其中水分的蒸发。环境温度低于 5℃ 不宜进行抽空除气。

（6）间断进行，以免抽吸过快，不易抽净，过程一般为 18 ~ 72h。

(7)注意排温(R22 压缩机排气温度一般不超过 120℃;开启式滑油温度不超过 70℃,封闭式不超过 80℃);滑油压力与吸入压力之差不得低于 0.027MPa(调低油压控制器断电值)。

(8)《钢质海船入级规范》规定:系统内压力降到 5.33kPa(720mmHg)以下时,在 8h 内压力的回升不超过 1.33kPa(10mmHg)。

没有合适的真空泵时,可用活塞式制冷压缩机本机来抽空,操作要点如下:

(1)稍开压缩机吸入阀,关闭排出阀,利用排出多用接头供抽空时排气;关闭系统中通大气各阀(如充剂阀、放气阀等);开启系统中其余各阀(包括旁通阀)。

(2)放尽冷凝器中冷却水,如能利用电热融霜加热器或其他方法对系统适当加温,将有利于加速其中水分蒸发。环境温度低于 5℃不宜进行抽空除水。

(3)将压缩机盘车几转,排气口应有气体排出。将压缩机置于"手动"位(低压控制器触头被旁通)启动。有容量调节时使压缩机以最小流量工作。

(4)慢慢开大吸入阀,防止排气压力过高。注意排气和滑油温度不要过高,调低油压控制器断电值(滑油与吸入压力差≮0.027 MPa)。抽空应间断进行。

(5)共需多少时间取决系统大小和水分多少。当系统真空度稳定、排气口无气排出时,关压缩机吸入阀,用手按住排出多用接头,迅速将其关闭后再停机。用真空泵抽气应先关其通系统阀再停泵。氟利昂制冷系统为进一步减少残留水蒸气和其他气体,停抽后可从充剂阀充入适量氟利昂,使真空度降到 0.04 MPa,然后启动压缩机再抽空一次。

(6)螺杆式压缩机若是靠吸、排气压差润滑,不允许用本机抽空。

四、试运转试验的技能

试运转的目的是在安全条件下初步了解制冷装置的工作状况。因此:

(1)按要求调节安全阀、油压差继电器、高低压继电器等的设定值。

(2)制冷压缩机应在制冷剂负荷下安全运转 2h。

五、冷库温度回升试验的技能

制冷装置能正常工作后,应对冷库进行温度回升试验,其目的是了解冷库隔热性能是否满足要求。因此:

冷库应空载、关闭库门、堵住泄水口,用制冷装置将库温降至设计温度,然后保温运行至少 12h(总试验时间不少于 24h 以使隔热结构充分冷却),然后停压缩机,连续 6h 每小时记录一次温度回升值。参照对冷藏舱的要求,如 6h 冷库平均温度总回升值不超过试验开始时与外界大气温差的 24% 即为合格。

《钢质海船入级规范》规定:库内外温差为 25℃,6h 库温回升值应小于 6℃,隔热层质量合格。

冷库温度回升值如表 3.2-1 所示:

冷库温度回升值 表 3.2-1

库温与环境初温差(℃)	$15+5X$	$X=0,1,2,3,4,5,6,7,8,9$
6h 内允许库温回升值(℃)	$3.6+1.2X$	

除新船或冷库大修后应做温度回升试验外,最好每年在适当时候做一次。如果不合格,若非库门、泄水口等关闭不严,则可能是舱壁隔热结构损坏、受潮等原因。

工作任务3.3　制冷装置的操作

• 知识点导入

理论知识点	实践知识点
制冷装置工作时的设备状态	1. 启动的技能； 2. 运转检查的技能； 3. 停车的技能

• 理论信息获取

船舶制冷装置均配有自动控制系统，在经过验收后，正常工作情况下的装置的启动、运转、调节与停车是自动控制的，但是当装置经过较长时间停用后需启动时或当检修前需停用时，仍需人工进行起、停，以及运行管理中仍有一些检查和调节工作必须由人工进行的。

制冷装置工作时的设备状态

1. 压缩机

(1)气缸壁：不应有局部发热和结霜情况。

(2)吸气管：冰冷结霜(制冷)/发凉结露(空调)。

(3)曲轴箱油位：1/3 ~2/3 示液镜。

(4)轴封：无漏油现象。

2. 油分离器

自动回油管时冷时热。

3. 冷凝器

上部热下部凉。

4. 贮液器

1/3 ~1/2(压缩机工作)或1/2 ~2/3 (压缩机不工作)或80%(制冷剂回收)液位计。

5. 热力膨胀阀

阀体结霜或结露均匀，有轻微的沉闷的流动声。

6. 蒸发器

运行中蒸发压力与吸气压力相近。

7. 过滤器

前后无明显的温差。

8. 压力表

指针相对稳定。

• 实践技能展现

一、启动的技能

1. 油

油位应正常，压缩机曲柄箱的润滑油油位应在示液镜的1/3 ~2/3 处。

2. 水

检查冷却水系统,使之正常运转;对于间接冷却系统应开启盐水循环泵。

3. 气

检查直接吹风冷却的系统,应在压缩机之前开启,并使之正常运转。

4. 电

检查电器设备状况、电流、电压和绝缘等参数,并使之保持正常。

5. 阀

压缩机吸入截止阀和贮液器出口阀暂不开,排气阀及高低压系统有关截止阀开足。

6. 机

检查机器及四周有无妨碍运转的因素或障碍物,确认机器处于适合启动的状态。

7. 盘

新安装或检修后首次启动的压缩机,应在卸载情况下手动盘车,进一步确认机器正常。

8. 冲

瞬时起、停(点动)压缩机,观察压缩机、电机启动状态和转向,确认正常。

9. 启

启动压缩机,缓慢开大吸入截止阀,一旦声音异常(液击声),立即关闭,等声音正常后再缓慢开大,如此反复调节吸入截止阀的开度,直到完全开足且声音正常(若吸入截止阀多用通道上接有压力表或压力继电器,则需开足后回旋1/2~1圈)。控制吸入阀开度的目的是为了防止可能积聚在蒸发器中的液态冷剂大量进入压缩机造成液击损坏。确认正常后,开足贮液器出口阀便可投入正常运转。

二、运转检查的技能

1. 压力

检查工作压力,并保持正常。正常值一般为:排出压力,R22是1.0~1.5MPa,最高不超过1.6MPa。吸入压力,具体值与需保持的库温有关,但最低不得低于表压力0.01MP。油压差,未设油压控制的卸载与能量调节机构的压缩机是0.1MPa以上,设有油压控制的卸载与能量调节机构的压缩机是0.15~0.30MPa。

2. 温度

检查工作温度,并保持正常。正常值一般为:冷凝温度,水冷冷凝器是25~30℃;风冷冷凝器不超过40℃。排气温度,国标规定对活塞式制冷压缩机的规定为150℃(R22)。滑油温度,开启式压缩机为不超过70℃,封闭式压缩机不超过80℃。库温应符合要求。

3. 负荷

检查电流、电压和功率,发现超负荷应立即找出原因,并加以解决。

4. 声

注意机器运转声音,发现异常及时找出原因并加以解决。

三、停车的技能

1. 短期停车

在停车前先关闭贮液界(或冷凝器)出液阀,当吸气压力表达到0.02MPa时,切断压缩机电源,关闭吸、排阀,以将冷剂收入贮液器。

2. 长期停车

与短期停车相似，不同点是需将低压继电器触点常闭，逐次将吸气表压力抽吸到0（或略高于大气压力）时停车。其目的是将冷剂更彻底地收入贮液器。

工作任务3.4　制冷装置的维护

● 知识点导入

理论知识点	实践知识点
暂无相关信息	1. 制冷剂充注的技能； 2. 制冷剂取出的技能； 3. 冷冻机油添加的技能； 4. 冷冻机油更换的技能； 5. 空气排放的技能； 6. 检漏的技能； 7. 融霜的技能

● 理论信息获取

暂无相关信息。

● 实践技能展现

一、制冷剂充注的技能

（一）制冷剂不足的判断

（1）贮液器液位偏低（低于1/3）。

（2）热力膨胀阀夹带较多气体时会发出较明显的“丝、丝”声。

（3）液流指示器中见到液流夹有大量气泡。

（4）开启膨胀阀旁通阀后吸气压力无明显回升。

（二）充注方法

制冷剂的充注可从系统的专用充剂阀处充注，或低压吸气阀多用通道口处充注。前者属高压侧充注，后者属低压侧充注。

图3.4-1所示为由专设的充剂阀充剂的示意图。

（1）识别并确认所充冷剂的种类。

（2）借助充液铜管将氟利昂液罐和系统充注阀连接，拧紧接口螺母前，稍微松开液罐阀门，驱赶管内空气。

（3）制冷剂必须经干燥过滤器进入系统。

（4）液罐瓶口朝下，倾斜放置并称重，微开阀门检查配管系统有无泄漏。

（5）关贮液器的出液阀，逐渐开启液罐钢瓶阀、充剂阀，启动压缩机向系统充剂。

（6）由磅秤确定算好的充剂量，即可切断充剂阀，开出液阀，系统正常运转。观察贮液器液位变化情况。若充剂量不够再次充剂。

图3.4-2所示为由压缩机吸入截止阀多用通道充剂的示意图。

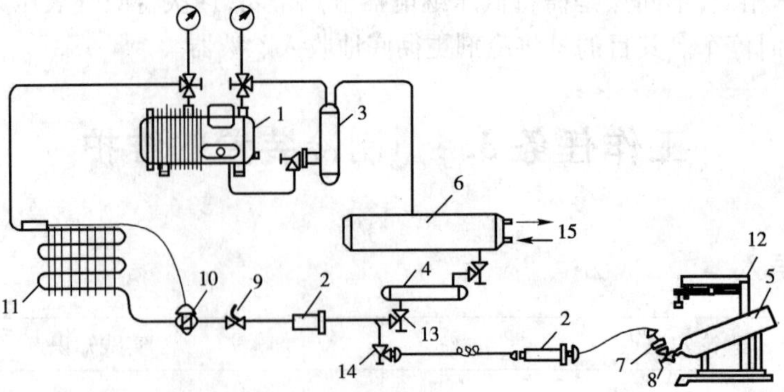

图 3.4-1　制冷剂充注(充剂阀)

1-压缩机;2-干燥过滤器;3-滑油分离器;4-贮液器;5-氟利昂液罐;6-冷凝器;7-钢瓶接头;8-钢瓶阀;9-供液电磁阀;10-热力膨胀阀;11-蒸发器;12-磅秤;13-出液阀;14-充注阀;15-冷却水

制冷剂充注需借助吸气三通阀将充剂铜管接钢瓶阀上，和以上操作不同的是:

(1)钢瓶直立放置。

(2)充剂中随时调整钢瓶阀,控制吸入压力不超 0.2MPa(表压)。

(3)如需加速充剂,可用温水淋浇或浸泡。

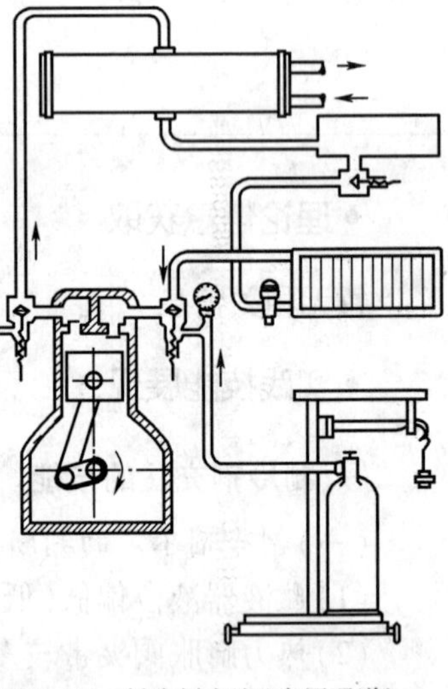

图 3.4-2　制冷剂充注(多用通道)

二、制冷剂取出的技能

如果系统中制冷剂过多,液态制冷剂可能过多地浸没冷凝器冷却水管,会使冷凝压力升高,这就需要取出部分制冷剂。有时因装置需要大修或准备长期停用,可能需要取出全部制冷剂。如图 3.4-3 所示。

(1)用 T 形管接高压表,紫铜接管和钢瓶接头,并赶气。

(2)钢瓶淹没水中,接冷却水降低瓶内压力。

(3)开钢瓶阀,压力差使冷剂进入钢瓶。

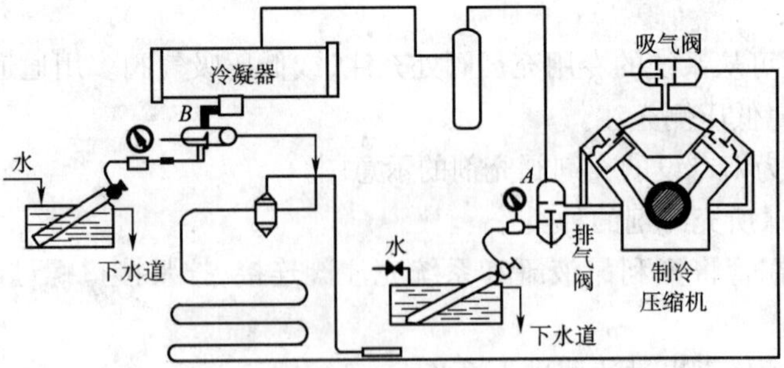

图 3.4-3　制冷剂取出

(4)启动压缩机以最小容量抽气,并调低油压控制器断电值,关小冷凝器冷却水(提高冷凝压力)。

(5)缓缓关小压缩机的排出截止阀,密切注视压力表,防止排出压力过高。

(6)系统内制冷剂减少，B处取冷剂困难，可换A处，当系统压力为0.098MPa，制冷剂基本已抽取完。

(7)停车后，压力表值回升，再开机继续抽取，直至表压值不回升。

三、冷冻机油添加的技能

(一)冷冻机油不足的判断

氟利昂制冷装置运转正常情况下，压缩机滑油耗量很小，不会产生缺油现象，如系统短时间内缺油过多(曲轴箱冷冻机油的油位低于1/3示液镜)，应先检查，确定情况后再进行处理。特别要注意的是：查明原因，避免盲目加入。因为，冷冻机油消耗过快的可能原因有：发生奔油；分离器工作不正常；吸气管布置不当(水平吸气管——向下倾3°~5°；上行吸气管——按装置最小制冷量选取内径)；冷冻机油选用不当；系统漏泄严重使冷冻机油损失太多；新加制冷剂会溶解一定量的冷冻机油等。

(二)添加方法

压缩机添加冷冻机油时应注意不要混入不同牌号的油和防止空气进入系统。补油方法因压缩机结构而异，常用方法有：

1. 油泵吸入端有油三通阀——必须在运行中补油

用软管一端接在油三通阀的外接口，另一端插入油桶内；先将三通阀转至放油位驱除接管内空气，再将三通阀转至加油位，油泵即自行吸油；至油位镜油位达1/2时，将三通阀转至工作位即改由曲轴箱吸油。

2. 曲轴箱有带阀加油接头——在运行中或停机后补油

关小压缩机吸入阀，先将曲轴箱抽成真空(短接低压继电器和油压差继电器)，然后再开加油接头的阀吸入要加的冷冻机油。

3. 曲轴箱只有加油旋塞——必须在停机后补油

在开机时关小吸入截止阀，使曲轴箱内压力下降到零(短接低压继电器和油压差继电器)；然后停机并关吸、排气阀；再拆下加油旋塞用漏斗加油；至油位镜油位达4/5后重新堵上加油旋塞，排气，恢复工作。

4. 无加油接头和旋塞的小型压缩机——必须在停机后补油

关压缩机吸入多用通道，装“T”形接头，接好加油管和真空表，稍开多用通道即关，用机内制冷剂驱除接管内空气，立即用拇指封住接管口；关压缩机吸入截止阀，隔断压缩机与回气管通路；把转换开关置于“手动”位置或短接低压继电器和油压差继电器，点式启动压缩机2~3次，防止制冷剂将冷冻机油带进气缸“液击”，直至达稳定真空后停机；松开拇指，冷冻机油即经接管、多用通道和回油孔被吸入曲轴箱。若油的吸入量不足，用拇指封住管口，重复以上操作。

四、冷冻机油更换的技能

冷冻机油连续使用一段时间后，当黏度下降15%或发现因污浊而颜色变深，应换新油。新组装和解体大修后压缩机，运转3~4h，也应更换。方法如下：

(1)关闭吸入截止阀，瞬时启动压缩机抽空曲轴箱后关排出截止阀。

(2)打开放油旋塞和加油塞，放尽脏油。

(3)打开曲轴箱清洗干净(清洗油的黏度比冷冻机油低或用冷冻机油清洗)。

(4)装复后从注油孔注入新冷冻机油至示油镜4/5高度(运行中轴位约保持1/2高)。

(5)加完油，开排出截止阀上的多用通道，开启压缩机，抽除曲轴箱内的空气，开启吸排截止阀后即可正常运行。

五、空气排放的技能

系统中的空气一般是在操作不当时从外界进入的。空气的存在会妨碍传热，使排气的压力和温度升高，增加压缩机功耗，降低制冷量，缩短滑油使用寿命，必须设法排除。

如果冷凝器位置比压缩机高，可通过冷凝器的放气阀放气；若冷凝器位置比压缩机低，则可从排出阀多用接头（或排出压力表接头）放气。压缩机运行中不应放空气，否则制冷剂损耗很大。方法如下：

(1)关贮液器的出液阀。

(2)开机把系统中的制冷剂连同不凝性气体一起排入冷凝器中，然后停机。

(3)继续向冷凝器供冷却水，使制冷剂充分冷凝，直至冷凝器压力不再下降（需 1 ~2 h）。这时空气比制冷剂轻，聚集在高处。

(4)开放气阀，让气体流出几秒钟即关，稍停再重复。分次操作可减轻扰动，减少制冷剂损失。每次放气后注意排出压力表，放至冷凝器中的压力接近水温所对应的制冷剂饱和压力即应结束放气。如果压力降得太低，降后又渐渐回升，则表明放掉的是制冷剂。

六、检漏的技能

氟利昂色无味、渗透性强，连接处因振动而松动，阀杆处因填料未压紧，轴封等处均有泄漏可能，检漏是经常性的维护工作。方法如下：

1. 油迹示漏

氟利昂与滑油互溶，只要常使装置各部分保持清洁，一旦出现油迹，则表明该处有渗漏。

2. 皂液检漏

皂液（加几滴甘油，使泡沫不易破裂）在 0℃ 以上环境涂于 0.35 ~0.4MPa 以上系统管路处。但微小渗漏查不出。

3. 卤素灯检漏

卤素灯检漏的工作原理是：空气不含氟利昂时检漏灯的火焰呈淡蓝色。而当空气中含氯元素的氟利昂超过 5% ~10% 并与炽热的铜接触时，氟利昂就会分解产生氯元素，并与铜发生化学反应，生成的化合物使火焰变绿。随着空气中含氯氟利昂浓度的增大，火焰的颜色将由浅绿变为深绿以至亮蓝色，甚至熄灭。

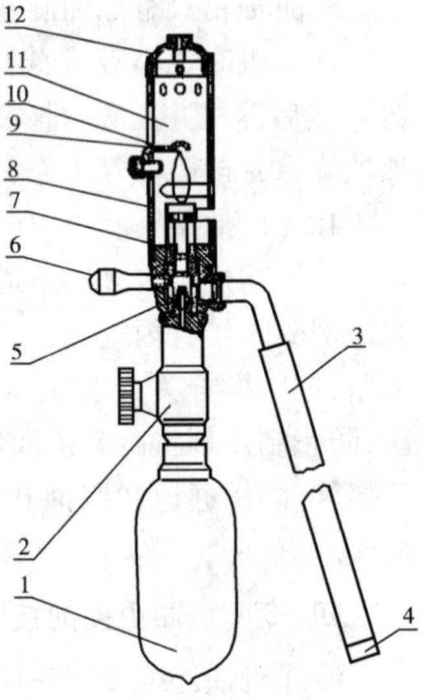

图 3.4-4　卤素灯

1-丙烷筒；2-调节阀；3-吸气软管；4-滤网；5-喷嘴；6-止动螺钉；7-火口；8-点火孔；9-火焰；10-铜片；11-燃烧筒；12-顶罩

检漏灯可用酒精、丁烷或丙烷作燃料。图 3.4-4 所示为一种丙烷检漏灯。检漏灯下部装有盛丙烷的一次性塑料筒（或铁罐）1，用完后另换。筒的上部（在调节阀之前）装有止回阀，在丙烷筒拧紧在检漏灯上之后能自动顶开，只要打开调节阀，就可在点火孔 8 处将其点燃。火焰的高度用调节阀 2 调节，以恰好在铜片 10 之下为宜。操作时用吸气软管在可能泄漏处移动。

操作时应注意：

(1)检漏前舱室应通风，不抽烟。因为大量氟利昂遇火会产生有毒气体,会被人体吸入,造成中毒。

(2)喷嘴上方的铜片工作时参与反应,所以必须事先擦净,并且火焰高度应调到正好在铜片之下,为验证效能可先人为地从钢瓶中放出微量冷剂。

(3)发现火色变绿时说明附近存在泄漏点,应仔细寻找。如果火色变成紫绿色和亮蓝色,说明泄漏严重,此时应关掉检漏灯,换用皂液法等检漏,以免中毒。

(4)检漏后,熄火关调节阀,不要关太紧,以免冷却后卡死。

(5)卤素检漏灯对不含氯离子的制冷剂(如 R134a 等环保型无氯制冷剂)无效。

4. 电子仪检漏

电子仪检漏是利用使气体电离后测其导电性的原理工作的。对卤素的检漏灵敏度极高,能检出 0.3~0.5g/年的微漏;对不含氯的制冷剂(R134a 等)灵敏度较低,但可以使用。

七、融霜的技能

若蒸发器外壁温度低于0℃,空气中的水蒸气就会在其表面结霜。霜层的热导率低,蒸发器结霜后吸热能力显著变差,蒸发量减少,蒸发压力和蒸发温度就会降低,导致装置制冷量减小,性能系数下降;冷风机霜层较厚还会堵塞肋片间通道,使通风量减少。蒸发器霜层达到一定厚度(超过 3 mm)应融霜。

高温库(例如菜库)若需融霜,只需停止供入冷剂,库内温度高于0℃即可自然融霜。低温库融霜的方法有淋水冲霜、电热融霜和热气融霜等。船上用得最普遍的是电热融霜,冷藏舱和用盘管蒸发器的装置还采用热气融霜。

(一)电热融霜

用电加热器加热蒸发器融霜,仅适用于冷风机。这种方法无需增设管系,容易自动控制,操作简单,广泛用于伙食冷库;缺点是耗电多。

电热融霜需在冷风机翅片管间和风扇、泄水盘、泄水处设电加热器。一般都采用融霜定时器自动控制每天融霜的次数和融霜的启、停时间,一般 1 次/24h,冷库刚进货或夏天库外湿度高而开门频繁可 2 次/24h。融霜时间一般 20~30min。

达到调定融霜时间,定时器使融霜库的风机断电停转、供液电磁阀断电关闭,各融霜电加热器通电。到调定融霜结束时间,定时开关使加热停止,开供液电磁阀和启动风机。若融霜结束时间未到而霜已融完,蒸发器内的温度和压力会迅速升高,为此可在冷风机出口管路上接融霜保护压力继电器,当蒸发器内压力升至较高(例如为制冷剂 3℃左右的饱和蒸气压力)时,提前中断加热器供电;也可设融霜温度控制器,在其感受的蒸发器翅片间的温度升至调定值时提前使融霜电加热器断电。

(二)热气融霜

让某些冷库制冷,将压缩机排出的温度较高的冷剂蒸气引入要融霜的蒸发器冷凝放热而融霜,这比电热融霜节能,对蒸发盘管和冷风机都适用,但操作较麻烦,不便于自动化。

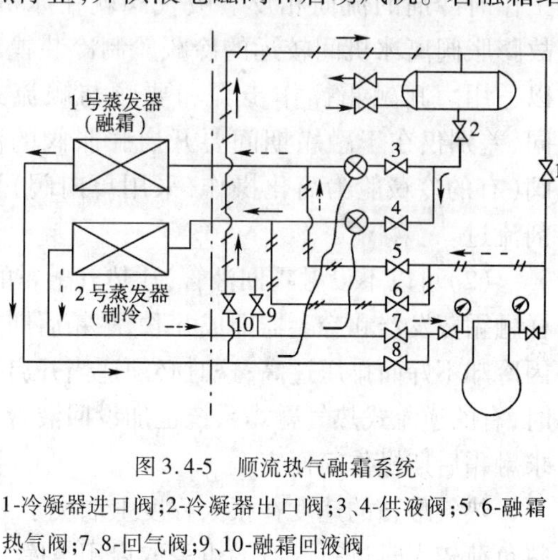

图 3.4-5 顺流热气融霜系统

1-冷凝器进口阀;2-冷凝器出口阀;3、4-供液阀;5、6-融霜热气阀;7、8-回气阀;9、10-融霜回液阀

1. 顺流式热气融霜

系统原理图如图 3.4-5 所示。若 1 号蒸发器需要融霜，可让 2 号蒸发器制冷，融霜步骤如下：

（1）停止融霜库制冷。先关进液阀 3，估计蒸发器中剩余冷剂大部分抽空后，关回气阀 8；若蒸发器有风机应随后关闭。

（2）开始融霜。先开融霜热气阀 5，然后关冷凝器进口阀 1，让压缩机排气进入融霜蒸发器，在其中冷凝放热；开融霜回液阀 10，让在蒸发器中凝结的冷剂回到冷凝器。

（3）停止融霜。当蒸发器霜层融化完时，开冷凝器进口阀 1，再关热气阀 5 和融霜回液阀 10。

（4）恢复制冷。若蒸发器有风机则先启动，慢慢地开启回气阀 8，如压缩机进口结霜，则立即将阀 8 暂时关小，以防蒸发器中有残留的冷剂液体被吸入压缩机，造成液击；回气阀开足后无异常情况再开供液阀 3。

顺流式热气融霜的特点是：

（1）融霜热气管通到膨胀阀后，其流向与正常工作时冷剂流向相同。因为膨胀阀一般都靠近蒸发器进口，故这种方式对蒸发器离冰机间较远的冷藏舱制冷装置来说，热气管太长，不宜采用。

（2）冷剂融霜后凝结的液体不允许被吸回压缩机，因此必须设回液管。

当冷凝器位置较低时，融霜回液管接到冷凝器进口，这样融霜蒸发器与冷凝器串联，融霜后期霜层不多时也不必担心排气压力过高，操作比较安全；但若冷凝器位置较高，为避免融霜时冷剂凝液聚集在蒸发器内，回液管必须通至冷凝器出口管。这样，融霜蒸发器是与冷凝器并联，融霜后期霜层不多则排气压力可能过高，应注意适当开启冷凝器进口阀分流。

2. 逆流式热气融霜

系统原理图如图 3.4-6 所示。这种系统的特点是：

（1）融霜热气管接到蒸发器后吸气管上的吸气阀前，融霜热气在蒸发器中的流向与正常工作时冷剂的流向相反。吸气阀就在冰机间，故膨胀阀离冰机间较远的冷藏舱制冷装置也可以适用。其融霜操作步骤和要领与顺流式相同，差别仅在于融霜期间要开启膨胀阀的旁通阀（有的冷藏舱为简化操作，采用单向阀）让冷剂流过。

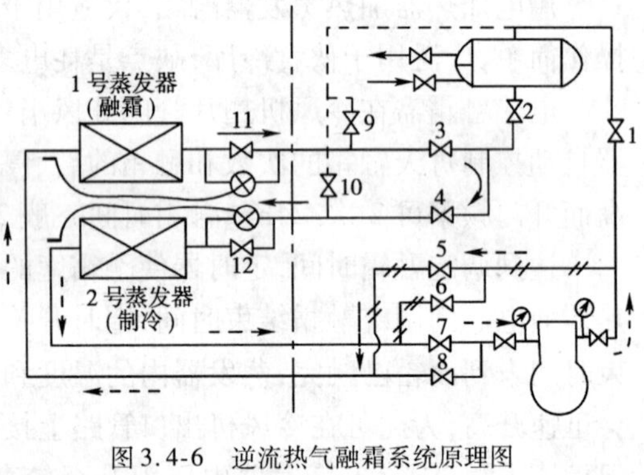

图 3.4-6　逆流热气融霜系统原理图

1-冷凝器进口阀；2-冷凝器出口阀；3、4-供液阀；5、6-融霜热气阀；7、8-回气阀；9、10-融霜回液阀；11、12-热力膨胀阀旁通阀

（2）可以不设融霜回液管，让热气融霜的凝液逆向流过该库供液阀，向工作库供液。但这样融霜蒸发器和冷凝器即成并联，融霜后期融霜蒸发器的结霜大部分已融化，压缩机的排气会因冷却不好而排压过高；这时必须适当开启冷凝器进、出口阀帮助冷凝。所以当冷凝器是低位时，有的逆流式热气融霜系统也加设回液管，通至冷凝器进口（见图中虚线所示）与之串联，以求融霜后期操作简便安全。

热气融霜的速度在很大程度上取决于工作库冷剂蒸发量的大小。故融霜宜在其他工作库热负荷较大时进行。有的也采取启用空库、开启高温库库门等办法增加工作库热负荷。

工作任务3.5　制冷装置的故障排除

● 知识点导入

理论知识点	实践知识点
暂无相关信息	1. 冰塞的处理技能； 2. 排气压力过高的分析技能； 3. 排气温度过高的分析技能； 4. 吸气压力过低的分析技能； 5. 压缩机启停频繁的分析技能； 6. 压缩机运转不停的分析技能； 7. 压缩机启动不久就停或无法启动的分析技能

● 理论信息获取

暂无相关信息。

● 实践技能展现

一、冰塞的处理技能

制冷系统中氟利昂含水较多时，若节流降压后温度降到0℃以下，水的溶解度显著降低，即会析出而结冰，在流道狭窄处形成“冰塞”。热力膨胀阀是节流降压元件，阀孔通道狭窄，最容易发生冰塞。有时液管上滤器脏堵，或膨胀阀前后的阀开度不足等，也可能节流而导致冰塞。当冰塞尚未完全堵死通道时，蒸发器的制冷剂流量减少，出口过热度增加，压缩机吸入压力下降，直至低压控制器使压缩机停车；停车后冰塞处的冰部分融化，压缩机吸入压力回升而重新启动；反复启停冰塞继续加重，停车时间会加长，再次启动的时间将更短，完全不能正常工作。

（一）冰塞部位的判断

（1）关热力膨胀阀前的截止阀；

（2）清除该阀后可能冰塞的管道和阀件外面的霜层；

（3）突然开启上述截止阀，冰塞处流道狭窄产生节流降压，其后面管道必然结霜。

（二）冰塞的消除

冰塞以预防为主，应及时更换失效的干燥剂；日常操作时要防止湿气和水分进入系统。但是如果发生冰塞，消除办法有：

（1）拆下冰塞元件（膨胀阀、滤器等）用纯酒精清洗，再用压缩空气吹干后装复。

（2）热水化冰。换新干燥剂后，在不便拆卸的冰塞处外敷毛巾，浇热水使冰融化，然后启动压缩机，让水分随着制冷剂流动并被干燥剂吸收。采用这种方法往往需要耐心反复化冰。

（3）用“解冻剂”除冰塞。用类似充制冷剂的方法向系统中充入一定数量“解冻剂”，使其随制冷剂在系统中循环，它能溶解冰，并和水一起被干燥剂吸收。“解冻剂”不允许含甲醇之类对金属有害的物质。

(4)用干燥气体吹除水分。系统大量进水时上述方法都不适用。这时只能将系统中的制冷剂收入钢瓶以备送岸处理。然后用表压0.6~0.8MPa的氮气或二氧化碳气吹扫系统，最后用抽空除水法使系统干燥。千万不能直接用压缩空气瓶中的空气直接吹扫温度较低的冷库管路，因为气瓶中的压缩空气含水较多，遇冷会结露。

热力膨胀阀和液管上的滤器有时会发生脏堵，其症状与冰塞相似，也会引起制冷剂流量不足、吸入压力降低、吸气过热度增加和压缩机启停频繁等现象。但如果"脏堵"的症状比较稳定，停机较长时间情况也无改善，用毛巾热敷也不解决问题，应拆下清洗。若采用的滑油倾点太高还可能发生油堵，其现象与冰塞类似，可用加热堵塞处的方法暂时解除，彻底解决的办法是应换成倾点合适的冷冻机油。

二、排气压力过高的分析技能

排气压力过高会使压缩机的输气系数减小，装置的制冷量和制冷系数降低；还会使排气和滑油温度升高；严重时高压控制器动作停车。通常R22制冷压缩机排气温度应≤120℃，冷冻机油温度≤70℃（开启式）或80℃（半封闭式）。若冷却水全开时，($t_k - t_{w1}$)远大于设计值（差值不超过10℃左右）即表明：排气压力过高。可能原因是：

(1)冷却水进水温度增高。

(2)冷凝器冷凝能力不足。如果冷却水进出口温差超出设计值（3~5℃），则表明冷却水量不足；若冷却水进出温差在设计范围内，则说明冷却水尚有吸热能力而是换热不良。

(3)压缩机吸入压力增高。

(4)排气截止阀没开足。

三、排气温度过高的分析技能

排气温度过高会导致冷冻机油温度过高，使其密封、润滑性能变差，使用寿命缩短。若工作1h左右排气温度超过相应值10℃以上即表明排气温度过高。可能原因是：

(1)排气压力高。

(2)吸气过热度高。

(3)吸排气压差太大。

(4)排气阀或压缩机高、低压分隔处（缸头垫片、安全阀等）漏气。

四、吸气压力过低的分析技能

既定制冷装置的吸气压力过低会使制冷量和制冷系数降低，严重时还会使冷库温度未达下限、电磁阀未关而低压控制器即停车。若蒸发器传热温差($t_r - t_0$)远大于设计值（5~10℃）时即表明：吸气压力（蒸发压力）太低。

吸气压力过低，几乎都是蒸发器性能差所致。

第一种情况是吸气过热度不大的情况下。可能原因是：

(1)蒸发器结霜过厚。

(2)冷风机叶轮装反、反转、停转或转速下降。

(3)蒸发器设计制冷量不足，部分并联蒸发器被停用。

(4)蒸发压力调节阀调得太紧，使蒸发温度过高。

第二种情况是吸气过热度大的情况下。可能原因是：

(5)系统中制冷剂不足。

(6)冷凝压力过低。

寒冷水域冷却水流量太大,R22 制冷装置要大于 0.7 ~ 0.8MPa。

(7)低压管路冰塞、脏堵、油堵,电磁阀未开或液管上的阀门未开足。

(8)膨胀阀安装不当、调节过紧或温包充剂漏失。

(9)进入系统的滑油过多。

使流经膨胀阀的制冷剂流量减少,蒸发量减少。

五、压缩机启停频繁的分析技能

不设容量调节的伙食冰机,一般以每小时启停不超过 4 次为宜。频繁启停会影响设备和电路的可靠性,可能使油压差控制器的加热元件或电路过载热保护元件过热而停车,造成压缩机不能再自动启动。如果库温未达要求而频繁启停,势必影响制冷效果。

压缩机频繁启停,因目前高压控制器都带停机自锁机构,所以几乎是低压控制器动作导致的。

第一种情况是供液电磁阀启闭频繁——这是由于温度控制器启闭频繁。可能原因是:

(1)冷库隔热差。

(2)温度控制器温包安装不当。

第二种情况是供液电磁阀开启着——这表明库温未达下限,压缩机吸入压力过早达到低压控制器下限,停车后仍有制冷剂进入蒸发器,吸入压力不久又升到上限。可能原因是:

(3)压缩机输气量太大——选型太大、转速太高或容量调节未能卸载。

(4)低压控制器下限调得太高或幅差太小。

(5)工作时吸入压力太低了,情况比较严重,见“吸气压力过低”的分析。

第三种情况是供液电磁阀全部关闭。可能原因是:

(6)高、低压端之间存在较严重的内部漏泄。

六、压缩机运转不停的分析技能

第一种情况是装置热负荷太大。可能原因是:

(1)冷库隔热性能太差。

第二种情况是制冷量不足。可能原因是:

(2)蒸发器性能差:见“吸气压力过低”的分析。

(3)压缩机在使用中性能降低:

①压缩机容量调节机构有故障——部分气缸不能加载;

②气缸余隙太大——缸头垫片不适当地被加厚或活塞副因轴承磨损而下沉;

③压缩机转速下降;

④排气压力太高——输气系数减小,使输气量有所降低,原因见“排气压力过低”分析。

七、压缩机启动不久就停或无法启动的分析技能

第一种情况是高压控制器断电(未手动复位则无法启动)。可能原因是:

(1)压缩机排出截止阀未开。

(2)冷凝器冷却水中断或充剂太满(无贮液器)。

(3)高压控制器上限调得太低。

第二种情况是低压控制器断电。可能原因是:

(4)低压控制器下限调得太高。

(5)液管或低压管路中制冷剂数量很少或中断。例如制冷剂严重缺少,出液阀或某处截止阀未开,电磁阀断电,膨胀阀温包充剂泄漏以及管路严重堵塞等。

第三种情况是油压差控制器断电(未手动复位则无法启动)。可能原因是:

(6)曲轴箱缺油或"奔油"。

(7)吸油滤器堵塞。

(8)油压调节阀过松或严重泄漏。

(9)油泵磨损严重或运动件、传动件损坏。

(10)轴承间隙过大或油路中某处严重漏泄。

(11)压缩机频繁启动以致油压差控制器中双金属片弯曲使触头断开。

第四种情况是过电流继电器断电(未手动复位则无法启动)。可能原因是:

(12)压缩机因咬缸、轴承烧毁或安装间隙过紧等原因而盘车过重。

(13)启动过于频繁。

(14)电路电压过低。

其他情况的可能原因是:

(15)融霜定时器正在融霜期间。

(16)有的装置有电机过热保护继电器,若起作用能使电机停电。

(17)有的电路冷却水泵、风机未能正常工作时有连锁开关使压缩机不能通电。

(18)电动机或电路发生故障。

评价反馈

方　式	项　目
内容评价	1. 如何利用性能曲线图对制冷装置的故障进行初步地分析? 2. 在对制冷装置进行验收时要注意哪些方面? 3. 如何进行操作制冷装置? 4. 常见的制冷装置维护有哪些方面? 5. 如何对各种故障进行合理的判断、分析和处理?
问题反馈	1. 请你判断对"应用制冷装置"情境内容的掌握程度。 2. 请你思考对"应用制冷装置"情境内容的学习方法。 3. 请你提出对"应用制冷装置"情境内容的改进意见。

学习情境4　有关制冷装置的案例分析

目标要求

主要知识目标	主要能力目标
有关制冷装置的综合知识	1. 具备综合利用制冷知识的能力； 2. 具备解决制冷领域实际问题的能力； 3. 具备制冷知识的自我总结和拓展能力

工作任务4.1　船舶制冷压缩机起停频繁的解决

●知识点导入

理论知识点	实践知识点
压缩机起停频繁的故障现象	1. 压缩机起停频繁的具体分析处理的技能； 2. 压缩机起停频繁解决后经验总结的技能

●理论信息获取

故障现象如下：

某船伙食制冷装置，制冷压缩机RKS10F型两台，使用R22制冷剂，压缩机的起停由YK 306型高低压继电器控制；热力膨胀阀Danfoss TEX 12－4.5型；温度继电器Danfoss RT34型；两个低温库（库温－18℃～－16℃）和两个高温库（库温3～5℃）；高温库回气管上装有KVP12型蒸发压力调节阀；低温库回气管上装有止回阀。

某日，轮机员值班时发现，显示屏上正在使用的2号制冷压缩机指示灯指示起停频繁。

经过长时现场观察发现：当只有鱼库单独工作时压缩机起停极为频繁，并且制冷不足，总是达不到库温下限零下18℃，压缩机就停车；但如果有其他库参与工作，压缩机起停频繁现象消失，其他库库温正常，鱼库库温还是不到下限零下18℃。

●实践技能展现

一、分析处理的技能

这种现象表明，问题出现在鱼库支路上，系统的压缩机、制冷剂量、冷凝器和其他冷库工作正常。

针对故障现象，轮机员通常最易想到的可能原因有：

(1)外平衡热力膨胀阀感温包漏泄，开阀力减少，进入蒸发器的制冷剂量少；

(2)蒸发器盘管结霜严重,传热系数降低,过热度减少使热力膨胀阀开度小,进入蒸发器制冷剂量减少;

(3)温度继电器调节不当,使得库温下限偏高;

(4)热力膨胀阀进口滤器脏堵、油堵或冰塞。

轮机员把其余的三个冷库关掉,针对以上几个方面的原因,单独对鱼库逐个检查排除。

(1)检查热力膨胀阀感温包,发现并没有漏泄。

(2)清洗膨胀阀进口滤器,更换干燥剂反复使用,发现故障现象并未消除。其实热力膨胀阀进口滤器脏堵、油堵或冰塞故障,若堵塞不严重,压缩机运行时间应较长,而不是运行时间和停车时间都短;若堵塞严重则热力膨胀阀结霜严重。

(3)进行热气融霜,消除蒸发器结冰,故障现象仍未消除。

(4)检查温度继电器发现,库温到达上限零下16℃时能听到电磁阀"啪"(开启)的声音,继而压缩机启动;随着库温的下降但还未到达下限,且未听到电磁阀"啪"(关闭)的声音,压缩机就停车;随着库温达上限,压缩机又启动。

由压力控制制冷压缩机起停的制冷装置,应该是制冷压缩机在供液电磁阀关闭之后停车的。因为只有供液电磁阀关闭后,制冷剂不能进入蒸发器,随着压缩机的抽吸使得压缩机吸气压力低于设定值(此装置设在表压为0.01MPa)而停车。

当时大家都认为是有人动过温度继电器调节旋钮和幅差调节螺母。但无论怎样调节温度继电器,都未消除故障;最后换新温度继电器,故障现象还是存在。

通过以上的检查,虽然没有排除故障,但可以肯定,制冷压缩机是在供液电磁阀关闭之前停止的。

既然供液电磁阀并没有关闭,肯定是热力膨胀阀提前关闭,使得压缩机吸气压力低于设定值而停车。

什么因素使热力膨胀阀提前关闭呢?

系统配置的是外平衡热力膨胀阀。在蒸发器内流阻压降大的场合,一般在流阻压降所对应的制冷剂饱和温度降超过1℃(R22)或2℃(R12)时,应选择外平衡热力膨胀阀。其工作原理如图4.1-1所示。

外平衡热力膨胀阀必须引用蒸发器出口冷剂压力 p_0'。如果像内平衡热力膨胀阀那样引用热力膨胀阀出口冷剂压力,则过热度增加,不能充分利用蒸发器传热面积,制冷量下降,蒸发温度低,系统运行经济性能差。

为了消除这种影响,在波纹管(或膜片)下面隔出一个压力平衡室,并在顶杆穿过的分隔处设填料,将节流后的制冷剂与波纹管(或膜片)下部隔断,并用外平衡管把蒸发器出口冷剂压力 p_0',直接引到波纹管(或膜片)下面。所以,外平衡热力膨胀阀必须接外平衡管,装顶杆及其填料箱。

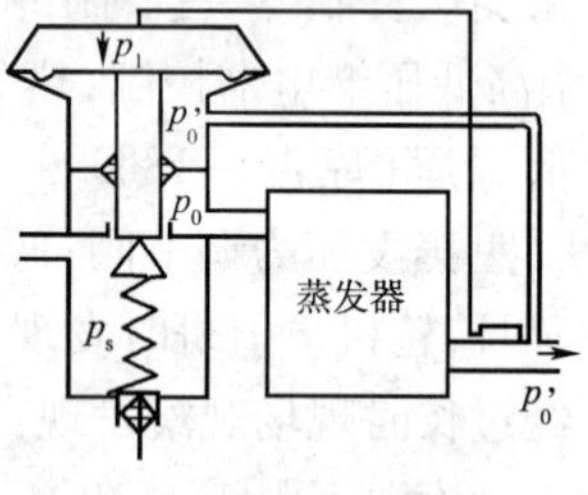

图4.1-1 外平衡热力膨胀阀工作原理

外平衡热力膨胀阀关阀力,是弹簧力 p_s 与蒸发器出口冷剂压力 p_0'之和。开阀力 p_1 则是由热力膨胀阀感温包充注的感温介质感温而形成的压力。

那么,是什么原因引起热力膨胀阀提前关闭呢?要么开阀力 p_1 因热力膨胀阀感温包漏泄或过热度降低而变小;要么关阀力 p_s 或 p_0'增大。

(1) p_1 减小可排除,因经过检查已排除热力膨胀阀感温包漏泄。

(2) p_s 增大,必然是有人调整过,因弹簧力一般不会增大。试着尽力减小弹簧张力,故障仍未消除。

(3)p_0'即蒸发器出口冷剂压力增大?

蒸发器出口冷剂压力高,要么是膨胀阀开度大;要么是蒸发器传热不良(一般是蒸发器外表面结冰)。

蒸发器传热不良,经检查未见严重结冰,可排除。

膨胀阀开度大,应同时反映在压缩机吸入压力高和库温低,经检查也可排除。

要么热力膨胀阀顶杆穿过的分隔处的填料老化等原因引起密封不良,节流后的制冷剂从填料处渗漏流入压力平衡室,使关阀力 p_0'增加;并沿外接平衡管流到蒸发器出口,使过热度降低因而使开阀力降低,但后一种影响微弱。

彻底解体热力膨胀阀,发现顶杆有些歪,将填料压向一边,间隙过大,密封不良,引起关阀力 p_0'增加。

这就是这次故障的原因,是热力膨胀阀提前关闭,使得压缩机吸气压力低于设定值而停车。

更换热力膨胀阀,把弹簧张力调到规定值,制冷系统只对鱼库试运行,当鱼库库温到达上限零下16度时能听到电磁阀“啪”的开启声音,继而压缩机启动;随着库温的下降,到达零下18℃时,听到电磁阀“啪”的关闭声音,然后压缩机停车。

然后恢复全系统运行,工作正常。

二、经验总结的技能

外平衡热力膨胀阀顶杆填料密封必须良好。热力膨胀阀感温包,必须安装在外接平衡管与蒸发器出口之间,且要与外接平衡管在蒸发器上的接头有一定的距离,而不是安装在外接平衡管在蒸发器上的接头之下游侧。

热力膨胀阀顶杆穿过分隔处的填料老化等原因引起密封不良故障,现象极为普通,但轮机人员难以迅速找到真正的原因,只能边排除边分析。这是因为:①平时漏泄量少,热力膨胀阀感温包又在外接平衡管与蒸发器出口之间,加上压缩机的抽吸作用,一般对过热度影响不大,不易被发现;②只有少数教科书涉及此问题,没有具体的分析;③相关内容的报道很少。

工作任务4.2　船舶伙食冷库温度异常的解决

• 知识点导入

理论知识点	实践知识点
冷库温度异常的故障现象	1. 冷库温度异常的分析处理的技能; 2. 解决冷库温度异常的经验总结的技能

• 理论信息获取

故障现象如下:

某船伙食冰机配置为:两台由 DAIKIN INDUSTRIES LTD. 生产的6C552A－F压缩机,使用冷剂为 R22。该船自 1994 年下水投入营运后，虽然偶尔出现过几次伙食冰库温度异常现象，但总体上说系统工作正常。2002 年 7～8 月份，两次补充使用国产冷剂后，冰库系统均出现不同程度的异常现象，尤以第二次为甚。主要表现为：吸入、排出压力比平常低（分别为 0.03～0.05MPa 和 0.9～1MPa）；压缩机吸入阀处结霜或结冰，进而发展到吸入阀处无冰凉感觉；低温库达不到要求的 -18℃，只能在 -12℃左右徘徊，严重时只能维持在 -8℃左右；随后，高温库也出现异常现象。

● 实践技能展现

一、分析处理的技能

（一）根据故障现象进行分析判断

1. 压缩机排出压力低的可能原因

冷凝器的冷却水温太低或水量过大；活塞与气缸之间的间隙太大；冷剂量太少等。

2. 压缩机吸入压力太低的可能原因

液体冷剂流量受限制；充入的冷剂太少；膨胀阀"冰塞"；膨胀阀"油塞"或脏堵；膨胀阀开度太小或过热度设置过高；蒸发器冷凝能力下降等。

3. 制冷系统制冷效率不足的可能原因

冷剂从膨胀阀感温包内漏泄；膨胀阀感温包安装错误或安装位置不当；膨胀阀故障或失调；膨胀阀阻塞；排出阀和吸入阀故障；膨胀阀结冰；通过蒸发器的空气流量不足；蒸发器结冰或霜较厚；干燥器堵塞；截止阀关闭或节流；充入冷剂太少；风机皮带打滑导致风机速度下降；排出压力太高；吸入压力太低等。

经过认真分析，并考虑到两次补加冷剂之前系统工作一直比较正常，我们认为尽管系统本身可能存在某些潜在的因素，但本次补加的国产冷剂质量方面存在问题，是造成这次故障现象的"催化剂"。由于前段时间刚将压缩机进行了检修，并且系统冷剂数量以及冷却水的调整也比较合适。因此，检查的重点应放在低压系统及其部件上。综合各种现象进行分析，系统冰塞或脏堵的可能性比较大。众所周知，"冰塞"是由于系统漏泄或氟利昂制冷剂不纯（含的水分比较多），或检修设备、补充冷剂、添加冷冻机油等操作方法不当，使水分随空气进入系统。当冷剂经过膨胀阀产生节流降压降温时，由于相应的蒸发温度突然降到零度以下，水分便在膨胀阀出口或其他低压管道的狭窄处形成"冰塞"。如果系统中的滤器"脏堵"或膨胀阀前后的阀门开度不足等，也会因节流而导致"冰塞"。一般情况下，R22 溶水性比 R12 要大得多，"冰塞"可能性相对小些，但如果含水量较多时则另当别论。"脏堵"则是由于冷剂不纯含有杂质或管系中的一些油性微粒等物阻塞了滤器，当液态冷剂流过时，会产生严重节流使压力骤降，对应的温度也将大大降低，冷剂吸热气化蒸发，使滤器后结霜（这是判断制冷系统滤器堵塞的重要依据）。由于脏堵，使得进入低压系统中的冷剂的流量减少，导致压缩机吸入压力降低，使蒸发器和吸入管表面的霜层渐渐融化，冷库库温升高。"冰塞"与"脏堵"的症状十分类似，主要区别在于：脏堵的症状相对比较稳定，随着时间的推移，故障现象无明显变化。停车化冰后，基本没有什么好转。

（二）针对故障现象采取解决措施

（1）将系统中的冷剂收入储液瓶内，待气态冷剂充分冷凝液化后，分几次稍开储液瓶上部的放气阀进行放气，直到用手摸上去有油腻和阴凉的感觉为止。

（2）拆下干燥器进行烘干或换新。

(3)拆除相关管系的保温层,彻底检查从膨胀阀到压缩机吸入阀之间的低压管系及其部件是否有冰塞现象,逐个冷库进行排查。方法是:首先停掉某个冷库,关闭膨胀阀前的截止阀,用浇淋温热水的方法,将低压管路表面结霜化掉,再突然开启膨胀阀前的截止阀,如某个部位前面不结霜而后面结霜,则该部位即为“冰塞”或“脏堵”之所在。“冰塞”部位确定后,反复用温热水浇淋化冰。消除“冰塞”现象是一件耐心细致的工作,往往需要反复几次才能见效。

(4)彻底检查、清洗滤器。该船伙食冰库系统共有四道滤器,分别位于各冰库的电磁阀前、膨胀阀前、回气总管以及压缩机吸入口处。特别是回气总管上的滤器,因被保温层所覆盖,是平常保养工作中容易被忽视的部件。据了解,可能是出于避免系统渗漏、减少空气和水分进入系统的机会等原因,只在制冷系统工作无异常现象,很少有人会定期主动地拆开保温层拆检该滤器。由于拆检间隔时间较长,滤器压盖上的四只 M10 螺栓已无法正常拆卸,螺栓头部因锈蚀已经不能使用原规格的扳手。在将系统冷剂充分收回之后,关闭滤器前后截止阀,我们采用乙炔火焰烘烤并适当锤击振动,随后利用罐装“去锈水”喷出的冷气进行骤冷,终于将螺栓拆下。彻底清洗滤器滤网,直到透光为止。

(5)所有拆检工作完成后,对系统再次进行放气,并根据储液瓶液位情况,适当补充部分国外新购的制冷剂。经过上述努力后,启动压缩机试运转,压缩机吸入压力变为 0.06 ~ 0.12MPa,排出压力成为 1.2 ~ 1.3MPa,各库温度逐渐恢复正常。

肉库、鱼库等低温库从蒸发器到回气总管,存在着不同程度的几处“冰塞”部位,反复几次用温热水才融化;两次补加冷剂,两次出现“冰塞”现象,说明冷剂中水分、杂质较多;回气总管滤器较脏,当系统经过多次抽空逐气后,系统中的绝大部分杂质被滤器所过滤,积存在滤网上,阻碍了冷剂的正常通过。正是“冰塞”和“脏堵”导致吸入压力太低,制冷量下降。

二、经验总结的技能

(1)保持运行中的压缩机曲轴箱内的油位在视油镜玻璃的一半处,并定期清洁油底壳、换新冷冻机油。

(2)注意倾听压缩机的声音是否正常,缸盖等部件是否过热、轴封是否渗漏等。

(3)确保冷凝器有足够的冷凝能力,冷却水的进出口温差一般在 4 ~ 6℃左右,最大不超过 12 ~ 13℃。

(4)注意膨胀阀的工作情况是否正常。膨胀阀的开度调整合适的特征是:阀的出口处或阀体上均匀结霜一直结到膨胀的冷剂进口管螺母上,蒸发器出口管外刚结霜,手摸有粘手感觉。对于空调设备而言,由于其蒸发温度在 0 ~ 8℃之间,过热度为 3 ~ 5℃,所以蒸发器出口以后的管路不能有粘手或结霜的现象,只允许结露珠。若膨胀阀的进口处结霜,可能是滤网被堵所引起。

(5)定期对系统进行查漏、灭漏。当系统进行了添加机油、补充冷剂或检修之后,要及时对系统进行逐气工作。制冷剂的充入量不要过多,宁肯少了再补,以免压缩机出现“液击”等异常现象。

(6)根据冷库实际情况,定期进行化霜工作。

(7)按说明书的要求,定期对系统各部件进行检查、检修,确保系统工作正常。对于系统中平时被保温材料包住的部件,更要多加注意。

(8)保持压缩机能量卸载机构的正常工作。

评价反馈

方　式	项　目
内容评价	1. 在对制冷装置的有关故障进行描述时应注意哪些方面内容？ 2. 在对制冷装置的有关故障进行分析时应从哪个角度切入？ 3. 在对制冷装置的有关故障进行处理时应符合哪些原则？ 4. 针对制冷装置的有关故障解决后应如何进行总结？
问题反馈	1. 请你判断对“有关制冷装置的案例分析”情境内容的掌握程度。 2. 请你思考对“有关制冷装置的案例分析”情境内容的学习方法。 3. 请你提出对“有关制冷装置的案例分析”情境内容的改进意见。

学习情境5　了解空调基础

目标要求

主要知识目标	主要能力目标
1. 空调的定义、基本要求和技术指标； 2. 空气的物理性质； 3. 空气的热湿交换原理； 4. 空气的焓湿图及其应用； 5. 热负荷和湿负荷； 6. 热湿平衡原理； 7. 热湿比； 8. 空调房间的分区； 9. 人体热平衡和热舒适感； 10. 空气的温度调节原理； 11. 空气的湿度调节原理； 12. 空气的流动速度调节原理； 13. 空气的清新度调节原理； 14. 空调的噪声控制原理； 15. 空调系统的分类； 16. 空调系统的设备及作用	1. 具备在焓湿图确定空气状态参数的能力； 2. 具备确定空调房间送风量的能力； 3. 具备在焓湿图上近似表示一次回风式空调循环的能力； 4. 具备分析集中式（吸入式）空调系统降温工况空气参数在湿空气 $h-d$ 图上变化过程的能力； 5. 具备分析集中式（吸入式）空调系统取暖工况空气参数在湿空气 $h-d$ 图上变化过程的能力； 6. 具备对不同空调系统进行比较的能力

工作任务5.1　空调相关知识的预备

• 知识点导入

理论知识点	实践知识点
1. 空调的定义； 2. 空调的基本要求； 3. 空调的技术指标； 4. 空调的发展史	空调相关知识应用的调研技能

• 理论信息获取

一、空调的定义

空调，就是使区域范围内空气的温度、湿度、气流速度和清新度达到一定要求的空气处理过程。

空调技术，就是一门研究空调原理、方法、设备及应用的科学技术。

二、空调的基本要求

1. 空气温度

表示空气冷热程度的指标。一般地，夏季为26～28℃，冬季为18～22℃。

2. 空气湿度

表示空气潮湿程度的指标。一般地，夏季为40%～60%，冬季为30%～40%。

3. 空气流动速度

表示空气流动快慢程度的指标。一般地，夏季为0.2～0.5m/s，冬季为0.15～0.3m/s。

4. 空气清新度

表示空气新鲜和洁净程度的指标。一般地，空气含尘量≤0.15mg/m³，CO_2浓度≤0.5%，新风量≈30～50m³/h·P。

5. 噪声声级

表示房间宁静程度的指标。一般地，噪声小于60dB。

三、空调的技术指标

1. 制冷（热）量

是在进行制冷（热）运转单位时间内密闭空间除去（增加）的热量。一般地，正常情况下房间内每平米制冷量140W较为合适。

制冷（热）量就是空调器的"大小"，就像电视机讲的屏幕尺寸大小一样，空调器也是有着大小的区别，除了外观可能有的大小不同以外，实际上唯一重要的"大小"指标，就是指这个"制冷（热）量"。目前，国家标准规定空调实际制冷量不应小于额定制冷量的95%，就是说一部空调器的实际有效制冷量不应该比它在产品铭牌上标注数字的95%小。

空调器的制冷过程，是一个把室内热量搬运到室外的过程。这个搬运能力对于不同的空调器来说是不一样的，制冷量大的空调器的"搬运"能力比较强，在同样的时间内，能够把更多的热量搬到室外去，当然，这种相对制冷量较大的空调器也需要更大功率的电动机和压缩机才能顺利工作。而且，制冷量大的空调器，对于换热器的换热能力也是更为讲究的，如果换热能力差的话，也不能保证制冷量。

夏季，在空调器工作的房间中，外界因素导致的房间内室温始终是上升的，当空调器使房间内的温度越来越低的时候，外界的热量便通过各种途径进入房间，同时由于房间内人员的活动也会散发热量，这些热量将导致室内温度的不断升高，空调器为了能使房间内的温度保持在人相对舒适的程度，就要有一个基本的制冷量要求，就是空调器的制冷量要比在这个房间里面同样在单位时间的热量产生值要大，否则就会来不及把房间内的热量排出，当然也不能降低温度了。

2. 性能系数

空调器运行时，制冷（热）量与消耗的输入电功率之比。

能效比指标，是衡量空调器制冷能力的一个重要指标。单位是"瓦特/瓦特"或者简单说是没有"单位"的小数（实际上，在空调器的专业术语中，对于制冷和制热的不同工作状况，有着不同的定义，还分为EER值和COP值，分别代表不同工况下的性能系数。）理论上，这个数字越大的空调器，表示这个型号的空调器的制冷或者制热能力在同等的用电情况下相对更为强劲一些。对于好品质的空调器来说,能效比应该越大越好。可是,这个空调器上确实比较重要的能效比指标并不是一个可以看说明书就可信的东西。空调器的工作环境十分恶劣,对于空调器来说,不管它是一体机还是分体机,都是有室外部分和室内部分的。我们来试想空调器的工作过程,先看室外侧:当夏季制冷时,空调器为了能够把室内的热量搬运到室外,它的室外侧换热器必须比室外空气温度要高才行,而且是越高散热越好,也就是,这时空调器的“制冷”能力才“好”;当冬季取暖的时候,空调器要把室外的热量搬运到室内来,也是要先依靠空调器室外侧的换热器从室外的冷空气中“吸取”热量,这样的话,室外侧的换热器必须比室外空气温度更低才可以,而且是越低吸热效果越好。因此,空调器的室外侧机器实际上是工作在十分严酷的环境当中,夏天工作在“高温”中,冬天工作在“严寒”中,用“水深火热”形容,并不过分的。在这种严酷的工作环境中,空调器的整体素质和各个部件都在经历着同样严酷的“考验”,空调器在使用中的实际工作能力,无时不在经受着挑战,这与在实验室中的标准环境下进行测试的情况大为不同,这时,空调器的实际能效比才能真正表现出来。空调器标在说明书上的那个能效比数值,对于消费者来说,只有少许的参考意义,并不具有什么有操作性的购买指导能力。它很像汽车摩托车的那个“耗油量”,大家都知道,一部汽车或者一部摩托车,它的说明书上标注的百公里耗油量,可能和实际使用中的实际耗油量相差很远,这车到底要耗多少油,只有在具体的路况情况下实际“跑”出来的才有意义。

3. 风量

单位时间内流经空调器室内侧换热器的空气流量。

如果空调器的实际循环风量较小的话,它就不具有顺利调节房间内空气温度的能力。使用空调器的时候调整这个循环风量的主要目的是:在尽可能保证室内空气能够有效地进行循环的基础上,尽可能使风机处于相对比较低的转速。这样做的目的倒不是为了节省电费,而是为了能够尽量减少空调器室内机的工作噪声,因为,空调器室内机的主要噪声来源正是室内侧的风机工作产生的声音。一般地,当刚刚打开空调器的时候,保持空调器室内侧风机处在最大转速下,这时可以把房间内的热空气充分“吸”入使空调器进行有效的工作,当室内的温度已经开始下降之后,减低风速,使空调器工作在相对较为安静的情况下,随着空调器运转时间的延长,当人准备睡眠时,调整空调器在最低转速即可。有不少空调器设计有自动风量功能,如果空调器上有这个功能,应尽量使用,这时,空调器在什么时候使用什么样的风量大小,它会依照自己的工作状态进行调整,使用者就无须操心了。设计得当的空调器的自动风量控制是十分完备的,充分考虑到了人性化,使用起来得心应手。

4. 噪声

空调器运转时产生的杂音。

空调器在室内侧的噪声除了一小部分是由管路里面的制冷剂流动带来的,主要就是室内侧的风机发出的声音了。它是用“分贝”这个数值来衡量的。分贝是衡量声音大小的单位“贝尔”(为了纪念电话的发明人贝尔得名)的 1/10,就像分米是“米”的 1/10 一样。分贝数值的大致参考:正常的办公室内噪声,人们都在悄悄工作,大约 45dB 左右;无风无月的冬季夜晚,在郊外“死一样寂静”的田野中(当然,冬季,不要有小虫鸣叫)约为 35dB。国标 GB/T 7725—1996 中,规定制冷量在 2000W 以下的空调室内机噪声不应大于 45dB,室外机不大于 55dB;2500 ~4500W 的分体空调室内机噪声不大于 48dB,室外机不大于 58dB。

实际上,分贝数值的广告意义远远大于它的实际意义,换句话说,它可能根本就没有什么实际意义！噪声也有很多种。比如,有宽带的噪声(如风声),也有单频的噪声(如压缩机的嗡嗡声)，这些不同的噪声给人的感觉是完全不一样的。假设您还没有购买和使用空调器，中午，正在家中午睡，身边有电风扇的风声，楼下院子里面还传来细微的孩子们的戏耍声，还有风吹树叶的“沙沙”声……可是，这些都可能并不会影响给您的午睡(宽带噪声)。而这时，如果有一只蚊子正在您的房间里面飞来飞去，即使声音很小(可能不高于 33 分贝，单频噪声)，但是它会搅得您心烦意乱，根本就无法入睡，非要起而杀之才能继续睡觉。这正说明了噪声还有耐听与不耐听的区别。合格空调器的设计师，在空调器制造生产时，充分考虑到了这一点，他们努力想要把单频的噪声改为宽带的噪声，其实质并不是说噪声有多么的小。

四、空调的发展史

空调发展取决于时代的社会生产力和科学技术的发展水平。

1902 年 7 月 17 日，美国机械工程师威利斯·卡里尔博士(以他的名字命名的空调生产商中文译名为“开利”)在纽约布鲁克林一家印刷厂设计了首台空调装置，可对温度、湿度、通风和室内空气质量进行人为控制。很快，卡里尔开始将这个装置应用到其他场所，并且成立了一家公司，至今它仍是世界最大的空调公司之一。

1904 年在纽约建成斯托克斯交易所空调系统，同一时间在德国一剧院建成类似的空调系统。

不过 1914 年之前，人们还没想到在家里安装这样的奢侈品。明尼阿波利斯的百万富翁查尔斯. 盖茨为自己建造的用来收藏欧洲名画的宅第定制了世界上第一台家用空调。可惜的是房子还没建好他就去世了。

1924 年，底特律一家商场安装了中央空调，凉爽使得消费者的购买欲望大大提高。空调时代来临。

我国于 1931 年首先在上海纺织厂安装了带喷水室的空调系统，其冷源为深井水。随后，也在一些电影院和银行实现了空气调节。

的确，空调从一开始就是满足生产需求和人们舒适要求的，它具有人工自然的所有特点。因为有了空调，我们可以生产出高精度的电子元件，进行复杂的脑颅手术；空调更是为我们创造了四季如春的生活和工作环境。目前，六大现代技术(信息技术、新材料技术、生物技术、新能源技术、空间技术、海洋技术)极大地影响着空调，这些技术将在 21 世纪加速发展，通过更广泛的应用和商品化，成为日益强大的新技术产品。

以超导材料、人工定向设计为标志的新材料技术将成为 21 世纪所有技术的基础，使得磁制冷的商用化成为可能；以核能技术为标志新能源技术将成为 21 世纪所有技术的支柱。从而使传统的石油燃料的开采和利用对环境的污染得以缓解，中国的能源瓶颈得以突破，空调的用能结构因此而发生变化，也为中国的空调业发展提供了基础条件；光电技术、人工智能为标志的信息技术奖成为 21 世纪所有技术的先导，暖通空调技术实现了真正意义上的个人化和智能化；空间技术、海洋技术使暖通空调技术向空间和海洋延伸，将会出现“月球空调系统”、“海洋空调系统”这样一些概念；以基因工程、细胞工程为标志的生物技术将成为 21 世纪所有技术的核心，它可能为我们提供更清洁的能源和新型的建筑材料，消除“建筑病菌综合症”。现代技术革命为暖通空调技术的发展注入了新的内容。

根据普赖斯的科学逻辑增长曲线和技术生长逻辑曲线，空调技术发展分为五个时期：

1834～1927 年为开始期，以 Jacob Perkins 发明第一台活塞制冷装置为起点，到第一台家用舒适空调期为止，共 93 年；

1927～1960 年为发展期，从第一台家用舒适空调期开始，到 60 年代氟利昂制冷剂的出现为止，共33年；

1960～1987年为成熟期，从60年代氟利昂制冷剂的出现，到1987年联合国环境署7月组织制定“关于消耗臭氧层物质的蒙特利尔议定书”为止，共27年；

1987～2010年之前，预计就是空调技术的饱和期。

在这以后的若干年，空调作为单一的技术将走向它的衰退期。根据技术发展趋势曲线，代之而起的将是空调技术和其他技术交叉产生的新的学科。

1987年，世界环境与发展委员会在《我们共同的未来》的报告中，首次提出了可持续发展的概念。1992年在巴西里约内卢召开的联合国环境与发展大会上通过的《21世纪议程》，进一步阐述了可持续发展概念：具体来说就是要求我们在控制人口、保护环境、节约资源的原则下发展。所以21世纪空调技术的发展基本上是围绕可持续发展观点。

1. 绿色空调产品

以绿色科技思想来指导科技研究和开发，代替传统的高资源消耗、高污染、非循环利用的生产方式。生产过程更清洁，生产工艺更完善，产品更小巧、能效比更高。为满足这一要求，涡旋式压缩机将会向大型化发展，电磁制冷、电子制冷将会实用化。完善的制冷剂的回收技术和绿色制冷剂出现。岩棉等对人体有害的保温材料的使用受到严格限制，对人体和环境无害的保温材料广泛使用。

设备和材料的回收回用技术得到发展，生产厂家将会为产品提供终身服务，并负责回收和回用，实现生产和使用的良性循环。利用可再生能源的制冷机将会出现，并得到推广应用。如以酒精为燃料的高效直燃型溴化锂制冷机，以太阳能或风能驱动的空调机和采暖设备走进我们的生活。

2. 仿生空调技术

自然界的生物经过数以万年的演变，其自身的结构已非常完美。基于异构同功的哲学理论的功能模拟法、仿生学将在空调技术中得到更大的发展和应用，称其为“仿生空调技术”。如蒸发冷却技术，包括直接蒸发冷却和间接蒸发冷却，免费供冷技术，围护结构变热阻力技术，和建筑设计节能技术等。

3. 低熵的空调消费模式、生产模式、发展模式

低熵模式生活方式，是以最低的物质消耗换取最高的生活质量的一种最优生活方式。与其对应的个人空调系统和智能化空调系统将会取代传统意义上的集中空调系统。人们对空调消费观念更新，不会盲目追求空调的表面效果——“冷”和“热”，而更关心环境和健康。

建筑设计将会更加关心居住者的健康因素，并更多地利用自然能源采光和通风。建筑向多层化发展。超大规模建筑的开发势头得到遏制，超大规模的空调系统也将越来越少。空调系统的能量回收技术、空调制造业的回收回用技术得到发展。以大幅度降低非再生物能的绝对消耗，实现低熵的空调生产模式。

持续发展观取代高速发展观，空调业将走向一个稳步持续而有节制的发展道路。从1918年到本世纪末的80年时间内，在制冷技术的带动下，空调技术得到了飞速的发展，同时，也给地球带来了巨大的灾难。马克思指出“文明如果是自发地发展，而不是自觉地发展，留给自己的将是荒漠”。所以，21世纪的空调业的发展将会是可持续的、围绕以生态价值观和地球道德观为主题的健康发展。

4. 由无穷网络的有机系统构成丰富而又完善的空调技术

现代科学技术革命不但渗透到暖通空调技术中，暖通空调技术也在一定程度上支持影响

着科学技术的发展。同时,各国的科技社会、经济、世界的政治局势也同样影响着暖通空调技术在各方面的发展,并且构成一个有机的大系统,不存在某一地区某一要素孤立的发展。暖通空调的发展不但渗透了技术的因素,还渗透了社会因素,如宗教信仰、风俗习惯、文化氛围,经济水平也是一个重要的方面。信息、材料、建筑、光学、电气、环保、管理等多项因素的结合,使得暖通空调技术日臻完善和丰富,使得空调业的发展更趋合理。

- **实践技能展现**

空调相关知识应用的调研技能如下:

在课余时间,依照个人的兴趣,结合实际的条件,对你们周围的空调相关知识的应用情况进行了解调查,最后形成调研报告。

工作任务5.2 空气基本理论的简介

- **知识点导入**

理论知识点	实践知识点
1. 空气的物理性质; 2. 空气的热湿交换原理; 3. 空气的焓湿图; 4. 焓湿图的应用	利用焓湿图确定空气状态参数的技能

- **理论信息获取**

一、空气的物理性质

完全不含水蒸气的空气称为干空气。实际上,空气中总有少量的水蒸气,含有水蒸气的空气称为湿空气。空气中水蒸气的分压力如果达到空气温度所对应的水蒸气饱和压力,变为液态水和变为气态水的分子数达到动态平衡时的湿空气称为饱和空气,水蒸气分压力尚未达到该气温对应的饱和压力的湿空气称为未饱和空气。

(一)空气压力

1. 大气压力 B

地球表面的空气层在单位面积上的重量,单位是 MPa。通常以纬度45°处海平面上常年平均气压作为一个"标准大气压"或"物理大气压",等于760mmHg。

2. 水蒸气分压力 p_s

湿空气是干空气和水蒸气的混合气体,按照物理学中道尔顿定律,混合气体的总压力等于各组成气体分压力之和,则湿空气的压力等于干空气的分压力(p_g)加水蒸气分压力。

(二)空气比容 v

$v = 1/\rho, \rho = \rho_{干空气} + \rho_{水蒸气}$。一般取 $\rho = 1.2 kg/m^3$

(三)空气温度

空气温度是表示空气冷热程度的参数。常用 t 来表示空气摄氏温度℃,用 T 表示空气绝

对温度 K。

1. 干球温度 $t_{干}$

空气与干球表面热交换平衡时的温度。

2. 湿球温度 $t_{湿}$

空气与湿球表面热湿交换平衡时（空气放出的显热量 = 纱布水蒸发吸收的汽化潜热量）的饱和温度。它是将空气等焓冷却至 $\varphi=100\%$ 时的温度。

3. 露点温度 $t_{露}$

对应水蒸气压力的饱和温度。它是将空气等湿（d）冷却至 $\varphi=100\%$ 时的温度。

湿空气达到露点后继续冷却，其中水蒸气因过饱和而成小水滴析出，在空气中即形成雾，在固体表面即结成露。

一般情况下，干球温度高于湿球温度，湿球温度高于露点温度。如果三者相等，则空气一定是饱和空气。

4. 黑球温度 $t_{黑}$

放置在黑色表面的空心球体中心的温度计或感温元件所显示的平衡时的温度。黑球温度表示环境中某测点的空气温度、气流速度及所接收的辐射热的物理效应，是室内平均辐射温度。当气温和气流速度不变时，黑球温度越高表明辐射热越强。标准的黑球是薄钢板制成的直径 150mm、外涂黑色无光涂料的空心球体。测定黑球温度需有约 20min 的平衡过程。

（四）空气湿度

1. 绝对湿度 Z

$1m^3$ 湿空气中含有的水蒸气质量，单位是（kg/m^3）。

2. 饱和绝对湿度 Z_b

一定条件下的一定量空气中，实际所能容纳的最大水蒸气量。单位是 kg/m^3。

3. 相对湿度 φ

空气中绝对湿度与同条件下饱和绝对湿度的比值。相对湿度反映空气潮湿程度，在一定条件下，φ 越高，Z 愈大，空气越潮湿，离饱和程度愈近。

4. 含湿量 d

每千克干空气所含水蒸气的克数，单位是 g/kg 干空气。含湿量几乎同水蒸气分压力成正比，而同大气压力成反比。它表达了空气中实际含有的水蒸气量。对某一地区讲，大气压力基本上是定值，那么空气含湿量仅同水蒸气压力有关。空调技术中对空气去湿或加湿处理时，干空气的质量是保持不变的，仅是水蒸气含量发生变化，因此，空调工程计算中，常用含湿量的变化来表达加湿和去湿程度。

（五）空气的焓

空气的焓表示单位重量的湿空气所含有的总热量。用 h 表示。对含湿量为 d 克的湿空气，其焓等于 1 千克干空气的焓和 d 克水蒸气的焓总和。

空气的焓主要取决于湿空气的温度和分压力，通常包括空气的显热和潜热。

二、空气的热湿交换原理

当空气遇到敞开的水面或运动的水滴时，便与水表面发生热湿交换。这时，根据水温的不同，可能仅发生显热交换，也可能既有显热交换，又有湿交换，而湿交换同时将发生潜热交换。显热交换是由于空气与水之间存在温差，因导热、对流和辐射而进行换热的结果；而潜热交换是空气中的水蒸气凝结(或水滴表面蒸发)而放出(或吸收)液化(或汽化)潜热的结果。总热交换量是显热交换和潜热交换的代数和。

如图5.2-1所示,空气与水直接接触时,在贴近水表面的地方或水滴周围,由于水分子作不规则运动,形成了一个温度等于水表面温度的饱和空气边界层。边界层内水蒸气分压力取决于水表面温度。在边界层内侧(与水接触一侧),水蒸气分子作不规则运动,有一部分水分子进入边界层,同时也有一部分水蒸气分子离开边界层进入水中。在边界层外侧(与空气接触一侧),如果边界层温度高于周围空气温度,则由边界层向空气传热;反之,则由周围向边界层传热。如果边界层内的水蒸气分压力大于周围空气的水蒸气分压力,则由边界空气层进入周围空气的水蒸气分子数多于由周围空气进入边界层的水蒸气分子数,结果空气被加湿;反之,则减湿。我们通常遇到的"蒸发"与"凝结"现象,就是这种作用的结果。在蒸发过程中,边界层减少了的水蒸气分子由水面跃出的水蒸气分子补充;在凝结过程中,边界层中过多的水蒸气分子将回到水面。

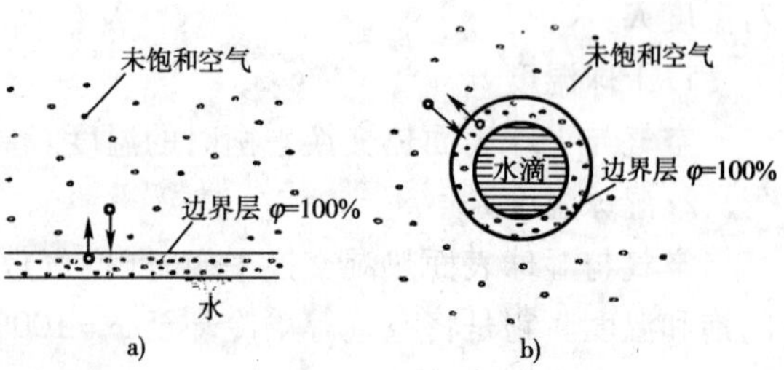

图5.2-1　空气的热湿交换原理

三、空气的焓湿图

在空气调节中,经常需要确定湿空气的状态及其变化过程。其确定方法有按公式计算、查表、查焓湿图。而焓湿图有简化计算、直观描述湿空气状态变化过程的作用。

如上所述,空气基本状态参数中的温度 t、相对湿度 φ、含湿量 d、水蒸气分压力 p_s 和焓 h 是空调的主要参数(湿空气的状态参数中,t、B、d 为独立变量,其他为演变参数。),彼此独立而又相互联系,直接反映了空气的热力状态。通过湿空气的焓湿图,可在已知其中任意两参数下计算出其他所有的热力参数。

如图5.2-2所示,h—d 图是在一定的大气压力下以 h 为纵坐标,含湿量 d 为横坐标,采用135°的斜角坐标系绘制的。图中除了坐标轴外,还有温度 t、相对湿度 φ 两组等值线;水蒸气分压力 p_c 及表示空气状态变化过程的热湿比线 ε。

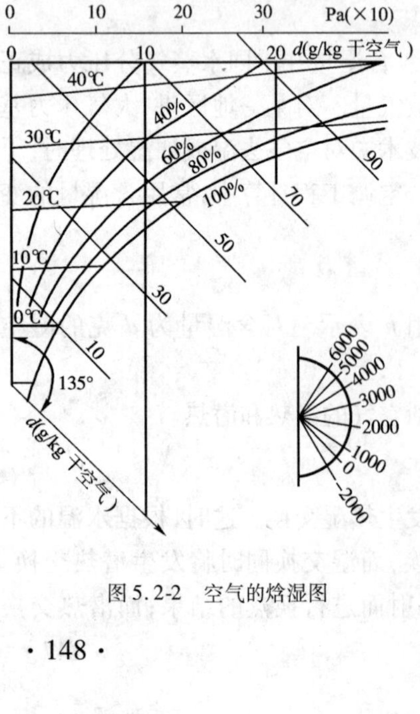

图5.2-2　空气的焓湿图

1. 等焓线

是一系列与纵坐标成135°夹角的平行线。

2. 等湿线

是一系列与纵坐标平行的直线。

3. 等温线

不同温度值的等温线彼此是不平行的直线,其斜率为 $(2500+1.84t)$,由于 t 值不同,斜率是不相同的。由于空调温度在 $-10℃\sim40℃$ 内,$1.84t$ 远远小于2500,温度对斜率影响不大,所以等温线又近似平行。

4. 等相对湿度线

是一系列向上凸的曲线。当 $d=0$ 时,$\varphi=0\%$,即 $\varphi=0\%$ 的等相对湿度线与纵坐标轴重合,自左至右,此值随 d 值增加而增加,$\varphi=100\%$ 称饱和曲线。饱和曲线将 h—d 图分为两部分,上部是未饱和空气,饱和曲线上各点是饱和空气,下部表示饱和空气和液态水混合物,因为水蒸气已凝结成雾状，故又称为“雾区”。

5. 水蒸气分压力线

当大气压力为定值时，水蒸气分压力仅取决于含湿量 d，因此，在 d 轴上可标出相应的 p_s 值。

6. 热湿比线

在空调工程中，被处理的空气常常由一个状态变为另一个状态，为了表示变化过程进行的方式与特性，在图上还标有热湿比线。

四、焓湿图的应用

焓湿图能够显示空气状态的变化过程，其变化过程方向和特征可用热湿比值表示。如图5.2-3 所示。

(1)干式加热过程。空气调节中，常用电加热器来处理空气，当空气通过加热器时获得了热量，提高了温度，但含湿量并没有变化，因此空气呈等温增焓升温变化，过程线 A—1 所示。热湿比 $\varepsilon=+\infty$，空气经过表面式热水或蒸汽加热器的状态变化过程也属此种情况。

(2)干式冷却过程。湿空气冷却时，如果未冷却至露点以下，则不会有水分析出，过程变化为等温减焓降温，如图 A—2 所示。热湿比 $\varepsilon=-\infty$。

(3)冷却器减湿过程。如空气冷却器的壁温低于露点，则贴靠壁面的空气冷却过程按 ABB'进行，从 B 至 B'段空气，含湿量减小，有水蒸气凝结成水析出。但冷却器出口空气平均状态并不能以 B'点表示，而应以 AB'连线上某点 3 表示。这是因为不贴近壁面的空气与达到 B'状态的空气混合的结果。空冷器管距越小，纵向排数越多，气流速度越低，则出口状态点 3 越接近 B'。A—3 是减湿降温过程，$\varepsilon>0$，空冷器壁温愈低，除湿量愈大。

(4)吸湿剂减湿过程。利用固体吸湿剂干燥空气时，湿空气的部分水蒸气在吸湿剂的微孔表面上凝结，湿空气含湿量降低，温度升高，其过程 A—6 近似于等焓降湿过程，$\varepsilon=0$。

(5)喷水加湿过程。由于常温水的比焓值不大，加水量又小，故工程上可近似地把喷水加湿过程按等焓加湿过程处理，在图上如 A—4 过程所示，$\varepsilon=0$。

(6)喷汽加湿过程。喷汽加湿过程是焓湿均增过程，其过程温度近似不变，因此工程上可把喷汽加湿看作为等温加湿过程，在图中，如 A—5 过程所示，$\varepsilon>0$。

(7)混合过程。状态点 A(风量为 G_A，kg/h)与状态点为 D(风量为 G_D，kg/h)的两种空气混合后，状态点 E 在 AD 连线上，$AE/DE=G_D/G_A$，即 E 点更接近风量大的那种风的状态点。

● 实践技能展现

利用焓湿图确定空气状态参数的技能如图 5.2-4 所示。

例如，已知空气温度 30℃、相对湿度 45%，计算其他空气状态参数。

解：空气温度 $t=30℃$、相对湿度 $\varphi=45\%$，由相应的等温线和等相对湿度线，可确定湿空气状态点 A。

等温线 + 等相对湿度线→A 点

A 点→焓值 61kJ/kg；含湿量 12g/kg；水蒸气分压力 1920Pa

A 点等焓线线 + $\varphi=100\%$ 的饱和空气线→D 点→湿球温度 21℃

A 点等含湿量线 + $\varphi=100\%$ 的饱和空气线→B 点→露点温度 16.8℃

A 点等温线 + $\varphi=100\%$ 的饱和空气线→C 点→30℃的饱和水蒸气分压力 4250 Pa

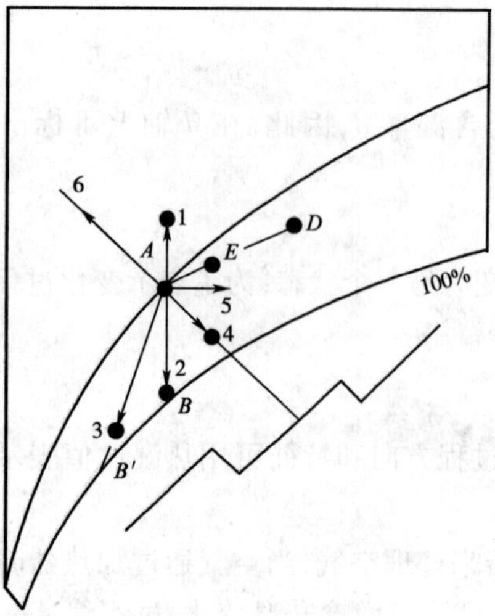

图 5.2-3　焓湿图上的典型变化过程

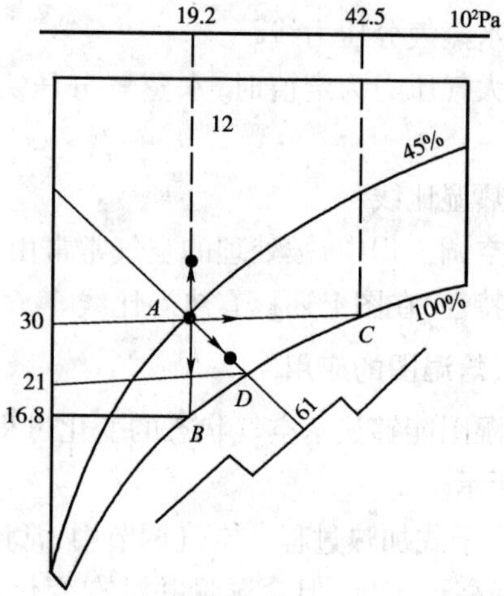

图 5.2-4　焓湿图上的空气状态变化

工作任务 5.3　空调负荷和送风量的确定

● 知识点导入

理论知识点	实践知识点
1. 热负荷； 2. 湿负荷； 3. 热湿平衡原理； 4. 热湿比； 5. 空调房间的分区； 6. 人体热平衡和热舒适感	空调房间送风量确定的技能

● 理论信息获取

一、热负荷

(一)显热负荷

显热负荷是指单位时间内渗入房间并引起室温变化的热量，用 Q_x 表示，单位是 kJ/h。它主要包括：渗入热(26% ~31%)、太阳辐射热(25% ~27%)、人体散热量(16% ~18%)、照明及其他电气设备散热(4% ~5%)等。

夏季，太阳辐射产生的热量及室内外环境温差所产生的渗入热量从外向里传递，显热负荷是正值。

冬季，室内外温差却使热量自里向外散发，虽然太阳的辐射、人体及设备发出的热其传递方向不变，但与前项相比，其值很小，总体上，冬季房间从内向外渗热，其显热负荷为负值。

(二)潜热负荷

潜热负荷是指单位时间内房间增加的含湿量导致所增加的空气热负荷，用 Q_q 表示，单位是 kJ/h。它是伴随着湿交换而产生。一般地，Q_q 的数值约等于 $2.5\times w$。

(三)全热负荷

全热负荷是单位时间内加入房间使空气焓值变化的全部热量。它是显热负荷与潜热负荷之和，用 Q 表示，单位是 kJ/h。

习惯上，在某一时刻为保持房间温度，为平衡房间得热而需向房间供应的全热负荷(冷量)称为冷负荷，为补偿房间失热而需向房间供应的全热负荷(热量)称为热负荷。

显热散热中对流热部分成为瞬时冷负荷，辐射热部分则先被围护结构表面所吸收，然后再逐渐散出，形成冷负荷；潜热散热即成为冷负荷。

在辐射热转化为冷负荷的过程中，存在峰值的衰减和延迟。衰减与延迟量与围护结构的蓄热能力和围护结构的重量有关。显然，辐射的存在是延迟和衰减的根源，这就涉及到空调精度问题。

二、湿负荷

湿负荷是指单位时间内房间所增加的水蒸气量，用 w 表示，单位是 g/h。它主要包括：人体散发的水蒸气、食物和水以及空气侵入而带来的湿量等。

人体和食物总是不断散发水蒸气使房间内含湿量增加，所以无论冬夏房间湿负荷总为正值。

三、热湿平衡原理

要做到空调房间的热湿平衡，就要求在空调房间的空气状况达到稳定时，送风量和从室内排出的空气流量是相等的，换气所带走的热量和湿量应分别与房间的全热负荷和湿负荷相等。如图 5.3-1 所示。

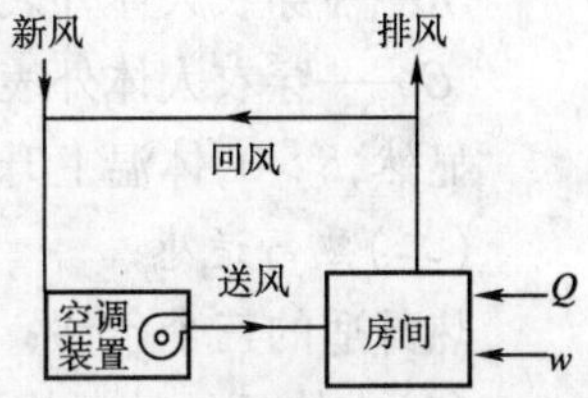

图 5.3-1　热湿平衡示意图

空调房间全热负荷、湿负荷是确定空调系统送风量和空调设备容量的基本依据。显然，房间全热负荷、湿负荷的计算必须以室外气象参数和室内要求维持的气象条件为依据。

空调房间室内温湿度标准的描述方法：温湿度基数 ± 空调精度。

室内温湿度基数是指空调区域内所要保持的空气基准温度和基准相对湿度；空调精度是指在要求的空调区域内和要求的持续时间内，空气温度或相对湿度允许偏离室内温湿度基数的最大值。例如，$t_n=20\pm0.5$℃，$\varphi_n=50\pm5\%$。

空调区域是指离外墙 0.5m，离地面 0.3m 至高于精密仪器设备或人的呼吸区 0.3～0.5m 范围内的空间。

根据空调系统服务对象的不同，可分为舒适性空调和工艺性空调。前者主要从人体舒适感出发确定室内温湿度设计标准，无精度要求；后者主要满足工艺过程对温湿度基数和精度的特殊要求，同时兼顾人体的卫生要求。

室内温湿度设计参数的确定，除了要考虑室内参数综合作用下的舒适条件外，还应依据室外气温、经济条件和节能要求进行综合考虑。

四、热湿比

空气状态从送风状态 s 改变为房间内状态 N，全热负荷 Q 与(或)湿负荷 w 会发生变化。

热湿比(ε)即是空调房间的全热负荷 Q 与湿负荷 w 之比值。即：

$$\varepsilon=Q/0.001w=(h_N-h_s)/0.001(d_N-d_s)\quad \text{kJ/kg}$$

一般地，由于夏季的全热负荷 Q 大于零，热湿比 ε 为正值；冬季的全热负荷 Q 小于零，热湿比 ε 为负值。

五、空调房间的分区

(1)室内参数(温湿度基数和精度)相近以及室内热湿比相近的房间可采用同一系统；
(2)朝向、层次等位置相近的房间宜采用同一系统；
(3)工作班次和运行时间相同的房间采用同一系统；
(4)对室内洁净度等级或噪声级别不同的房间，宜按各自的级别设计；
(5)产生有害物的房间不宜和一般房间合用一个系统；
(6)空调系统的分区应与建筑防火分区相对应。

六、人体热平衡和热舒适感

(一)人体热平衡

人体靠摄取食物以获得能量维持生命，能量最终以热量的形式散发到体外。为保持体温恒定，必须使产热和散热保持平衡，人体热平衡可用下式表示：

$$S = M - W - E - R - C$$

式中：S——人体蓄热量，kJ；
M——人体代谢能量，kJ；
W——人体所作机械功，kJ；
E——汗液蒸发和呼出的水蒸气所带走的热量，kJ；
R——穿衣人体外表面与周围表面之间的辐射换热量，kJ；
C——穿衣人体外表面与周围表面之间的对流换热量，kJ。

显然，$S>0$，体温上升；$S<0$，体温下降；$S=0$，热平衡。

(二)热舒适感

热舒适的三个条件：

(1)人体必须处于热平衡状态，以便使人体对环境的散热量等于人体的体内产热量，并且蓄热量为零，即：

$$M - W - C - R - E = 0 \quad (S = 0)$$

(2)皮肤平均温度必须具有与舒适相适应的水平。
(3)人体应具有最佳排汗率。

(三)有效温度

由于人的舒适感共四个环境影响因素和四个人为因素，因此不能用一个单一的物理量来表示环境是否处于热舒适状态。

有效温度就结合干球温度、湿球温度和空气流速的效应来反映冷热感觉的。

(四)评价方式

1. 预期平均评价 PMV

在同样的热环境条件下，人与人的热感觉也会有所不同，因此，应该采用平均热感觉指标的概念，而预测的平均热感觉指标常常简称为 PMV。

可以合理的设想，人不舒适的程度愈大，由舒适状态偏离调节机制的热负荷越大。一定活动水平的热感觉是人体热负荷的函数，表明一个人的体内热平衡和对所处环境的热损失之间的差异。PMV 的计算式为：

$$PMV = (0.303e^{-0.036M} + 0.028)S$$

$$PMV = (3,2,1,0,-1,-2,-3)$$

$$=(热,暖,微暖,适中,微凉,凉,冷)$$

2. 预期不满意率 PPD

在同样热环境条件下，人与人之间的热感觉会存在差异，而人与人对热环境的反应的差异除了热感觉的不同之外，还表现在对环境满意与否的差异。因此，Fanger 又提出预测不满意百分数来表示人群对热环境不满意的情况，预测平均不满意百分数常常简写为 PPD。

$$PPD = 100 - 95e^{-(0.03353PMV^4 + 0.02179PMV^2)}(\%)$$

一般舒适环境要求：$PPD < 10\%$；$-0.5 < PMV < 0.5$

注意：PMV、PPD 指标是在人体处于稳定状态情况下得出的，而不是在动态环境下的热感觉指标。

● 实践技能展现

一、空调房间送风量确定的技能

在已知空调热（冷）湿负荷情况下，利用不同的送风和排风状态来消除室内余热余湿，以维持空调房间所要求的空气参数。

（一）夏季送风状态及送风量（图 5.3-2）

对空调房间送入 G(g/s) 的 S 状态的空气，当送入空气吸收余热和余湿后，变为状态 N 而排出，从而保证了室内空气状态 N。

由热平衡、湿平衡和热湿比概念得到，送入一定量的空气同时吸收余热余湿，使室内空气状态保持在 N，则送风量为：

$$G = Q/(h_N - h_s) = w/(d_N - d_s)$$

当送风点 S 离 N 愈近，送风量愈大。送风量小，则处理空气和输送空气所需设备小，耗能小；但送风量过小，送风温度过小时，可能使人感受冷气流的作用，且室内温湿度分布的均匀性和稳定性将受到影响。因此，相关设计手册提供了送风温差和换气次数的建议值（表 5.3-1）。

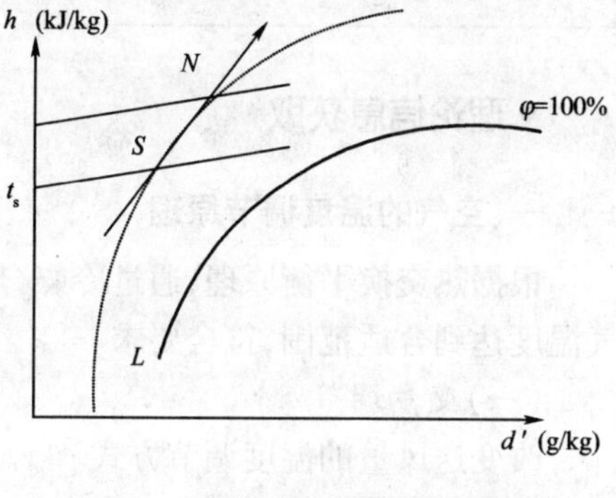

图 5.3-2　夏季送风状态确定的示意图

送风温差和换气次数的建议值　　表 5.3-1

室温允许波动范围/℃	送风温差/℃	换气次数/h^{-1}
±0.1～0.2	2～3	150～20
±0.5	3～6	>8
±1.0	6～10	≥5
> ±1.0	人工冷源≤15；天然冷源：可能的最大值	不宜小于5

（1）确定室内参数（t_N，φ_N）：参见相关设计手册要求。

（2）在 $h-d$ 图上确定室内空气状态点 N，查出 h_N、d_N。

(3)根据房间的具体条件,按相关设计手册提供的经验数据,计算出热负荷 Q、湿负荷 w。

(4)求得热湿比 $=Q/0.001w$,kJ/kg。

(5)过 N 点作热湿比方向线。

(6)选定送风温差 Δt:根据布风器形式、空调精度、噪声、经济性等。

(7)求得送风温度 $t_S = t_N - \Delta t$。

(8)由 t_S 等温线与热湿比方向线的交点 S,查出 h_S、d_S。

(9)求得送风量:$G = Q/(h_N - h_S) = 1000w/(d_N - d_S)$,kg/s。

(二)冬季送风状态与送风量的确定

冬季,室内余热小或为负,而余湿与夏季相同,故热湿比小于夏季或为负值。若送风量与夏季相同,则冬季送风温度接近或高于室温;也可提高送风温度,以降低送风量,但送风量必须满足最小换气次数,同时送风温度应不高于45℃。

工作任务5.4 空调原理的分析

• 知识点导入

理论知识点	实践知识点
1. 空气的温度调节原理; 2. 空气的湿度调节原理; 3. 空气的流动速度调节原理; 4. 空气的清新度调节原理; 5. 空调的噪声控制原理	暂无相关信息

• 理论信息获取

一、空气的温度调节原理

根据热交换平衡原理,通过冷媒/热媒的温度控制和供风系统的风量调节,使房间内的空气温度达到合适范围,符合要求。

(一)变量调节

改变送风量的温度调节方式。

1. 调节转速

根据相似定理,$n_2/n_1 = Q_2/Q_1 = (H_2/H_1)^{1/2} = (P_2/P_1)^{1/3}$

2. 调节阀门开度

根据节点压力平衡原理,$K_1 \times G_1{}^2 = K_2 \times G_2^2$

(二)变质调节

改变送风参数的温度调节方式。

1. 表面式换热器处理空气

(1)原理。当空气与表面换热器接触时,换热器的表面与空气之间存在着温差;依据传热学原理,空气的热量通过换热器的表面与换热管内的冷媒或热媒(冷媒是冷水/制冷剂、热媒是热水/蒸汽)进行交换,空气的温度方得以降低和提高。

(2)特点。状态变化过程与温度关系有关。

①等湿加热:表面温度 > 空气温度。

②等湿冷却:空气露点 < 表面温度 < 空气温度。

③减湿冷却:表面温度 < 空气露点。

2. 喷水室(淡水喷雾)处理空气

(1)原理。当空气流经水面或水滴周围时,就会把边界层中的饱和空气带走一部分,而补充以新的空气继续达到饱和,因而饱和空气层将不断与流过的空气相混合,使整个空气状态发生变化。因此将空气与水的热、湿交换过程看作是两种状态空气的混合过程。根据空气的混合规律,混合后的状态点应该位于连接空气初状态和该水温下饱和状态点的直线上。显然,达到饱和的空气愈多,空气的终状态点愈靠近饱和状态点。可见,如果和空气接触的水量无限大,接触时间又无限长,即在所谓理想的条件下,全部空气都能达到饱和状态,并具有水的温度。与空气接触的水温不同,空气的状态变化过程也将不同。

(2)特点。状态变化过程在两条切线的范围内(如图 5.4-1 所示)。

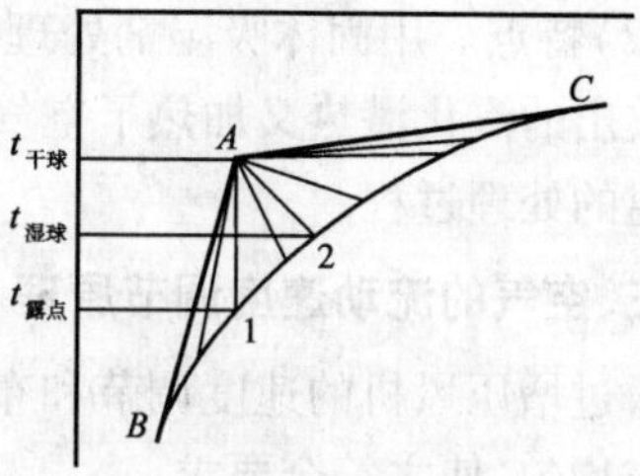

图 5.4-1　淡水喷雾处理时空气的状态变化过程

3. 喷水室(盐水喷雾)处理空气

(1)原理。用水喷雾处理空气时,由于水表面饱和空气层状态仅仅局限在 $\varphi = 100\%$ 的曲线上。若用盐水溶液(氯化锂、氯化钙的水溶液)喷雾处理空气时,由于盐水溶液表面的饱和空气边界层的水蒸气分压力比同温度下水的表面饱和空气边界层的水蒸气分压力低得多。所以,使用不同浓度和温度的盐水溶液,可以实现用水喷雾不能达到的升温去湿、等温去湿、降温去湿等空气处理过程。

(2)特点。状态变化过程在全部范围内。

二、空气的湿度调节原理

根据湿交换平衡原理,通过湿度调节器的作用,使房间内的空气湿度达到合适范围,符合要求。

(一)空气加湿处理

(1)原理。在冬季和过渡季节,室外空气含湿量一般比室内空气含湿量要低,为了保证相对湿度要求,往往要向空气中加湿。

(2)特点。用低压蒸汽加湿的空气状态变化过程线(热湿比线)几乎与等温线平行。因此在工程上可将喷蒸汽加湿视为等温加湿过程。若是喷水,则为等焓加湿过程。

(二)空气减湿处理

1. 加热通风法

(1)原理。在空气含湿量不变的情况下,对空气加热,使空气相对湿度降低,以达到去湿的目的。

(2)特点。设备简单,投资和运行费用较低。只要自然条件允许,应优先考虑使用。

2. 机械法

(1)原理。利用电能使压缩机产生机械运动,使空气温度降低到其露点温度以下,析出水分后经加热送出从而降低了空气的含湿量和相对湿度,达到去湿的目的。

(2)特点。性能稳定,可靠性好,能连续减湿,不需要水源,管理方便;初投资比较大。比较适宜使用于空气露点温度高于4℃的,而且除湿量较小的场合。

3. 液体吸湿剂法/吸收法

(1)原理。某些无机盐类(如 $CaCl_2$,LiCl 等)和一种有机类液体除湿剂——三甘醇的水溶液表面饱和空气层的水蒸气分压力低于同温度下纯水表面饱和空气层的水蒸气分压力。所以当空气中的水蒸气分压力大于盐水表面的水蒸气压力时,空气中的水蒸气分子将向盐水转移,或者说被盐水吸收,这就是盐水溶液的吸湿原理。

(2)特点。液体吸湿剂减湿适用于除湿量大,处理风量较大的场合。

4. 固体吸湿剂法/吸附法

(1)原理。利用某些固体材料表面的水蒸气分压力比周围空气中的水蒸气分压力低而从空气中吸附水分。

固体去湿剂有许多孔隙,孔隙中有少量的水,由于毛细管的作用使水面呈凹形,凹形水面的水蒸气分压力比空气中水蒸气分压力低,因此,当空气中的水分经过去湿剂时,水分即被固体去湿剂吸收,于是空气达到了去湿目的。

(2)特点。用固体吸湿剂处理空气时,空气中的水蒸气被吸附凝结,空气含湿量降低,而凝结放出的汽化潜热又加热了空气,因此近似保持了吸湿剂前后空气的焓值不变,获得等焓减湿升温的处理过程。

三、空气的流动速度调节原理

通过增压风机的速度调节和布风器的开口方向、开度调节,使房间内的空气混合良好,速度分布均匀,使之符合要求。

四、空气的清新度调节原理

通过空气净化设备(过滤器、吸附器等)滤除悬浮尘埃,净化房间送风,增加清洁度;同时利用各种技术(负离子发生器、触媒等)增加空气的"新鲜感",使室内空气的清新度符合要求。

五、空调的噪声控制原理

通过截面突变的管道对低频噪声产生反射作用和多孔性材料(泡沫塑料、玻璃棉毡等)对中高频噪声产生吸收作用,控制空调系统的噪声,使之符合要求。

• 实践技能展现

暂无相关信息

工作任务 5.5 一次回风式空调循环的分析

• 知识点导入

理论知识点	实践知识点
一次回风式空调循环	1. 一次回风式空调循环在焓湿图上近似表示的技能; 2. 分析集中式(吸入式)空调系统降温工况空气参数在湿空气 $h-d$ 图上变化过程的技能; 3. 分析集中式(吸入式)空调系统取暖工况空气参数在湿空气 $h-d$ 图上变化过程的技能

• 理论信息获取

一次回风式空调循环主要由温度和湿度调节设备、设备流动速度调节设备、清新度调节设备、噪声控制设备等组成。如图 5.5-1 所示。

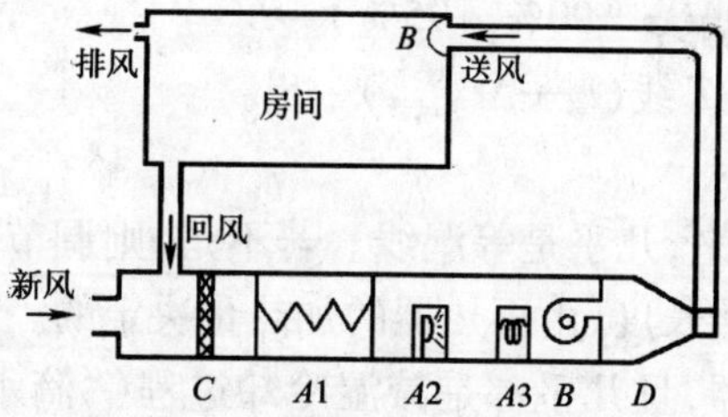

图 5.5-1　一次回风式空调循环示意图

A-温度和湿度调节设备(*A*1-换热器/喷水室;*A*2-加湿器;*A*3-再热器);*B*-设备流动速度调节设备;*C*-清新度调节设备;*D*-噪声控制设备

• 实践技能展现

一、一次回风式空调循环在焓湿图上近似表示的技能(图 5.5-2)

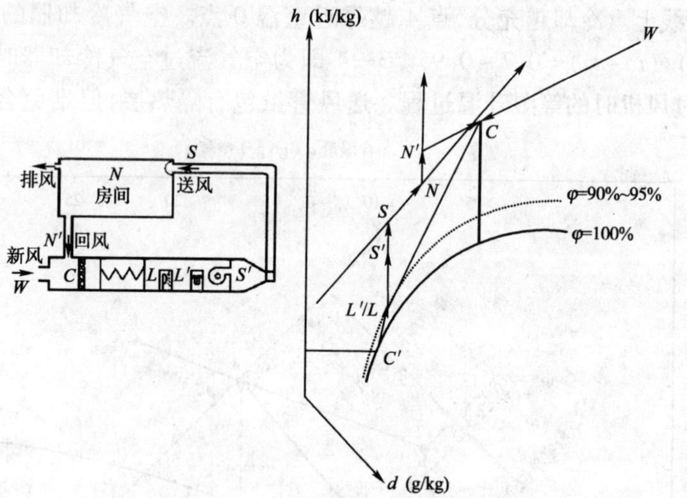

图 5.5-2　一次回风式空调循环在焓湿图上近似表示

假设一次回风式空调循环是在夏季使用,则作图步骤如下:

(1)依据相关设计规定确定室内参数(t_N,φ_N)。

(2)在 $h-d$ 图上确定室内空气状态点 N→查出 h_N、d_N。

(3)根据房间的具体条件,按相关设计规定提供的经验数据,计算出热负荷 Q、湿负荷 w。

(4)求得热湿比 $= Q/0.001w$,kJ/kg。

(5)过 N 点作热湿比方向线。

(6)选定送风温差 Δt:根据布风器形式、空调精度、经济性等。

(7)求得送风温度 $t_S = t_N - \Delta t$。

(8)由等 T 线(t_S)+热湿比方向线→S,查出 h_S、d_S。

(9)求得送风量：$G_S = Q/(h_N - h_S) = 1000w/(d_N - d_S)$，kg/s。

(10)过 N 的等 d 线 + 等 T 线($t_N + \Delta t_{回风管}$)→N'→查出 h、d。

(11)$N' + W \to C$，【N'的 h、d 可知，$G \approx 70\% G_S$；W 的 h、d 可知，$G \approx 30\% G_S$】。

(12)等 T 线($t_{冷媒} — \Delta t_{换热器}$) + 等 φ 线($\varphi = 100\%$)→C'。

(13)CC'的连线 + 等 φ 线($\varphi = 90\% \sim 95\%$)→L。

(14)过 S 的等 d 线 + 等 T 线($t_S — \Delta t_{送风管}$)→S'。

(15)连接 LS'。

(16)L 点和 S'点连接起来，几乎是等湿线。若不是，则调节冷水调节阀或冷媒温度，改变 L 点的位置。L 点和 S'点连接长度，由再热器的加热量决定的。

在夏季，换热器为空冷器，且几乎都是减湿冷却过程（“滴水现象”）；加湿器不投入使用；如果空调精度要求低，不使用再热器。

二、分析集中式(吸入式)空调系统降温工况空气参数在湿空气 $h-d$ 图上变化过程的技能

如图 5.5-3 所示。新风状态点为 1，回风状态点为 2，新风和回风在进风混合室内混合后的状态点 3 在 1、2 两点的连线上，点 3 距新风状态点和回风状态点的距离与新风流量 G_1 和回风流量 G_2 成反比，即(3—1 线段长)/(3—2 线段长) = G_2/G_1，点 3 空气冷却器进口的状态点。空气冷却器出口的空气状态点 4，则在 $\varphi = 100\%$ 的饱和空气线上温度相当于冷却管壁温度的 0 点与点 3 的连线上。冷却越充分，点 4 越靠近壁温 0 点。空气冷却器的冷却效率(接触系数)$E_0 = (t_3 - t_4)/(t_3 - t_0) = 0.7 \sim 0.95$。3—4 即为空气流过空气冷却器时的降温减湿过程。4—5 为空气经过风机时的等湿升温过程。送风管虽包有隔热层，但难免会渗入热，故送风过

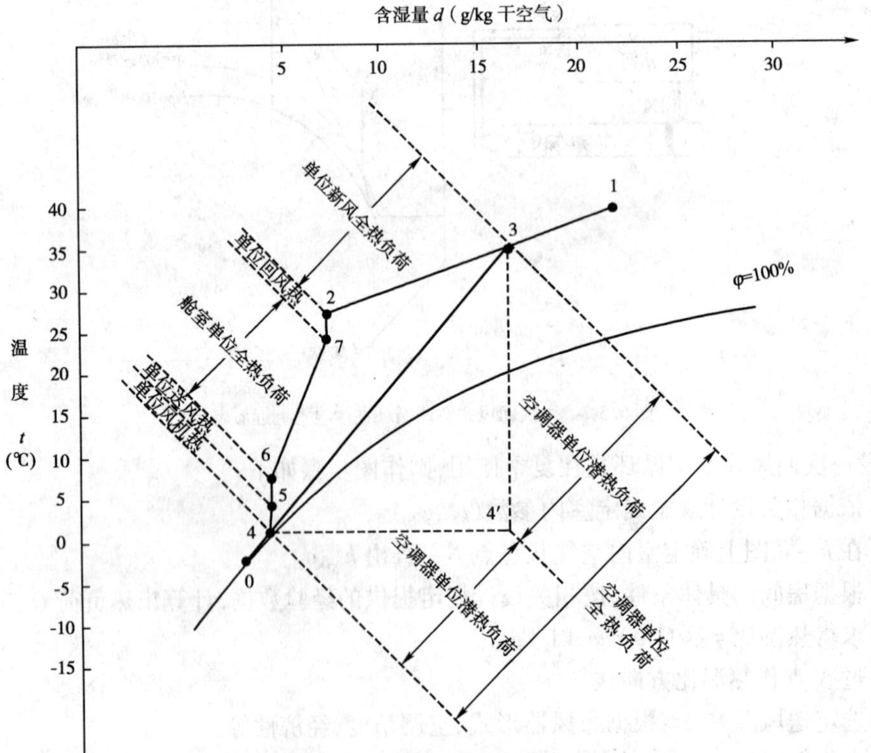

图 5.5-3　一次回风式空调系统的降温工况空气参数在 $h-d$ 图上的近似表示

程空气会有温升，一般按2℃计算，在图上由5—6过程表示。6—7为送入舱室的空气在舱内按舱室热湿比ε吸热、吸湿的过程。7—2为回风在走廊里的等湿吸热过程，回风温升一般也按2℃计算。

由图可见，空调器的热负荷包括舱室全热负荷（约占40%以上）、送风过程吸热、回风过程吸热、风机热以及新风全热负荷（将引入新风后的空调器进风降温降湿至回风状态所需的热负荷，占30%～50%）。空调器的全热负荷又可分为显热负荷和潜热负荷两部分。不仅舱外气温高、舱室显热负荷较大时空调器的显热负荷会增大，而且舱室湿负荷较大或舱外空气的含湿量较大，也会使空调器因除湿负担加重而潜热负荷增加。增加回风量，则可相应减小新风的全热负荷，从而使空调器的全热负荷减小。

三、分析集中式（吸入式）空调系统取暖工况空气参数在湿空气$h-d$图上变化过程的技能

如图5.5-4所示。外界新风（状态点1）和回风（状态点2）在混合室内混合后的状态点为3。3—4为流过加热器的等湿加热过程；4—5为流过蒸汽加湿器的等温加湿过程（喷水加湿则为等焓加湿）；5—6为经过通风机的等湿升温过程；6—7为送风管中的等湿降温过程；7—8为送风在舱内按舱室热湿比的放热吸湿过程；8—2为走廊回风的等湿降温过程。

由图5.5-4可见，取暖工况时空调器的全热负荷（要考虑风机热）应等于舱室全热负荷、送风热损失、回风热损失、新风全热负荷（将引入新风后的空调器进风加热加湿到回风状态所需全热量）的总和。其中，空气加热器承担的是显热负荷，而加湿器承担的则是潜热负荷。增加回风量可使混风状态点3向回风状态点2靠近，能减小新风全热负荷。从而使空调加热器的热负荷和加湿器的加湿量减小。

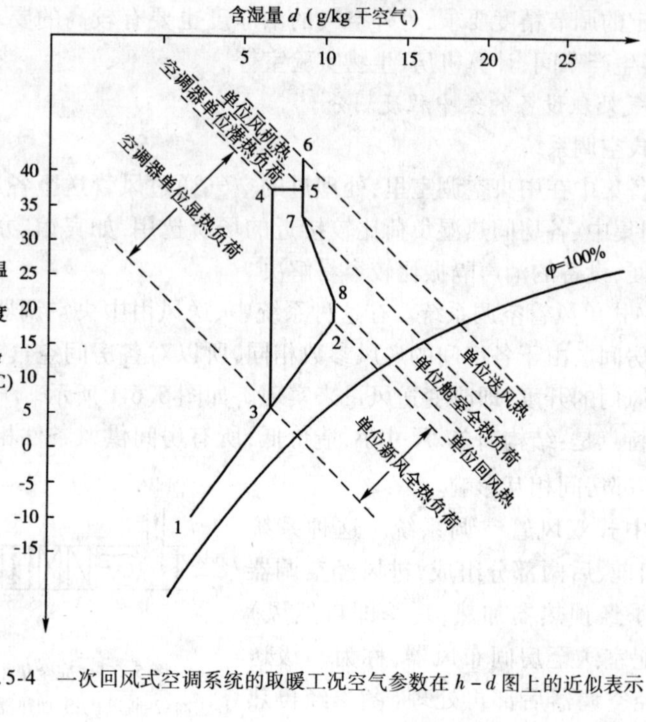

图5.5-4　一次回风式空调系统的取暖工况空气参数在$h-d$图上的近似表示

工作任务5.6 空调系统的介绍

• 知识点导入

理论知识点	实践知识点
1. 空调系统的分类； 2. 完全集中式空调系统； 3. 半集中式空调系统； 4. 局部式空调系统； 5. 空调系统的设备及作用	不同空调系统的比较技能

• 理论信息获取

一、空调系统的分类

空调系统的分类有多种多样。

(一)根据用途划分

1. 舒适性空调

要求温度适宜，环境舒适，对温湿度的调节精度无严格要求、用于住房、办公室、影剧院、商场、体育馆、汽车、船舶、飞机等。

2. 工艺性空调/生产性空调

对温度有一定的调节精度要求，另外空气的洁净度也要有较高的要求。用于电子器件生产车间、精密仪器生产车间、计算机房、生物实验室等。

(二)根据空气处理设备的集中程度划分

1. 完全集中式空调系统

空气处理设备集中在中央空调室里，处理过的空气通过风管送至各房间的空调系统。适用于面积大、房间集中、各房间热湿负荷比较接近的场所选用，如宾馆、办公楼、船舶、工厂等。系统维修管理方便，设备的消声隔振比较容易解决。

(1)完全集中式单风管空调系统。在这种系统中，送风由中央空调器统一处理，然后通过单风管送到各个房间。由于各房间的送风参数相同，所以对各房间空气参数的个别调节就只能靠改变布风器风门的开度，即改变送风量来实现。如图5.6-1所示。

这种系统的特点是：结构简单，尺寸小，造价低；所有房间供风条件相同，只能进行变量调节，变量调节时相邻房间相互影响。

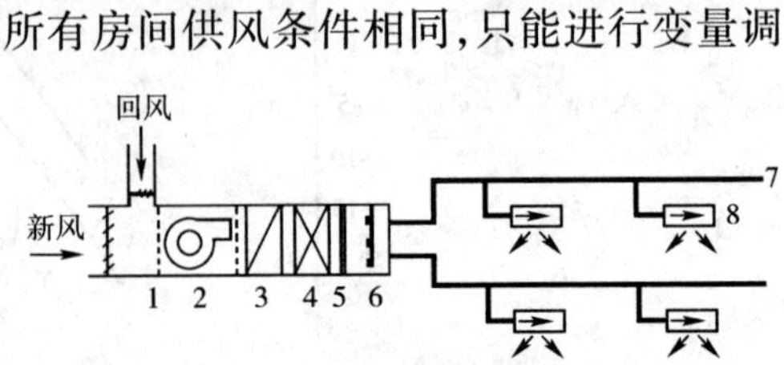

图5.6-1 完全集中式单风管空调系统

1-滤器；2-通风机；3-加热器；4-冷却器；5-挡水板；6-加湿器；7-主风管；8-布风器

(2)完全集中式双风管空调系统。这种系统中，中央空调器由前、后两部分组成，进风经空调器前部预处理（冬季经预热器加热；夏季即自然风）后，即经中间分配室送至房间布风器，称为一级送风；其余空气则经空调器后部再处理（冬季经再热器再加热、加湿器加湿；夏季经冷却器冷却除湿）

后，经后分配室送至房间布风器，称为二级送风。这种系统能向房间同时供送温度不同的两种空气，通过调节布风器两个风门的开度，改变两种送风的混合比，即可调节房间温度，冬、夏季都可变质调节。如图 5.6-2 所示。

完全集中式双风管空调系统虽然空调器和风管的重量和尺寸较大，但调节灵敏，不影响新风送风量和室内风速和温度均匀性；可采用直布式布风器，其造价较低；噪声小，适用于对空调要求较高场所。

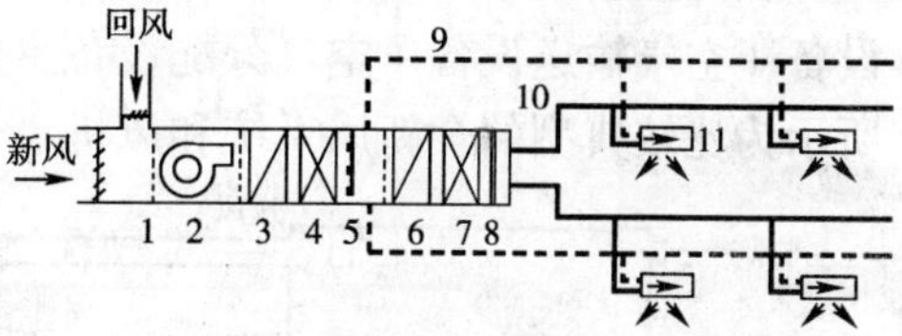

图 5.6-2　完全集中式双风管空调系统

1-滤器；2-通风机；3-加热器；4-冷却器；5-加湿器；6-再热器；7-冷却器；8-挡水板；9-预处理供风管；10-再处理供风管；11-布风器

2. 半集中式空调系统

既有中央空调又有处理空气的末端/区域装置的空调系统。这种系统比较复杂，可以达到较高的调节精度，适用于对空气精度有较高要求的车间和实验室等。

(1) 末端再热式单风管空调系统。除在集中式空调器中统一处理供风外，每个房间布风器上设有加热器，加热方式以电加热最普遍。这种系统的特点是取暖工况可进行变质调节，降温工况只能进行变量调节。

(2) 末端再处理式单风管空调系统。集中式空调器只对空气参数作预处理，取暖工况 15 ~25℃，降温工况 12 ~16℃。每个房间的诱导式布风器内设换热水管，冬季通热水，夏季通冷水。这种系统的特点是冬夏均采用变质调节，调节质量好，但造价高，管理复杂。

(3) 区域再热单风管式空调系统。是将经中央空调器统一处理过的空气，由设在空调器分配室各隔离室内或主风管内的二次换热器对送风进行再加热，然后再用单风管送到各房间，各房间是变量调节，只是调节幅度小一些。

3. 局部式/全分散空调系统

每个房间都有各自的设备处理空气的空调。空调器可直接装在房间里或装在邻近房间里，就地处理空气。适用于面积小、房间分散、热湿负荷相差大的场合，如办公室、机房、家庭等。其设备可以是单台独立式空调机组，如窗式，移动式，分体式空调器等。也可以是由管道集中给冷热水的风机盘管式空调器组成的系统，各房间按需要调节本室的温度。

(三) 根据空气来源划分

1. 直流式系统

空调器处理的空气为全新风，送到各房间进热湿交换后全部排放到室外，没有回风管。这种系统卫生条件好，能耗大，经济性差，用于有有害气体产生的车间，如实验室等。

2. 封闭式系统

空调系统处理的空气全部再循环，不补充新风的系统。系统能耗小，卫生条件差，需要对空气中氧气再生和备有二氧化碳吸式装置。如用于地下建筑及潜艇的空调等。

3. 混合式系统

空调器处理的空气由回风和新风混合而成。它兼有直流式和闭式的优点，应用比较普遍，如宾馆、剧场等场所的空调系统。

二、完全集中式空调系统

实际应用的完全集中式空调装置，应包括空调系统（热源设备 + 冷源设备 + 空气热湿处理设备 + 空气输送设备 + 空气分配设备 + 自控系统）、电气系统和空间区域（大商场）。图 5.6-3所示为比较典型的一次回风式单风管空调系统，是全空气系统。

三、半集中式空调系统

实际应用的半集中式空调装置，应包括空调系统（热源设备 + 冷源设备 + 空气热湿处理设备 + 空气输送设备 + 空气分配设备 + 自控系统）、电气系统和空间区域（实验室）。图 5.6-4 所示为比较典型的全新风系统和风机盘管机组系统并用的空调系统，是空气—水系统。

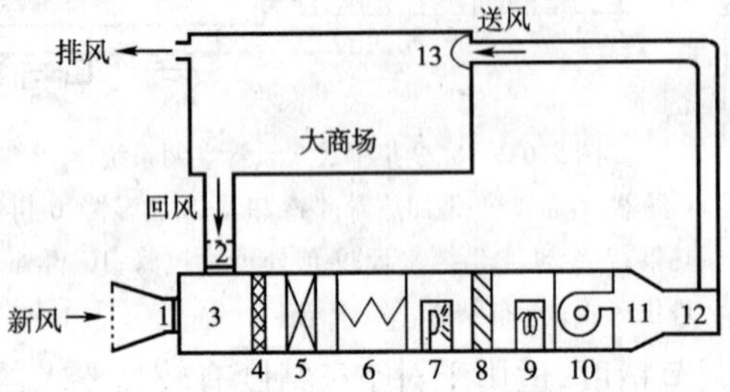

图 5.6-3　典型的一次回风式单风管空调系统
1-新风调风门；2-回风调风门；3-混合室；4-滤器；5-空气加热器；6-空气冷却器；7-加湿器；8-挡水器；9-再热器；10-通风机；11-消音室；12-分配室；13-布风器

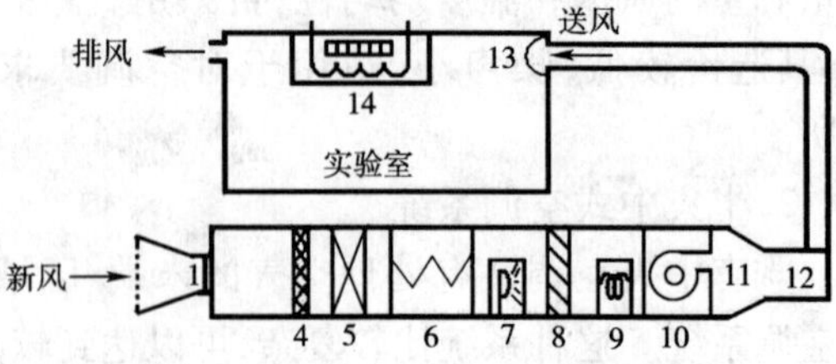

图 5.6-4　典型的全新风系统和风机盘管机组系统并用的空调系统
1-新风调风门；4-滤器；5-空气加热器；6-空气冷却器；7-加湿器；8-挡水器；9-再热器；10-通风机；11-消音室；12-分配室；13-布风器；14-风机盘管

四、局部式空调系统

实际应用的局部式空调装置，应包括空调系统（制冷系统 + 转换阀 + 空气输送设备 + 空气分配设备 + 自控系统）、电气系统和空间区域（小房间）。图 5.6-5 所示为比较典型的分体式热泵型空调系统，是冷剂系统。

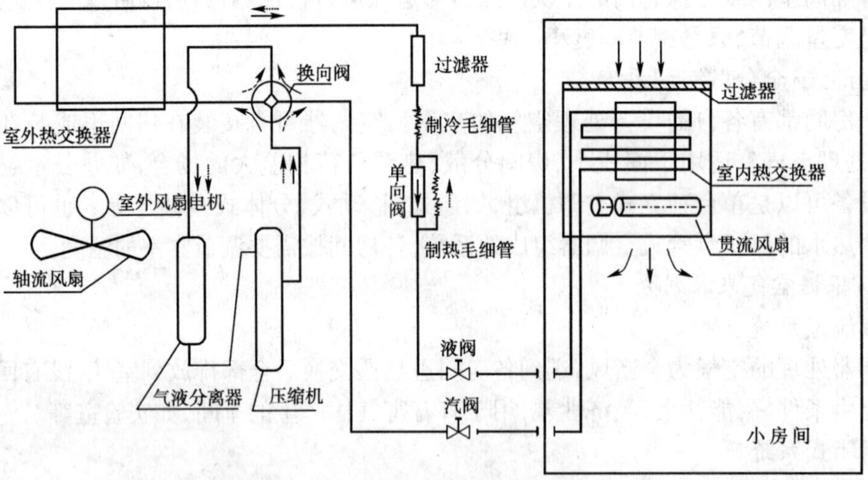

图 5.6-5　典型的分体式热泵型空调系统

五、空调系统的设备及其作用

（一）热源设备

一般有热媒循环系统、锅炉等。主要作用是：制备、输送热媒。

（二）冷源设备

一般有冷媒循环系统、冷水机组等。主要作用是：制备、输送冷媒。

（三）空气热湿处理设备

一般有表面换热器、喷水室、加湿器、去湿器、再热器、热焓交换器、风机盘管等。主要作用是:使室内空气达到预定的温度和湿度。

(四)空气输送设备

一般有风管、过滤器、风道调节阀、风机、消声器等。主要作用是:使经过处理的空气按照预定的要求输送到房间,并从房间内抽回或排出部分室内空气。

(五)空气分配设备

一般有空气分配室、布风器、回风口等。主要作用是:合理组织室内气流,以保证工作区内有均匀的温度、湿度、气流速度和洁净度。

(六)空气自控设备

一般有温度调节设备、湿度调节设备、静压调节设备等。主要作用是:适应热湿负荷变化,保证空调精度。

• 实践技能展现

不同空调系统的比较技能如表 5.6-1 所示。

不同空调系统的特点和应用　　表 5.6-1

分　类	空调系统	系统特征	系统应用
按空气处理设备的设置情况分类	集中系统	集中进行空气的处理、输送和分配	单风管系统 双风管系统 变风量系统
	半集中系统	除了有集中的中央空调器外,在各自空调房间内还分别有处理空气的“末端装置”	末端再热式系统 风机盘管机系统 诱导器系统
	分散系统	每个房间的空气处理分别由各自整体式空调器承担	单元式空调器系统 窗式空调器系统 分体式空调器系统 半导体空调器系统
按负担室内空调负荷所用的介质分类	全空气系统	全部由处理过的空气负担室内空调负荷	一次回风系统 一、二次回风式系统
	空气-水系统	由处理过的空气和水共同负担室内空调负荷	再热系统和诱导器系统并用; 全新风系统和风机盘管机组系统并用
	全水系统	全部由水负担室内空调负荷,一般不单独使用	风机盘管机组系统
	冷剂系统	制冷系统蒸发器直接放室内吸收余热余湿	单元式空调系统 窗式空调器系统 分体式空调器系统
按集中系统处理的空气来源分类	封闭式系统	全部为再循环空气,无新风	再循环空气系统
	直流式系统	全部用新风,不使用回风	全新风系统
	混合式系统	部分新风,部分回风	一次回风系统 一、二次回风式系统
按风管中空气流速分类	低速系统	考虑节能与消声要求的矩形风管系统,风管截面较大	民用建筑主风管风速低于 10m/s 工业建筑主风管风速低于 15m/s
	高速系统	考虑缩小管径的圆形风管系统,耗能多,噪声大	民用建筑主风管风速高于 10m/s 工业建筑主风管风速高于 15m/s

评价反馈

方　式	项　目
内容评价	1. 对空调应用的了解程度为多少？请举例说明。 2. 空气是如何进行热湿交换的？ 3. 影响空调负荷的因素有哪些？ 4. 如何理解空调原理？ 5. 如何理解不同工况的一次回风式空调循环？ 6. 如何判断不同空调系统的使用场合？
问题反馈	1. 请你判断对"了解空调基础"情境内容的掌握程度。 2. 请你思考对"了解空调基础"情境内容的学习方法。 3. 请你提出对"了解空调基础"情境内容的改进意见。

学习情境6　认知空调设备

目标要求

主要知识目标	主要能力目标
1. 锅炉的作用和原理； 2. 锅炉的基本参数和基本结构； 3. 活塞式冷水机组的特点和组成； 4. 离心式冷水机组的特点和组成； 5. 螺杆式冷水机组的特点和组成； 6. 表面换热器的类型和特点； 7. 喷水室的类型和特点； 8. 加湿器的类型和特点； 9. 去湿器的原理和特点； 10. 风机盘管的类型和特点； 11. 过滤器的类型和特点； 12. 风机的类型和特点； 13. 消声器的类型和特点； 14. 布风器的类型和特点； 15. 变风量(VAV)末端装置； 16. 降温工况的自动控制； 17. 取暖工况的自动控制； 18. 静压调节	1. 具备水管锅炉与烟管锅炉比较的能力； 2. 具备不同冷水机组比较的能力； 3. 具备冷水机组选型的能力； 4. 具备加湿器使用的能力； 5. 具备电加热器使用的能力； 6. 具备过滤器使用的能力； 7. 具备空调系统中风机应用观察的能力； 8. 具备风口选择的能力； 9. 具备 VAV 末端装置风量确定的能力； 10. 具备热空气幕选用的能力； 11. 具备降温工况温度自动控制的分析能力

工作任务6.1　热源设备的拆装维护

●知识点导入

理论知识点	实践知识点
1. 独立供热系统； 2. 集中供热系统； 3. 锅炉的作用和原理； 4. 锅炉的基本参数； 5. 锅炉的分类； 6. 锅炉的基本结构	水管锅炉与烟管锅炉比较的技能

●理论信息获取

热源设备的主要作用是提供热媒。热媒主要是热水或蒸汽，热媒循环系统一般有独立供热系统和集中供热系统，包括各种设备和管系等，其中锅炉是产生热媒的主要设备。另外，在电加热系统中，电热器就是热源。

一、独立供热系统

(一)热水供热系统

1. 重力循环热水系统

在热水供热系统中，以不同温度的水的密度差为动力而进行循环的系统，称为重力循环系统。

2. 机械循环热水系统

机械循环热水系统的特点是系统中设有循环水泵，使系统中的热媒进行强制循环。由于水在管道内的流速大，所以它与重力循环系统相比，具有管径小、升温快的特点。但因系统中增加了循环水泵，因而需要增加维修工作量，而且也增加了运行费用。

注意事项：

(1)机械循环系统作用半径大，适应面广，配管方式多，系统选择应根据卫生要求和建筑物形式等具体情况进行综合技术经济比较后确定。

(2)在系统较大时，宜采用回程式，以便于压力平衡。

(3)由于机械循环系统水流速度大，易将空气泡带入立管造成局部换热器不热，故水平敷设的供水干管须保持与水流方向相反的坡度，以便空气顺利地和水流同方向集中排除。

(4)因管道内水的冷却而产生的作用压力，一般可不予考虑；但换热器内水的冷却而产生的作用压力却不容忽视。一般应按下述情况考虑：

①双管系统。由于立管本身连接的各层换热器均为并联循环环路，故须考虑各层不同的重力作用压力，以避免水力的竖向失调。重力循环的作用压力按设计水温条件下最大压力的2/3计算。

②单管系统。若建筑物各部分层数不同，则各立管所产生的重力循环作用压力亦不相同，故该值也应按最大值的2/3 计算；当建筑物各部分层数相同，且各立管的热负荷相近似时，重力循环作用压力可不予考虑。

(5)在单管水平串联系统中，设计时应考虑水平管道热胀补偿的措施。此外，串联环路的大小以串联管管径不大于 ϕ32mm 为原则。

(二)蒸汽供热系统

1. 低压蒸汽供热系统

根据回水方式的不同，低压蒸汽供热系统可分为重力回水和机械回水两类

(1)重力回水系统。在系统运行前，锅炉充水至正常，运行后在蒸汽压力的作用下，克服蒸汽流动的阻力，经供汽管道输入换热器内。蒸汽在换热器内放热后，冷凝成水，经凝水管道返回锅炉。

(2)机械回水系统。当系统作用半径较长时，就应采用较大的蒸汽压力才能将蒸汽输送到最远换热器。此时，若仍用重力回水，凝水管里的水面高度就可能达到甚至超过底层换热器的高度，这样，底层换热器就会充满冷凝水，蒸汽就无法进入，从而影响换热。这时须改用机械回水式系统。

在机械回水系统中，锅炉可以不安装在底层换热器以下，而只需将凝水箱安装在低于底层换热器和凝水管的位置就行。而系统中的空气，可通过水箱顶部的空气管排入大气。

为防止系统停止运转时，锅炉中的水被倒吸流入凝水箱，应在泵的出水口管道上安装止回阀。为了避免凝水在水泵吸入口汽化，确保水泵的正常工作，凝水泵的最大吸水高度和最小正水头高度，必须受凝水温度的制约(表6.1-1)。

凝水泵的凝水温度、最大吸入压力、最小正压力　　表 6.1-1

凝水温度(℃)	0	20	40	50	60	70	80	90	100
最大吸入压力($\times 10^2$ Pa)	64	59	47	37	23	0			
最小正压力($\times 10^2$ Pa)							2	3	6

2. 高压蒸汽供热系统

高压蒸汽系统与低压蒸汽系统相比有下列特点:

(1)供汽压力高,流速大,系统作用半径大,但沿程管道热损失也大。对于同样的热负荷,所需管径小;但如果沿途凝水排泄不畅时,会产生严重水击。

(2)换热器内蒸汽压力高,表面温度也高,对于同样的热负荷,所需散热面积少;但易烫伤人和烧焦落在换热器上的有机尘,卫生和安全条件较差。

(3)凝水温度高,容易产生二次蒸发汽。

二、集中供热系统

(一)集中供热系统的热媒特点

1. 以水作为热媒,与蒸汽相比的优点

(1)热水供热系统的热能利用效率高。由于在热水供热系统中,没有凝结水和蒸汽泄漏以及二次蒸汽的热损失,因而热能利用率比蒸汽供热系统好,实践证明,一般可节约燃料 20% ~40%。

(2)可以改变供水温度来进行供热调节(质调节),能减少热网热损失,又能较好地满足卫生要求。

(3)热水供热系统的蓄热能力高,由于系统中水量多,水的比热大,因此,在水力工况和热力工况短时间失调时,也不会引起供暖状况的很大波动。

(4)热水供热系统可以远距离输送,供热半径大。

2. 以蒸汽作为热媒,与热水相比的优点

(1)以蒸汽作为热媒的适用面广,能满足多种热用户的要求,特别是生产工艺用热,要求蒸汽供热。

(2)与热水网路输送网路循环水量所耗的电能相比,汽网中输送凝结水所耗的电能少。

(3)蒸汽在换热器中,因温度和传热系数都比水高,可减少换热设备面积,降低设备费用。

(4)蒸汽的密度小,在一些地形起伏很大的地区或高层建筑中,不会产生如热水系统那样大的水静压力,用户的连接方式简单,运行也较方便。

(二)集中供热系统热媒参数的选择

1. 以热电厂为热源

热电厂是联合生产电能和热能的发电厂。联合生产电能和热能的方式,取决于采用供热汽轮机的形式。

以热电厂作为热源,实现热电联产,热能利用效率高。它是发展城镇集中供热,节约能源的最有效措施。但建设热电厂的投资高,建设周期长;此外,还应根据外部热负荷的大小和特征,合理地选择供热汽轮机的形式和容量,或采用凝汽式电厂改造为热电厂的方案,才能充分发挥其优点。

一般设计供水温度可取 110 ~150℃,回水温度约 70℃。

2. 以区域锅炉房为热源

区域锅炉房是城镇集中供应热能的热源,使用燃煤锅炉的热效率达到 80% 以上,比分散的小型锅炉房的热效率(50% ~60%)高得多。但热效率低于热电厂的热能利用效率。

区域锅炉房供热系统的主要特点有：

(1)区域锅炉房的供热设备比较简单,造价比较低，建设投资少,建厂条件要求不高,易于实现。

(2)以区域锅炉房为热源的供热系统,供热范围可大可小,比较灵活。涉及的用热单位不多,易于做到供热热源与热用户的合理布置,并易于达到在额定负荷下运行,经济效益高。

(3)区域锅炉房供热系统热媒的种类及其参数只是根据热用户用热设备的需要和要求来选定,较为简便。

(4)区域锅炉房供热系统的供热管网施工安装工程量较小,工期短,见效快。

(5)区域锅炉房供热系统建设周期短,易于与城市建设同步进行,同时规划、同时设计、同时施工、同时使用,有利于加速实现城市集中供热。

(6)区域锅炉房供热系统属于热、电分产分供,同以热电厂为热源的热电合产合供的系统相比较,其热能利用率较低。国内外的实践经验证明,调峰区域锅炉房与热电厂相结合的集中供热系统,可使热电厂运行达到最佳经济效益。

区域锅炉房根据其制备热媒的种类不同,分为蒸汽锅炉房和热水锅炉房。

以区域锅炉房为热源,供热规模较小时,采用 95～70℃的水温;供热规模较大时,应采用较高供水温度。

三、锅炉

(一)锅炉的作用

提供合乎质量和数量要求的蒸汽。

(二)锅炉的原理

利用能量的转换和传递现象,借助于循环水的不断受热汽化过程,达到蒸汽产生目的。

(三)锅炉的性能参数

锅炉的主要性能指标有:蒸发量、蒸汽参数、锅炉效率、蒸发受热面积、蒸发率、炉膛容积热负荷等。

1. 蒸发量

蒸发量是指锅炉在设计状态下每小时生产的蒸汽量,用 D 表示,单位是 t/h 或 kg/h。

2. 蒸汽参数

蒸汽参数是指锅炉产生的蒸汽质量。当锅炉供应饱和蒸汽时,蒸汽参数用蒸汽的工作压力表示,单位是 MPa,锅炉一般标注名义工作压力,使用的工作压力范围上限可稍超过它,但不应超过锅炉最大许用工作压力(设计压力)。当锅炉供应过热蒸汽时,还应同时标注蒸汽温度。

3. 锅炉效率

锅炉效率是指锅炉有效利用热量与投入炉内之燃料完全燃烧时所发出的热量之比。

4. 受热面积

受热面积包括蒸发受热面积(炉水被加热产生饱和蒸汽的受热面积)和附加受热面积(过热器、空气预热器和加热给水的经济器等附加设备的受热面积)。

5. 蒸发率(产汽率)

蒸发率是指单位蒸发受热面积的蒸发量,单位是 kg/m^2h,用来评价锅炉蒸发受热面和平均传热强度。蒸发率越高,锅炉结构越紧凑。

6. 炉膛容积热负荷

炉膛容积热负荷是指每单位炉膛容积在单位时间内燃料燃烧放出的热量。燃油锅炉在燃油耗量和热值一定的条件下，容积热负荷越大则炉膛的相对容积越小，燃油在炉膛内燃烧停留时间越短，炉膛内的烟气平均温度也越高。容积热负荷是影响燃烧质量、锅炉效率、工作可靠性以及锅炉尺寸和重量的一个重要参数。

（四）锅炉的分类

锅炉的形式很多，按其结构、水循环、工作压力的不同可分类如下：

1. 烟管、水管和水烟管联合锅炉

烟管锅炉受热面管内流动的是高温烟气，管外是水；水管锅炉受热面管内流动的则是水或者是汽水混合物，而烟气在管外流过；一部分受热面管子按水管锅炉方式产生蒸汽，而其余受热面管子则按烟管锅炉方式工作，称之为水烟管联合锅炉。

目前，水管锅炉正被广泛应用。

2. 自然循环、强制循环锅炉

对水管锅炉而言，管内的水须沿着一定的方向流动，以保证受热面管子不被高温烧坏。

所谓自然循环锅炉，即其管内水的流动是由于工质的密度差而引起的。相反，强制循环锅炉的管内水流动是借助泵来实现的。

3. 低、中、高压锅炉

这种分类依据的蒸汽工作压力是随着生产水平的发展而变化的。目前一般蒸汽工作压力在2.0MPa以下者为低压锅炉；2.0～4.0MPa为中压锅炉；4.0～6.0MPa为中高压锅炉；超过6.0MPa为高压锅炉。

（五）锅炉的基本结构

1. 本体

锅（上锅筒/汽包、下锅筒/水筒、连接管）；炉（炉胆、燃烧室、烟气通道）。

2. 附件

安全阀（阀座、阀盘、唇边、调节圈、套筒、调节弹簧）；水位计（通汽阀、通水阀、冲洗阀）。

3. 燃烧系统

供油系统、喷油系统、通风系统、配风系统、点火系统。

4. 汽水系统

供汽系统、凝水系统、给水系统、排污系统。

（六）燃油锅炉

锅炉按结构形式可分为水管锅炉和烟管锅炉两大类。一般地，锅炉应以结构简单、维护操作方便为选型的主要原则，当然也要考虑重量和尺寸应尽可能小些。D形水管锅炉、立式直水管锅炉、立式横烟管锅炉是常见的燃油锅炉的形式。

1. D形水管锅炉

D形锅炉以其本体形状类似英文字母“D”而得名。它的结构简单、操纵容易、效率高，且适宜于高温高压蒸汽。图6.1-1所示为D形水管锅炉的结构简图。其本体由汽包、水筒、联

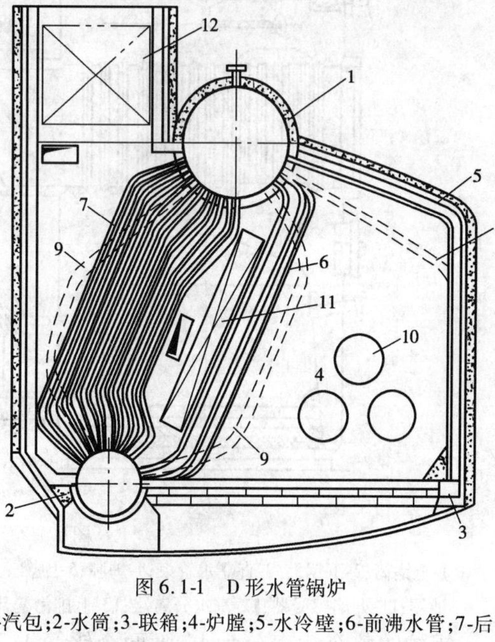

图6.1-1　D形水管锅炉

1-汽包；2-水筒；3-联箱；4-炉膛；5-水冷壁；6-前沸水管；7-后沸水管；8-联箱供水管；9-水筒供水管；10-燃烧器；11-过热器；12-经济器

箱、炉膛、水冷壁、沸水管束、过热器、经济器及空气预热器(位于经济器后面的烟道中,图中未示出)等部件组成。

燃油在炉膛充分燃烧,产生理论燃烧温度约1700℃左右高温烟气,以辐射的方式将热量传给炉墙水冷壁和前几排沸水管,到炉膛出口烟气温度降为1100℃左右。烟气离开炉膛后,以对流放热方式依次将热量传给后面的沸水管、经济器及空气预热器,最后经过烟囱排入大气,此时烟气温度已降为150~350℃左右。

汽包和水筒的材料为20G或22G焊接成型;联箱、水冷壁管排和沸水管是10G或20G钢制成;炉墙则由耐火材料、绝热材料和密封薄钢板组合而成,一方面起保温作用,另一方面又有密封功能,我国规定,炉墙和炉衣外表面温度不应大于60℃。

过热器为提供过热蒸汽而设,将汽包所产生的蒸汽引到过热器中,再作等压加热,以提高蒸汽中的热能,减少膨胀后的水分。

经济器由钢管和联箱构成,利用烟道中排烟的余热,将水温度提高,并减少进入汽包时因温度差而产生的热应力,同时回收余热,提高整体热效率。缺点是增加排烟的阻力。

空气预热器将进入炉膛的空气预热,使排烟温度进一步降低,提高了锅炉效率;同时由于空气温度提高,使炉膛温度上升,改善了燃烧条件。

2. 立式直水管锅炉

立式燃油直水管锅炉体积小、产汽快、蒸发率高、锅炉循环水强劲有力、循环效率高、管内炉水积垢稀微,除定期检验外,平时无需特别保养与维护。图6.1-2所示为此型锅炉,蒸发量为1.8t/h,蒸汽压力为0.7MPa,效率为80%。

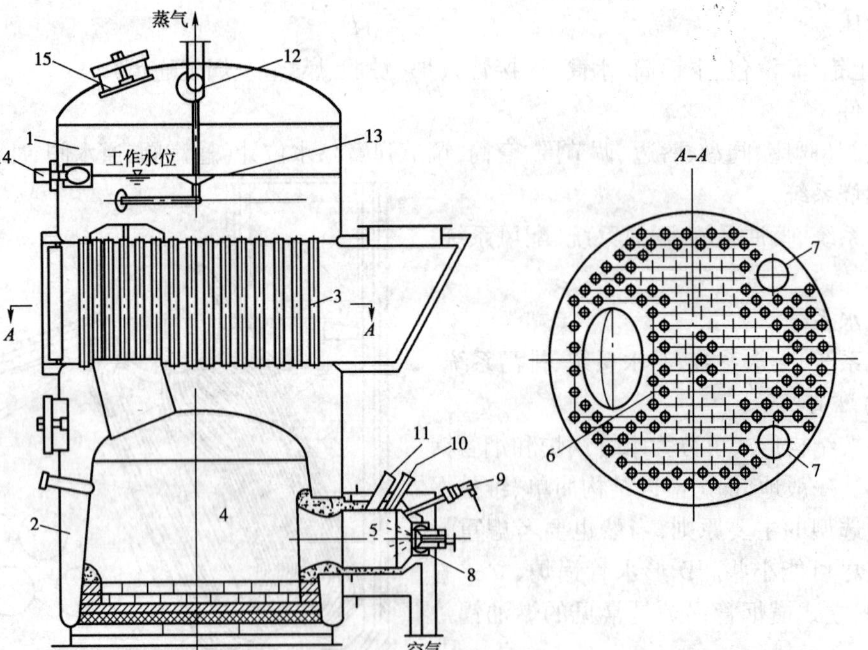

图6.1-2 立式直水管锅炉

1-上锅筒;2-下锅筒;3-直立水管束;4-炉膛;5-预燃室;6-挡烟墙;7-下降水管;8-主喷油器;9-点火器;10-点火喷油器;11-火焰感受器;12-汽水分离器;13-上排污漏斗;14-自动水位调节;15-人孔门

锅炉的整个锅壳分为上、下两个锅筒1、2,中间连接着直立沸水管束3和下降管7,水管中充满炉水,烟气在各管之间横向流过,传热效果较好。炉膛4位于下锅筒中,前方加装一个没有受热面的小容积预燃室5,供入的燃油和空气先在此处混合燃烧,再进入炉膛,使炉膛中的燃烧过程进行得更为完善,整个炉膛的热负荷更趋均匀,不会产生局部过热现象;由于预燃室中工作温度很高,在燃用劣质重油或渣油时,也能获得良好的燃烧,并且在低负荷时,也能保证较好的燃烧。此外,水管受热面的周围外壁上设有清理门,清垢方便。

3. 立式横烟管锅炉

图6.1-3所示是一种较典型的立式横烟管锅炉。它的不同型号的蒸发量为1~4.5t/h,最大工作汽压为1.0~1.7MPa。

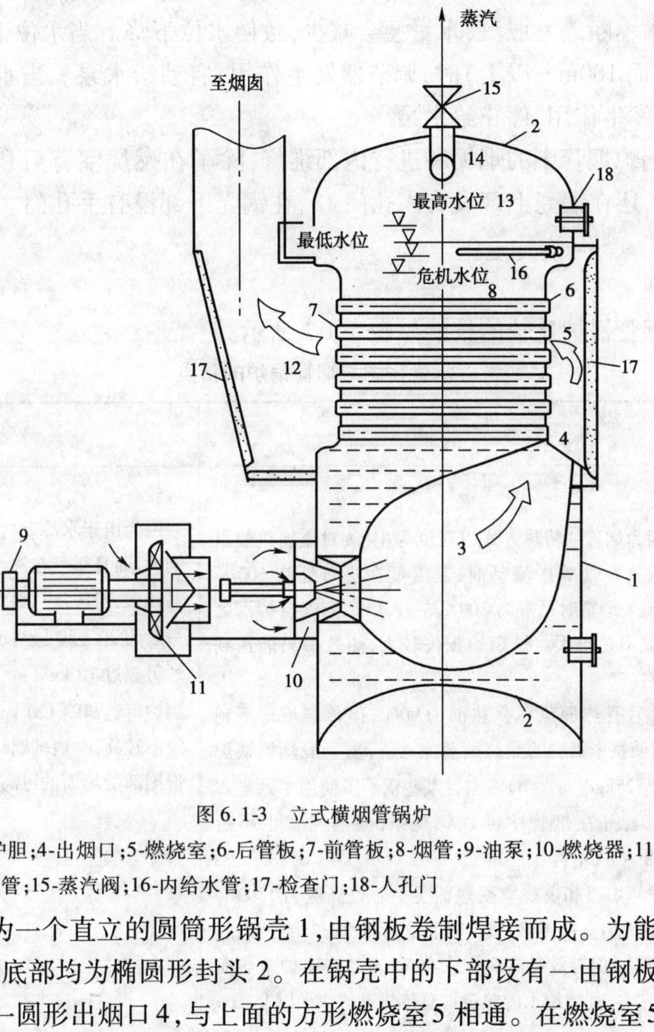

图6.1-3 立式横烟管锅炉

1-锅壳;2-封头;3-炉胆;4-出烟口;5-燃烧室;6-后管板;7-前管板;8-烟管;9-油泵;10-燃烧器;11-风机;12-烟箱;13-汽空间;14-集汽管;15-蒸汽阀;16-内给水管;17-检查门;18-人孔门

锅炉整体结构为一个直立的圆筒形锅壳1,由钢板卷制焊接而成。为能较好地承受内部蒸汽压力,其顶部和底部均为椭圆形封头2。在锅壳中的下部设有一由钢板压成的球形炉胆3,炉胆顶部靠后有一圆形出烟口4,与上面的方形燃烧室5相通。在燃烧室5与烟箱11之间,设有管板6和7,二管板之间装有数百根水平烟管8,烟管与管板采用扩接或焊接相连。

炉胆和烟管将整个锅壳内部分成两个互相隔绝的空间,其里面是烟气,而外面则充满着水。燃油和空气分别由喷油嘴和鼓风机送入炉膛。油被点着后,在炉胆内燃烧,未燃完的油和烟气经出烟口向上流至燃烧室继续燃烧,然后顺烟管流至烟箱,最后从烟囱排入大气。烟管锅炉中的炉胆、燃烧室和烟管都是蒸发受热面,只是烟管部分虽占锅炉总受热面积的90%,但其传热效果较差,传热量不到总量的一半,一般蒸发率仅为2.5~40kg/m^{2}h,而炉胆和燃烧空仅占整个锅炉受热面的10%左右,但其传给炉水的热量却占总吸热量的一半以上。这是因为该处烟气温度约为1300~1400℃,炉胆受火焰直接辐射,传热十分强烈,炉壁温度较高,所以是火管锅炉最易损坏的部位。而烟气管的传热方式以对流为主,属对流受热面。烟气在烟管中流动时,其温度在进口处为600～700℃,流入烟箱时已降为300℃左右,以致烟气与炉水之间的温度差不很大,又由于烟气在烟管内沿纵向流动,流速小,因此,烟气对烟管的对流换热效果不佳。

锅炉在工作时,锅壳中的水面只需比蒸发受热面高一些即可,在水面上部为汽空间13。炉水吸热沸腾而汽化,在水中产生大量蒸汽汽泡。蒸汽自水面逸出后,聚集在锅壳上部的汽空间中,经顶部的集汽管14和停汽阀15输出,由蒸汽管道送至各处使用。

由于炉内的水不断蒸发成汽,水量便会减少,致使水位下降。当水位下降至最低工作水位(至少应高出受热面100mm以上)时,调节器发生作用,启动给水泵。当水位上升到最高工作水位时,调节器又发生作用,停止给水泵。

为便于清除锅炉烟管中的烟垢和进行内部维修,除了在燃烧室背后和烟箱前面都有可开启的检查门17外,还在锅壳上部设有人孔门18,在锅壳下部设有手孔门。

实践技能展现

水管锅炉与烟管锅炉比较的技能如表6.1-2所示。

水管锅炉与烟管锅炉的特点 表6.1-2

项目	烟管锅炉	水管锅炉
受热面的蒸发率和热效率	较低。 (1)因为烟管的传热方式以对流为主,故对流换热效果不佳;烟气在烟管中流动时,其温度在进口处为600～700℃,流入烟箱时已降为300℃左右,以致烟气与炉水之间的温差不是很大。排烟热损失较大,热效率只能达到72%左右 (2)烟管受热面点总受热面的90%,但传热量却不到50%,致使整个锅炉的受热面蒸发率不高,一般烟管锅炉蒸发率为25kg/(m^2·h)左右。某些锅炉虽使用了悬空式球形炉胆,并在烟管中嵌入螺旋条,但蒸发率也不过40kg/(m^2·h)左右 (3)虽然炉胆和燃烧室受热面受中心处温度为1300～1400℃的火焰直接照射,属于辐射受热面,传热十分强烈,蒸发率甚大,但有效受热面积太小,仅占整个锅炉受热面的10%左右,其传给水的热量占总传热量的一半以上	较高。 因为由于水冷壁构成的辐射受热面所占比例大,而且烟气在沸水管束中是横向流动,流速较大,对流放热系数较大。故蒸发率较高,一般为30～50 kg/(m^2·h),设计紧凑的辅锅炉可超过70 kg/(m^2·h),而强制循环的水管锅炉可达90～120 kg/(m^2·h)。水管锅炉的效率较高,一般辅锅炉可达80%～85%,有些带尾部受热面的可高达92%以上
锅炉蒸发量	较小,不大于10t/h。 因为增加受热面时,锅壳直径和壁厚亦将增大,限制了蒸发量和工作压力。	较大,最大达100t/h。 因为提高锅炉蒸发量时,增置受热面管子无任何困难
锅炉工作压力	较小,不大于2MPa。 因锅筒要包围所有炉水和烟管,承压面积太大。虽增加壁厚可以提高工作压力,但不能太厚,否则太笨重,构造成本太大。	较大,可高达10MPa。 因为锅筒小承压面积小,水管工作压力增加易于达到

续上表

项目	烟管锅炉	水管锅炉
锅炉相对体积重量（单位蒸发量的重量）	较大，约为8t/h。 因为烟管锅炉受热面管子的蒸发率低，所以蒸发量既定时需要较大的受热面；同时又必须有厚壁的锅壳包围全部受热面，重量（包括水量）往往达蒸发量的6～8倍。因受热面管子均需为炉水所包围，锅炉的蓄水量多，为蒸发量的3～4倍，比较笨重	较小，仅为3t/h。 因为没有又厚又大的锅壳，蓄水量小，单位蒸发量的相对体积、重量较小
点火升汽时间	较长，需5～10h。 以免热应力太大损坏锅炉。因锅炉蓄水量较大，水循不微弱，锅炉本身结构的弹性欠佳	较短，小于2～3h。 因为没有又厚又大的锅壳，蓄水量小，单位蒸发量的相对体积得量较小
负荷变化引起的汽压波动及给水扰动引起的水位波动	较小。 因蓄水量大，故炉水蓄热量亦大，当负荷变化。汽压波动较小。同时因蓄水量大，故允许有较长时间不给水，管理较方便	较大。 因为蓄水量小，蓄热量也小。对水位和汽压自动调节系统的要求较高，管理地要求也较高
给水品质的要求	较低。 因为虽然炉胆部分传热强度高，但其外壁的水垢容易清除；烟管间的水垢虽难以清除，但该处烟气温度低，传热差，故运行时管壁温度不高，不易结硬垢	较高。 因为管子传热强度高，管内水垢难清除
在船舶上的应用	在老旧船上，多用。 因为自动化程度不高的情况下，烟管锅炉管理方便	在新造船上，多用。 因为采用自动调节技术，解决了汽压、水位波动快的问题；同时以海水淡化装置所产蒸馏水为锅炉补给水，化学除垢要求高的问题也不难解决

工作任务6.2　冷源设备的拆装维护

●知识点导入

理论知识点	实践知识点
1. 冷水机组的分类； 2. 活塞式冷水机组的特点和组成； 3. 离心式冷水机组的特点和组成； 4. 螺杆式冷水机组的特点和组成	1. 不同冷水机组比较的技能； 2. 冷水机组选型的技能

●理论信息获取

冷源设备的主要作用是提供冷媒，冷媒主要是冷水。冷媒循环系统一般是独立的机械循环供冷系统,包括各种设备和管系等,其中冷水机组是产生冷媒的主要设备。另外,在直接冷却式系统中,制冷机组就是冷源设备。

一、冷水机组的分类

根据冷水机组所用动力种类分为电力驱动冷水机组(蒸气压缩式冷水机组)和热力驱动冷水机组(吸收式冷水机组)。

(一)压缩式冷水机组

根据压缩机的种类分为活塞式、螺杆式、离心式和涡旋式等。

根据冷凝器的冷却方式分为水冷式、风冷式和蒸发冷却式。

根据使用的制冷剂种类分为氟里昂冷水机组和氨冷水机组。

(二)吸收式冷水机组

根据热源方式分为蒸汽型、热水型和直燃型。

根据换热器的布置情况分为单筒型、双筒型和三筒型。

根据应用范围分为单冷型和冷热水型。

根据所用工质分为氨吸收式和溴化锂吸收式。

根据热能利用程度分为单效吸收式和双效吸收式。

二、活塞式冷水机组

活塞式是问世最早的一种机组;常用于中、小型空调系统;占有主导地位。

(一)特点

(1)机组装置简单;

(2)在空调制冷范围内有较高的容积效率;

(3)使用普通金属材料,加工容易,造价低;

(4)采用多机头、高速多缸、短行程、大缸径后,容量有所增大,性能可得到改善;

(5)模块式冷水机组是活塞式的改良型,采用了高效板式换热器,机组体积小,重量轻,噪声低,占地少,采用标准化生产的模块单元,可组合成多种容量,调节性能好,部分负荷性能系数不变,电脑控制,自动化程度高,安装简便;

(6)往复运动的惯性力大,转速不能太高,振动较大;

(7)单机容量不宜过大;

(8)单位制冷量重量指标大;

(9)当单机机组转速不变时,只能通过改变工作气缸数实现能量调节,部分负荷下调节特性较差;

(10)模块式冷水机组当组合超过八个模块单元时,蒸发器和冷凝器水侧流阻较大。

(二)组成

活塞式冷水机组就是把实现制冷循环所需的一台或多台活塞式制冷压缩机、电动机、蒸发器、冷凝器、热力膨胀阀、干燥过滤器、电控柜、油分离器等部件紧凑地共用底座组装在一起的专供空调用冷目的整体式制冷装置。压缩机的台数可以是单台、两台或两台以上。两台以上的冷水机组称为多机头机组。多机头冷水机组的台数最多为8台。水冷式冷水机组一般多为卧式框架结构,压缩机可置于框架的上方或下方,冷凝器和蒸发器放在下方或上方,电控柜安装在框架上。

(三)循环简图

活塞式冷水机组一般可向空调系统提供5~12℃的冷水。如图6.2-1所示。

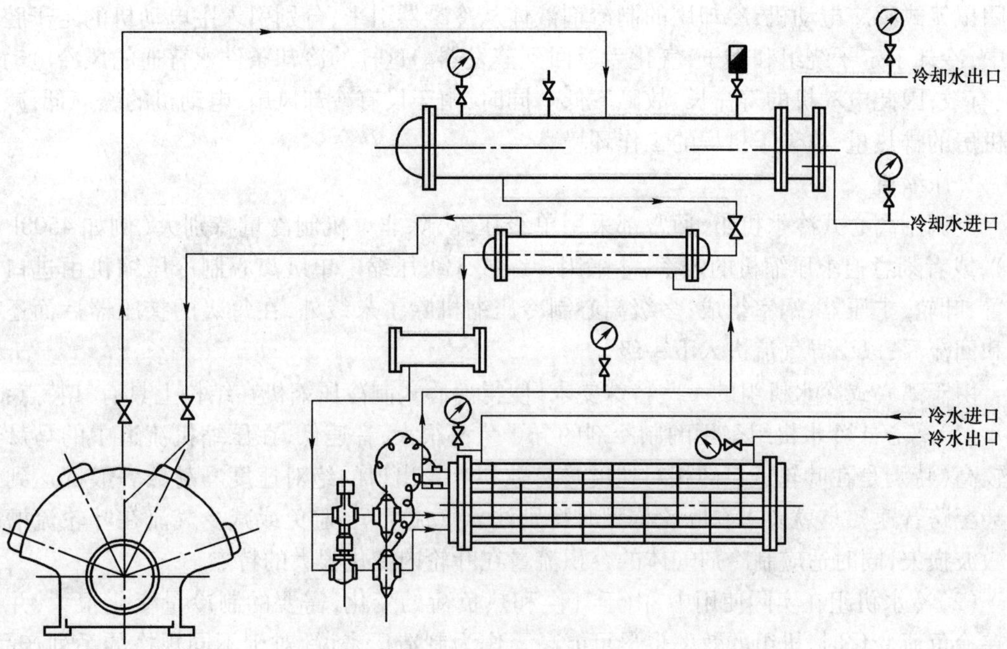

图 6.2-1　活塞式冷水机组

三、离心式冷水机组

常用于大型(≥300kW)空调系统。

(一)特点

(1)压缩机输气量大,单机制冷量大,结构紧凑,重量轻,单位制冷量重量小,相同制冷量下比活塞式机组轻80%以上,占地面积小;

(2)性能系数高;

(3)叶轮作旋转运动,运转平稳,振动小,噪声较低;

(4)调节方便,在较大的冷量范围内能较经济地实现无级调节;

(5)无气阀、填料、活塞环等易损件,工作比较可靠。

(6)由于转速高,对材料强度、加工精度和制造质量要求严格;

(7)单级压缩机在低负荷时易发生喘振;

(8)当运行工况偏离设计工况时,效率下降较快;

(9)制冷量随蒸发温度降低而减少的幅度比活塞式快,制冷量随转数降低而急剧下降。

(二)组成

目前,用于中央空调的离心式冷水机组,主要由离心制冷压缩机、主电动机、蒸发器(满液式卧式壳管式)、冷凝器(水冷式满液式卧式壳管式)、节流装置、压缩机入口能量调节机构、抽气回收装置、润滑油系统、安全保护装置、主电动机喷液蒸发冷却系统、油回收装置及微电脑控制系统等组成,并共用底座。

离心式冷水机组的部件中,区别于活塞式的主要部件是离心压缩机,此外,其他主要辅助设备比如换热设备、润滑油系统、抽气回收装置等均有自己特点,下面进行简单介绍。

1. 主电动机

离心式冷水机组多为半封闭式结构。所谓半封闭式机组,是指压缩机、增速器与主电动机联为一体,同处于制冷剂环境中,不需要轴封。机组的主电动机是特殊设计的用制冷剂冷却的封闭鼠笼式感应电动机，冷却用的制冷剂液体从冷凝器引来，分别引入主电动机的定子腔和转子中，冷却了定子绕组和转子，气化后返回到蒸发器。这样的冷却条件比普通的风冷电动机充分、有效，因此电动机的寿命长、故障率低。同时，由于设有冷却风扇，电动机的噪声低，减少了向机房的排热量，改善了机房的工作环境。

2. 压缩机

空调用离心式冷水机组，通常都采用单级压缩，除非单机制冷量特别大（例如4500kW以上），或者刻意追求压缩机的效率，才采用2级或3级压缩。单级离心制冷压缩机由进口调节装置、叶轮、扩压器、蜗室组成；多级离心制冷压缩机除了末级外，在每级的扩压器后面还有弯道和回流界，以引导气流进入下一级。

由于离心式冷水机组的一些特殊要求，使得离心式制冷压缩机在结构上具有其特点：

（1）离心式冷水机组采用的制冷剂的分子量都很大，音速低，在压缩机流道中的马赫数M比较高（特别是在叶轮进口的相对速度马赫数和叶轮出口的绝对速度马赫数一般都达到亚音速甚至跨音速），这就要求在叶轮构型时特别注意气流组织，避免或减少气流在叶轮流槽中产生激波损失，同时适应制冷剂气体的容积流量在叶轮内变化很大的特点。

（2）冷水机组在实际使用中，由于气候和热负荷的变化，需要的制冷量变化很大，并且要求在冷负荷变化时，机组的效率也尽可能高。作为制造厂来说，对于不同规格的系列产品，希望零部件的通用化程度越高越好。对于离心制冷压缩机，其叶轮的出口角小，则压缩机的性能曲线比较平坦，绝热效率较高，还能减少因采用同一蜗室而造成的匹配失当和效率降低，有利于变工况运行。

（3）离心式压缩机是通过旋转的叶轮叶片对制冷剂蒸气做功而提高其压力的。但是，如前所述，制冷剂蒸气的分子量一般都很大，其音速很低，如果为了提高蒸气能量头的需要，叶轮中布置的叶片数过多，则叶片的厚度将使叶轮进口的通流面积减小，使叶轮进口的气流速度很高，进口气流马赫数达到或超过音速，引起效率的急剧下降。为此，对于叶片出口角大于40°，叶片进口直径较小时，往往采用长、短叶片，解决必要的能量头和效率之间的矛盾，效果十分明显。

（4）为了提高叶轮轮毂的强度，特别是为了消除键槽根部因开、停产生的应力集中疲劳破坏，近年来研制出叶轮与主轴采用三螺钉连接、端面摩擦连接等传递扭矩的方式，使叶轮运行可靠。

（5）多级压缩机一般采取多次节流，中间加气的形式。这种结构的优点是可以提高循环效率而节能，对于低温（蒸发温度在0℃以下）离心式制冷机组还可以实现一机多种蒸发温度，这在某些工艺流程中特别适宜。

3. 蒸发器和冷凝器

离心式冷水机组的蒸发器、冷凝器均为卧式管壳式结构，制冷剂都在壳侧流动。蒸发器、冷凝器换热效果的好坏对机组的能耗、重量和尺寸影响极大。就光管而言，管外制冷剂侧的表面传热系数远低于管内水侧的表面传热系数。提高制冷剂侧传热管外表面传热效果的主要方法有两种：一是通过在管外表面喷涂金属颗粒或通过机械加工在管外表面形成翅片以增大管外表面的传热面积；二是通过改进管外去面翅片的形状以改善表面传热，提高表面传热系数。比如，使冷凝管外表面加工成锯齿肋，使管外表面形成的冷凝液膜易于形成珠状很快滴下，不致覆盖在冷凝管外表面形成新的热阻，从而提高了冷凝换热系数。又如，将蒸发管外表面按制冷剂液态沸腾特性设计，使冷媒蒸发气泡连续生成，避免沸腾气泡被再冷凝，同时气泡在上升过程中又加大了对制冷剂液的扰动，从而提高表面传热系数。目前，很多制造厂商的传热管外表面传热系数已经达到或超过管内的表面传热系数，有的为了进一步提高管内侧的表面传热系数,甚至在管内壁上也加工出了翅片。由于传热管技术的进步。现在蒸发温度与冷水出水温度之差,已可达到2℃左右,蒸发温度的提高使压缩机的压缩比降低,减少了耗功,也减小了换热器的尺寸和重量。

在蒸发器的上部有挡液网,以防止蒸发飞溅的制冷剂液滴直接被压缩机吸入。

4. 节流装置

将冷凝器底部积存的高压、常温制冷剂液体节流降压为低压、低温的制冷剂液体进入蒸发器内蒸发制冷,以前都是用浮球阀来完成,现在普遍改用一个或多个固定孔口的节流孔板来控制流入蒸发器的制冷剂流量。由于无运动部件,使系统运行更加可靠。

5. 润滑油系统

润滑油系统由油泵、油冷却器、油过滤器及调节阀门等组成,向压缩机、齿轮轴、主电动机轴的轴承和齿轮的啮合面供油润滑、冷却。由于离心式冷水机组的结构日趋紧凑,其油泵一般为内置式,浸没于油箱中;油泵电机由于要与溶解有制冷剂的润滑油直接接触,其绕组的绝缘材料也应与制冷剂相容。油冷却器一般为板式换热器,利用制冷剂液体在板式换热器中蒸发的汽化潜热冷却润滑油,因此尺寸小,也内置于压缩机机壳内,便于蒸发后的制冷剂蒸气返回压缩机。油过滤器的过滤精度要求很高(一般为10~15μm),其安装位置应尽量靠近供油口,为及时发现过滤器被杂质堵塞,机组运行中应监视过滤镜前后的压力差。

在离心制冷压缩机中,油箱也处于制冷剂环境中,润滑油与制冷剂是互溶的,且温度越低,制冷剂在油中的溶解度越大。润滑油中溶有制冷剂后其黏度要降低,直接影响启动时机组正常供油压力的建立。为此,在油箱中设有一组供机组停机阶段加热润滑油的电加热器。

(三)循环简图

离心式冷水机组一般可向空调系统提供7~10℃的冷水。如图6.2-2所示。

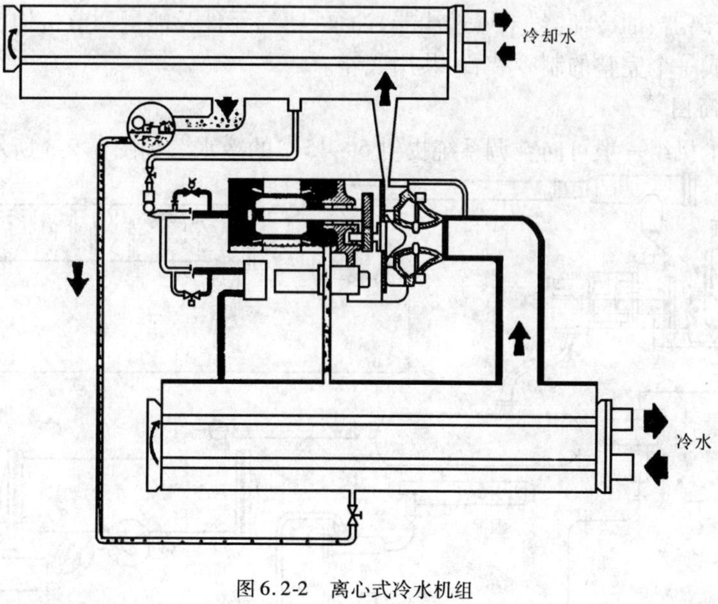

图6.2-2　离心式冷水机组

四、螺杆式冷水机组

与往复式、离心式等机型相比,螺杆式制冷压缩机是属于发展较晚的一种机型。20世纪70年代是螺杆式制冷压缩机大发展时期,开发与研究的领域十分广阔,主要有以下几个方面:高效型线的研究;机器内部工作过程的研究;与提高机器性能有关的新结构的研究;新型制冷循环的研究及制冷装置自动化等。这些方面卓有成效的开发与研究,使得螺杆式制冷压缩机的水平得到了很大的提高。

(一)特点

(1)与活塞式相比,结构简单,运动部件少,无往复运动的惯性力,转速高,运动平稳;

(2)机组重量轻,单机制冷量大;

(3)由于缸内无余隙容积和吸、排气阀片,因此具有较高的容积效率;

(4)螺杆式易损件少,零部件仅为活塞式的1/10,运行可靠,易于维修;

(5)对湿冲程不敏感,允许少量带液,无液击危险;

(6)调节方便,制冷量可通过滑阀进行无级调节;

(7)运行费用低:就单位功率制冷量而论,满负荷时螺杆式略低于往复式,但由于螺杆式调节性能大大优于往复式,且在50% ~100%负荷运行时,其功率消耗几乎正比于冷负荷,使得在大多数实际运行工况下,其运行费用低于往复式;

(8)适合于制成热泵机组:热泵运行工况的压力比较大,采用螺杆式制冷机组就比较合适。而且,螺杆式压缩机排气温度低,冷凝器结垢情况比活塞式低得多,有助于保持较高的传热效率与运转稳定。它兼有活塞式和离心式压缩机的优点,但需要装设大容量的油分离器;

(9)要求加工精度和装配精度高;

(10)单级容量比离心式小;

(11)部分负荷下的调节性能较差。

(二)组成

目前,中央空调采暖系统中采用的螺杆式冷(热)水机组,是由双/单螺杆式制冷压缩机(开启式和半封闭式)、冷凝器(水冷式和风冷式)、蒸发器(干式壳管式和满液式壳管式)、热力膨胀阀、油分离器、油冷却器、干燥过滤器、油泵、感温元件及能量调节机构、安全防护装置及电控系统等组成一个完整的制冷装置,共用底座。

(三)循环简图

螺杆式冷水机组一般可向空调系统提供5 ~15℃的冷水。如图6.2-3所示。

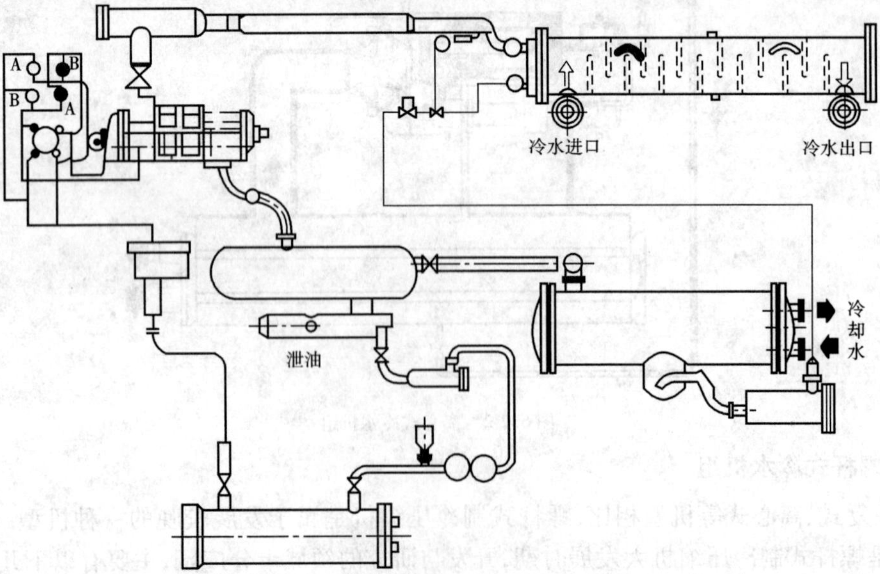

图6.2-3　螺杆式冷水机组

● 实践技能展现

一、不同冷水机组比较的技能（表 6.2-1）

冷水机组的冷量范围、工质及性能系数　　表 6.2-1

种类		制冷剂	单机制冷量/kW	性能系数/(W/W)
压缩式冷水机组（水冷）	活塞式	R22,R134a	52~580	3.57~4.16
	螺杆式	R22	352~3870	4.50~5.56
	离心式	R123	250~10500	5.00~6.00
		R134a	250~28150	4.76~5.90
		R22	1060~35200	
	涡旋式	R22	<210	4.00~4.35
	模块式	R22	110~1690	3.82
吸收式冷水机组	蒸汽式	NH_3/H_2O		>0.60
	热水式	H_2O/L_iB_r（双效）	240~5279	1.00~1.23
	直燃式	H_2O/L_iB_r（双效）		1.00~1.33

二、冷水机组选型的技能

冷水机组的选型就是要合理地选定机型、台数。

（一）冷水机组选择的原则

(1)建筑物的冷负荷大小，全年冷负荷的分布规律；

(2)当地的水源（包括水量、水温及水质）、电源和热源情况；

(3)初投资和运行费用；

(4)冷水机组的特性（包括性能、大小、价格、冷量范围及使用工质等）。

（二）冷水机组选择时注意事项

(1)台数一般以选用 2~4 台为宜，中小型规模宜选用 2 台，较大型可选用 3 台，特大型可选用 4 台，机组之间要考虑互为备用和切换使用的可能性。

(2)同一机房内可选用不同类型、不同容量的机组搭配的组合方案，以节约能耗。并联运行的机组中至少应选择一台自动化程度较高，调节性能较好，能保证部分负荷下能高效运行的机组。

(3)对有合适热源特别是有余热或废热的场所或电力缺乏的场所，用吸收式冷水机组。

(4)选择电力驱动的冷水机组，当单机制冷量大于 1163kW 时，宜选用离心式；当单机制冷量在 582~1163kW 之间时，宜选用离心式或螺杆式；当单机制冷量小于 582kW 时，宜选用活塞式；选用活塞式冷水机组时，宜优先选用多机头自动联控的冷水机组；根据建筑物用途、冷量特点及投资费用等实际情况综合考虑决定是否配备备用机组。

工作任务6.3　空气热湿处理设备的拆装维护

●知识点导入

理论知识点	实践知识点
1. 表面换热器； 2. 喷水室； 3. 加湿器； 4. 去湿器； 5. 再热器(电加热器)； 6. 热焓交换器； 7. 风机盘管	1. 加湿器使用的技能； 2. 电加热器使用的技能

●理论信息获取

一、表面换热器

表面换热器在空调系统中对空气的加热或冷却是通过中间介质来完成的，这个中间介质叫热媒或冷媒。表面换热器就是让热媒或冷媒通过金属表面，使空气加热或冷却的设备。当加热空气时，热媒为热水或蒸汽，冷却空气时，冷媒为冷水。

(一)作用

由冷媒或热媒通过金属壁面与空气进行热交换，达到冷却、减湿或加热的目的。

(二)分类

1. 按换热效果分类

(1)空气加热器：利用热媒对空气进行加热以提高室内温度的换热器。

(2)空气冷却器：利用冷媒对空气进行冷却以降低室内温度的换热器。

2. 按传热面结构形式分类

(1)板式：又可细分为螺旋板式、板壳式、波纹板式、板翅式。

(2)管式：又可细分为列管式、套管式、蛇形管式、翅片管式。

(三)结构

表面冷却器设备结构紧凑，水系统简单，水与空气不直接接触，对水质不做卫生要求。表面冷却器由肋管、联箱和护板组成，其中肋管是换热主要部件，形式、质量、安装直接影响换热效果。

(四)直接蒸发式空气冷却器(蒸发器)

直接蒸发式空气冷却器(图6.3-1)一般由带铝制肋片的蛇形铜管组成，装在镀锌钢板制框架中。设计成冷却介质与气流呈逆流，风速多为3.5 m/s左右。空气冷却器的管壁温度一般都低于空气露点，在冷却空气的同时也能除湿。管壁温度越低，对空气的除湿能力就越大。空调装置制冷剂的蒸发温度一般多设计为5～10℃，空气冷却器管壁温度常比管内介质高2～4℃。空调压缩机的低压控制器常调节成最低蒸发温度不低于－3℃左右，使管壁温度不至低于0℃而结霜。有些船的空调装置考虑只要空气冷却器肋片不结霜，就不至堵塞风道影响送风，允许

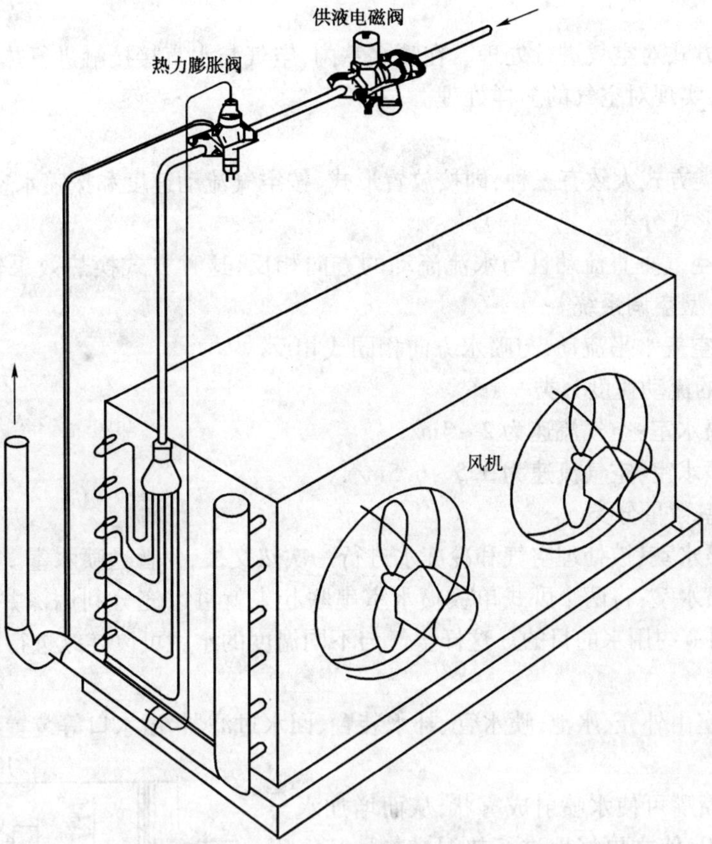

图 6.3-1 直接蒸发式空气冷却器

低压控制器控制的最低蒸发温度有低至 -6℃（R22 表压 0.3 MPa）甚至更低的。当采用间接冷却方式时，如载冷剂用淡水，则温度一般保持 4 ~ 7℃，最低不低于 2 ~ 4℃，以防淡水冻结。

为了防止凝水被气流携入空调器后部和风管中引起金属锈蚀，空气冷却器后面常设有挡水器。挡水界通常由许多薄钢板做成的曲板组成，当空气流过曲板间的曲折缝隙时，气流方向不断改变，携带的水滴就会碰撞到曲板上，然后向下流到承水盘中后泄走。曲板的出口端常弯成挡水沟。通过挡水器的风速不宜过大，否则可能会失去挡水作用。也有的空调器将加热器放在空气冷却器后兼起挡水作用，而取消了挡水器。

空气冷却器和挡水器外壁所流下的凝水，汇集在底部的承水盘中，必须用泄水管排走。为了保证吸入式空调器的承水盘在最大负压 1600Pa（160mmH_2O）和与泄水口反向倾斜 3°时凝水能顺利泄出，安装时必须保持承水盘的泄水口相对泄水管有适当的高度，以便当承水盘中水位达到一定高度时，所产生的静压能将存水器的塑料球阀顶起，从右侧的泄水管泄水；又不至于使承水盘中的凝水放空，以致部分进风绕过空气冷却器而被风机吸入。在进风特别干燥的天气或非降温工况时，承水盘中凝水过少或没有水，塑料球阀还可以防止泄水管中可能有怪味的气体被吸入空调器。为了避免泄水阻力太大，泄水管不能太细，靠近空调器处应设有放气漏斗。也有的承水盘为了避免凝水被泄空，采用的办法是在泄水管上设有足够高度的水封管。

二、喷水室

喷水室能够实现多种空气处理，且对空气具有一定的净化能力。它的特点是易于加工、金属用量少，但对水质的卫生要求较高。水系统构造较复杂，需要一定的占地面积。

(一)作用

采用喷淋方式对空气进行处理。在喷水室内,空气与水直接接触进行热湿交换,以达到所要求的温湿度,实现对空气的多样处理。

(二)分类

喷水室分类方式大致有三种,即按放置形式、按空气流动速度和按喷水室的级数分类。

1. 按放置形式分类

(1)立式:空气垂直流动且与水流流动的方向相反,这种方式换热效果较好,但空气处理量少,适应于小型空调系统。

(2)卧式:空气水平流动,与喷水方向相同或相反。

2. 按空气的流动速度分类

(1)低速喷水室:空气流速为2~3m/s。

(2)高速喷水室:空气流速为3.5~6.5m/s。

3. 按喷水室数量分类

(1)单级喷水室:被处理空气和冷冻水进行一次热交换,为普通喷水室。

(2)双级喷水室:将两个卧式单级喷水室串联起来就可以充分利用深井水等天然冷源或人工冷源,达到节约用水的目的。这样空气与不同温度的水就可以连续进行两次热交换。

(三)结构

单级喷水室由外壳、水池、喷水管、补水装置、回水过滤器、溢水口等装置组成(图6.3-2)。

1. 喷嘴

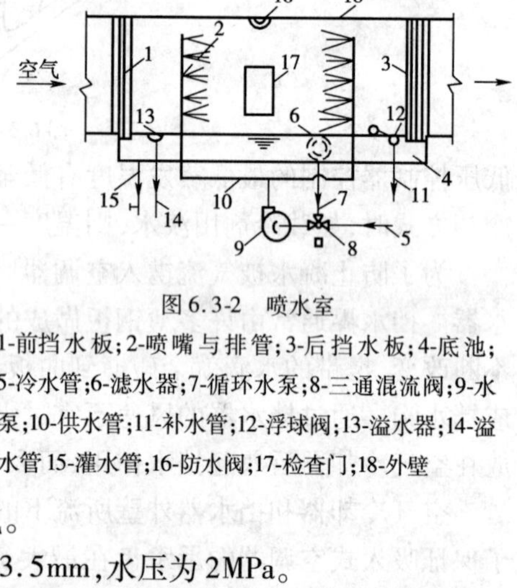

图6.3-2　喷水室

1-前挡水板;2-喷嘴与排管;3-后挡水板;4-底池;5-冷水管;6-滤水器;7-循环水泵;8-三通混流阀;9-水泵;10-供水管;11-补水管;12-浮球阀;13-溢水器;14-溢水管 15-灌水管;16-防水阀;17-检查门;18-外壁

喷水室的喷嘴可使水喷射成雾状,从而增加水与空气的接触面积,使之更好地进行热湿交换。其作用原理是:当具有一定压力的水流以较高的流速,沿切线方向进入喷嘴时,旋转180°,借助离心力,沿喷孔喷出,形成以喷孔为顶点的中空锥形水膜。由于水的表面张力及空气流速的作用,水膜很快破裂,形成小水滴。

喷嘴以喷孔的大小分为粗喷、中喷及细喷。

(1)粗喷:喷嘴孔径在4.0~6.0mm、喷水压力为0.5~1.5MPa的喷射。它喷出的水滴较大,在与空气接触时,水滴温升较慢,不易蒸发。因而广泛应用于夏季的降温、降湿处理。在冬季可用喷循环水加湿空气。

(2)中喷:介于粗喷与细喷之间,喷嘴孔径为2.5~3.5mm,水压为2MPa。

(3)细喷:喷嘴孔径为2.0~2.5mm,水压大于2.5MPa。这种喷嘴喷出的水滴较细,适用于加湿空气,但易堵。

在一般的空气调节使用场合,喷水室多采用粗喷。这样既可以对空气进行降温去湿或绝热加湿处理,又可以不必经常更换喷嘴。

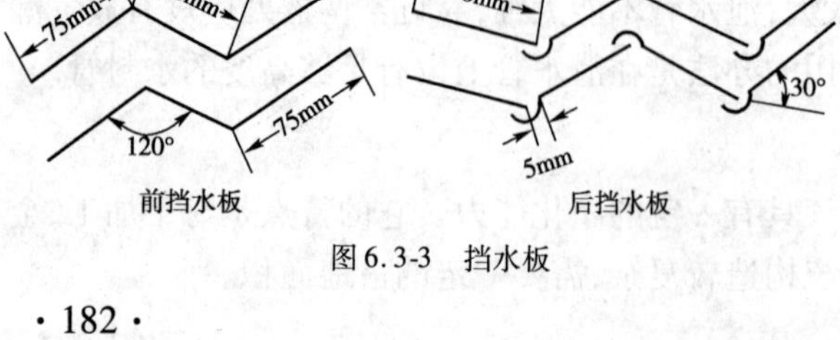

图6.3-3　挡水板

喷嘴一般采用铜、不锈钢、尼龙和塑料等耐磨、耐腐蚀性的材料制作。

2. 挡水板

挡水板为直立的折板或波形板,一般由镀锌薄钢板或塑料板构成。分为:

前挡水扳和后挡水板。

前挡水板设置在喷嘴之前，作用是防止水滴溅到喷水室之外，同时也起到使进入喷水室的空气均匀分布的作用，所以又称为均风板。后挡水板主要用于阻止混合在空气中较大的水滴进入管道和空调房间。当气流在两片挡水板之间做曲折前进时，其所夹带的水滴因惯性来不及迅速转弯，碰到挡水板上而附流下来，这样挡水板就起到了气水分离和阻止水滴通过的作用。

在实际工作中，挡水板并不能全部将小水滴分离，它的效果好坏，与挡水板的结构、安装质量、空气流速都有很大关系。有些集中式空调系统在后挡水板上方安装一根淋水管，以加大空气中水滴及附流水滴的重量，使之迅速流入喷水室水池中。

3. 喷水室外壳

喷水室外壳一般用 1.5 ~2mm 厚的钢板制作，亦可以用水泥、砖等材料制作，外壳有保温措施，不得漏风和渗水。

4. 水池

水池在喷水室的底部，是为了收集喷雾水之用。水池的容积按照总喷水量的 3% ~5% 计算。正常运行时，水池贮存有一定的水位，以确保喷水量稳定。水池一般装有自来水自动补充机构，即浮球阀，并设有溢流口、排污口及过滤器口。

(四)喷水式表面冷却器

表面冷却器只能对空气进行加热、等湿和去湿冷却处理，但它不能对空气进行加湿处理且净化不好，这是它的局限性。喷水室表面冷却器则兼有喷水室和表冷器的双重作用，从而弥补了普通表冷器的不足。它在表面冷却器前设置了喷嘴，将水喷在表冷器外表面形成一层水膜，而空气则通过与水膜进行热、湿交换来达到加湿和净化的目的。

三、加湿器

(一)作用

冬季供暖时，用表面式空气换热器对空气进行等湿加热以后，会使其相对湿度下降，空气变得比较干燥，这时就要对空气进行加湿处理。

(二)分类

1. 按对空气的处理方式分

(1)集中式加湿器：在集中空气处理室中对空气进行加湿的设备。

(2)局部式加湿器：在空调房间内补充加湿处理的设备，也称为补充式加湿器。

2. 按空气加湿的方法分

(1)水加湿器：在经过处理的空气中直接喷水或让空气通过水表面，通过水的蒸发使空气被加湿的设备。

(2)蒸汽加湿器：通过加热、节流使水变成水蒸气，对被调节空气进行加湿的设备。

(3)雾化加湿器：利用超声波或加压喷射的方法将水雾化后喷入风道，对被调节空气进行加湿的设备。

(三)结构

1. 蒸汽加湿器

(1)蒸汽喷管。蒸汽喷管是在喷管上开有若干个 2 ~3mm 的小孔，在压力的作用下，蒸汽从小孔中喷出，与被调节空气混合，从而达到加湿的目的，但蒸汽喷管喷出的水蒸气中往往夹杂有水滴，影响加湿效果。

(2)干式蒸汽加湿器。蒸汽通过喷管外套、加热管壁、挡板、分离室进入。由于蒸汽流向改变,通道面积增大,流速降低,有部分冷凝水析出。分离出冷凝水的干蒸汽,由分离室顶部的调节阀节流降压后进入干燥室,第二次分离出冷凝水,处理后的干蒸汽通过消声腔经喷管小孔喷出,对空气进行加湿。分离出的冷凝水由疏水器排出。

优点是加湿速度快,均匀性好,能获得高湿度,安装方便,节能。

(3)电加湿器:

①电极式加湿器。电极插入水槽中,通电,电流由正到负,水被电流加热产生蒸汽,由排出管到空调房间,水槽中设有溢水孔,通过调节溢水孔位的高低,调节水位并通过控制水位控制蒸汽的产生量。

②电热式蒸发器。管状加热器直接加热水,产生水蒸气,由短管喷入被调节的空气中,对空气进行加湿。

2. 雾化加湿器

雾化加湿器是直接安装在空调房间,将常温水雾化后喷入房间,通过水雾吸收室内空气中的热量变成水蒸气来增加房间的湿度的设备。

(1)回转喷雾加湿器。水随着转盘而转动,在离心力作用下被甩向四周,经分水牙飞出,在与分水牙碰撞中,水被粉碎成细小雾滴,在风机作用下送入房间。不宜吹走的大水滴落回集水盘沿排水管流出。

(2)离心式喷雾加湿器。在电机作用下,水被吸入管吸入喷雾环中心;在离心力作用下,由喷雾环四周排出;与小孔碰撞,雾化并被继续提升至喷雾口,随风送入室内,以达到加湿的目的。

(3)超声波雾化加湿器。通过超声波发生器发出的高频超声波将水雾化后送入室内,以达到加湿的目的。

四、去湿器

(一)作用

夏季天气炎热,空气含湿量和相对湿度都很大,这时要对空气进行去湿处理以减少其相对湿度。

(二)分类

加热通风除湿;机械除湿;吸收除湿;吸附除湿。

(三)结构

1. 加热通风去湿机

由加热器、送风机、排风机组成。其工作是将室内相对湿度较高的空气排出室外,而将室外空气吸入并加热后送入室内,以达到对室内空气去湿的目的。这种方法设备简单、运行费用较低,但受自然条件限制,工作可靠性差。

2. 机械去湿机

由制冷系统、通风系统及控制系统组成。制冷系统采用单级蒸气压缩制冷,由压缩机,冷凝器,毛细管,蒸发器等实现制冷剂循环制冷,并使蒸发器表面温度降到空气露点温度以下。这样当空气在通风系统的作用下经过蒸发器时,空气中的水蒸气就凝结成水析出,空气的含湿量降低。而后,空气又经过冷凝器,吸收其散发的热量后温度升高,使其相对湿度下降后经通风系统返回室内达到去湿目的。

3. 液体除湿机

三甘醇液体去湿机包括除湿和再生两个部分。除湿装置由百叶窗、过滤器、喷嘴、表面冷却器、贮液箱、除雾器等组成;再生装置由百叶窗、过滤器、喷嘴、加热器、除雾器等组成。

被处理室内空气经百叶窗进入去湿器,经过滤器除尘后与喷嘴落下的三甘醇浓溶液相接触,失去水分后在风机的作用下送入房间。而吸收水分后的浓溶液变成稀溶液落入贮液池。被溶液泵输送,一路进入再生器,一路重新输送到喷嘴进行喷淋。溶液经加热器升温后进入再生器由喷嘴喷下。空气经百叶窗、过滤器与升温后的稀溶液在加热接触器上相混合。吸收稀溶液中的水分后经除雾器除掉少量三甘醇蒸气及液滴后由风机排入大气。而变成浓溶液的三甘醇集中在再生器底部并在溶液泵的作用下返回吸湿器贮液池。

4. 吸附去湿机

转动式吸附去湿机利用特制的吸湿纸来吸收空气中水分的设备。这种设备由除湿转轮、传动机构、外壳、风机及再生用电加热器组成。转轮是由波纹状的、含有氯化锂和氯化锰晶体的石棉纸卷绕而成。吸温和再生能连续进行。

五、再热器(电加热器)

(一)作用

在中央空调系统中,各送风管中或水管外安装电加热器,以补偿热量或实现温度的分区控制。

(二)种类

1. 裸线式电加热器

由于空气与电阻线直接接触,结构简单、热惰性小、加热迅速;但安全性差,电阻丝表面温度高,粘附其上的杂质分解后会产生异味,影响空气质量。

2. 管式电加热器

将电阻丝封装在特制的金属套臂内,中间填充导热性好并绝缘的结晶氧化镁。形式有棒形、蛇形和螺旋形等多种形式,甚至还有带螺旋翅片的电加热管。

六、热焓交换器

为了节能,某些空调装置中装设了能使空调新风和房间的排风在互不相混的情况下进行热、湿交换的热焓交换器。图6.3-4、图6.3-5所示为热焓交换器简图及设有热焓交换器的中央空调器简图。

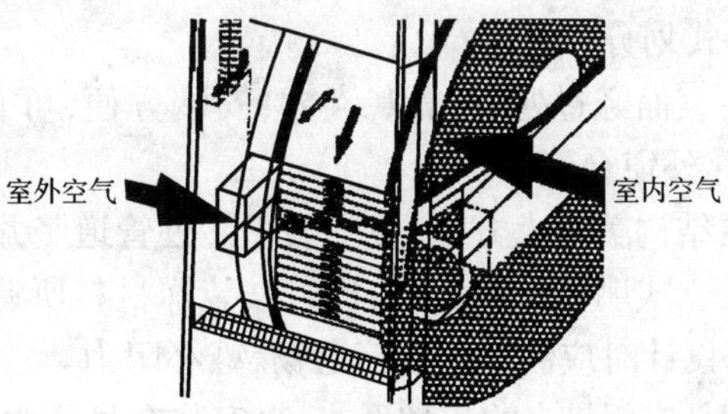

图6.3-4 热焓交换器简图

由图6.3-5可见,空调送风采用全新风,空调器与房间排风系统之间设置了热焓交换器,它是在一个钢制的矩形壳体中设有一个由电机驱动的转轮,横挡在新风和排风通道中。转轮由许多浸透了吸湿盐的波纹状铝合金薄板构成,形成大量的狭窄气流通道。当它们轮流转过排风通道和新风通道时,交替地向排风和新风吸、放热量和湿量,这样,虽然排风和新风互不掺混和接触，通过热焓交换器的新风的温度和含湿量会接近排风，相当于空调进风状态点3向回风状态2点靠近，可以节省夏季为新风的冷却除湿量或冬季对新风的加热加湿量。为了尽可能减少新风和排风系统间的漏风，贴紧转轮装有刷状密封。为了防止转轮在转动时将相对污浊的排风带到新风侧，通常在转轮靠近新风侧处设有净化段，让少量新风回流，在转轮即将进入新风侧时将其流道中残留的排风清除。空调器和排风系统的进口都设有滤器，可减轻热焓交换器的污染。

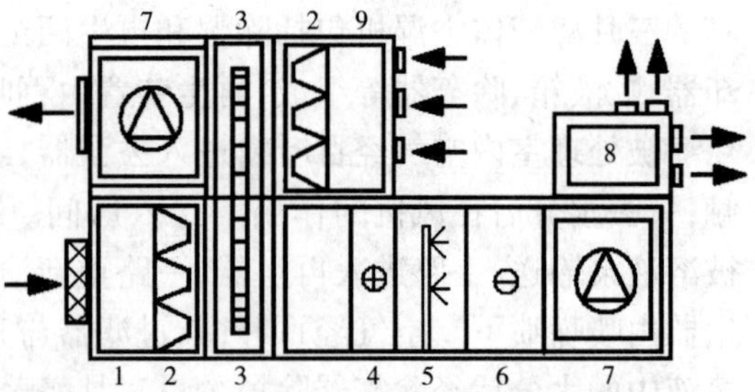

图6.3-5　设有热焓交换器的中央空调器简图

1-检查室；2-袋式滤器；3-热焓交换器；4-空气加热器；5-加湿器；6-空气冷却器和挡水器；7-通风机；8-分配室；9-进风室

七、风机盘管

（一）原理

风机盘管是将由风机和盘管（小型表面式换热器）组成的机组直接安装在空调房间内，风机将室内一部分空气进行循环处理（经空气过滤器过滤和盘管进行冷却或加热）后直接送入房间，以达到对室内空气进行温、湿度调节的目的。

房间所需要的新鲜空气可以通过门窗的渗透或直接通过房间所设新风口进入房间，或将室外空气经过新风处理机组集中处理后由管道直接送入被调房间，或者由风机盘管的空气入口处与室内空气进行混合后再经风机盘管进行热湿处理后送入室内。

盘管处理空气的冷媒和热媒由集中设置的冷源和热源提供。因此，风机盘管空调系统属于半集中式空调系统。同时由于这种空调系统冷量或热量是分别由空气和水带入空调房间内，所以此种空调系统又称为空气—水空调系统。

（二）分类

1. 根据空气流程形式划分

（1）吸入式：风机位于盘管的下风侧，空气先经盘管处理后，由风机送入空调房间。这种形式的优点是盘管进风均匀，冷、热效率相对较高；缺点是盘管供热水的水温不能太高。

（2）压出式：风机处于盘管上风侧，风机把室内空气抽入，压送至盘管进行冷、热交换，然后送入空调房间。这种形式是目前使用最为广泛的一种结构形式。

2. 根据安装形式划分

（1）立式明装：表面经过处理，美观大方，安装方便，可直接拆下面板进行检修，检修口通常设置在楼板上、靠外窗台下。

（2）卧式明装：结构美观大方，一般安装于靠近管道竖井隔墙的楼板或楼顶下。

（3）立式暗装：立式明装机组相似，机组被装饰材料所遮掩，美观要求低，维修工作量较前两种形式大。装修设计时应注意使气流通畅，减小阻力。

（4）卧式暗装：是应用最多的一种形式，它安装在吊顶内，通过送风管及风口把处理后的空气送入室内，但其检修困难，当机组风管接管不合理时，会产生风量不足，冷、热量下降的问题。

（5）吸顶式：又称嵌入式，其送、回风口均布置在面板上。

（三）构造

机组盘管由风机、电动机、盘管、空气过滤器、室温调节装置及箱体等组成。

1. 风机

风机有两种形式，即离心多叶式和贯流式风机。叶轮直径一般在150mm以下，静压在98.07Pa以下。

2. 风机电机

由于对机组噪声的要求，一般采用电容式电路，运转时以改变电机的输入电压来进行电机调速，借以改变机组的风量大小。

3. 盘管

一般采用铜管串铝片制成，盘管的排数一般为二排或三排。

4. 空气过滤器

过滤材料一般采用粗孔泡沫塑料或纤维织物制作。

5. 调节装置

一般具有三挡（高、中、低三挡）变速调节风量，调节风量范围为50%左右。

• 实践技能展现

一、加湿器使用的技能

在冬季，外界空气的相对湿度虽然很高（常高达90%以上），但因温度低，所以实际含湿量并不高。例如，要保持舱内温度为22℃、相对湿度为40%，空气的含湿量即应为6.5 g/kg；如果外界气温为-18℃、相对湿度为95%，空气中的含湿量则仅为0.9g/kg。显然，将这样的空气加热后直接送入舱内，不可能保持室内适宜湿度。因此，冬季在空调器中除对空气加热外，往往还需要加湿。

加湿器放置在加热器后比较合适。因为此处空气温度较高，相对湿度较小，喷入的蒸汽（或水）容易被空气吸收，同时还可防止加湿器在进风温度太低时冻结，但应防止加湿过多而造成舱内壁面的结露。

增加回风量，可使冬季空调器进风的温度和含湿量提高，从而使加热器和加湿器的负荷都降低。

二、电加热器使用的技能

（1）通过电加热器的风速应为8～12m/s，不宜过低。

（2）电加热器与通风机之间要有起闭联锁装置，只有通风机运转时，电加热器才能接通。

（3）电加热器出口处装有过温器，在空气温度超过某一规定值时即切断加热器。

工作任务6.4 空气输送设备的拆装维护

• 知识点导入

理论知识点	实践知识点
1. 风管； 2. 过滤器； 3. 风道调节阀； 4. 风机； 5. 消声器	1. 过滤器使用的技能； 2. 空调系统中风机应用观察的技能

●理论信息获取

一、风管

(一)材料和断面选择

1. 材料

风管常用的材料有金属、塑料和玻璃钢等。在空调系统中,用金属材料居多。金属风管一般均用薄钢板制作,其厚度随管径大小及输送气体的性质而定。用硬聚氯乙烯塑料板、玻璃钢板材料做成的通风管道,表面光滑,制作方便,耐腐蚀,但是造价较高,多用于对防腐要求较高的场合。

2. 形状

(1)低速系统(≤15m/s):截面为扁矩形。

(2)高速系统(>15m/s):截面为标准化圆形。

(二)风管阻力

管道空气流动的压力损失有摩擦阻力 f_1 和局部阻力 f_2,所以,风管阻力 $\Delta F = f_1 + f_2$。

考虑通风管道阻力的目的,主要是确定风管断面尺寸及阻力,从而确定风机的型号和动力消耗。

二、过滤器

(一)作用

滤除悬浮尘埃,净化舱室送风,使室内空气的洁净度达到要求;保持空气换热器表面清洁避免降低换热的效果。

(二)空气净化标准

1. 一般净化

对室内含尘浓度无具体要求,只要对进气进行一般净化处理,保持空气清洁即可。大多数以温湿度要求为主的民用与工业建筑空调均属于此类。

2. 中等净化

对室内空气含尘浓度有一定的要求,通常提出质量浓度指标。

3. 超净净化

对室内空气含尘浓度提出严格要求,由于尘粒对生产工艺的有害程度与尘粒的大小和数量有关,所以均以粒径颗粒浓度作为浓度指标(表 6.4-1)。

我国空气含尘浓度等级标准 表 6.4-1

等 级	每立方米(每升)空气中≥0.5μm 尘粒数	立方米(每升)空气中≥5μm 尘粒数
100 级	≤35×100(3.5)	
1000 级	≤35×1000(35)	≤250(0.25)
10000 级	≤35×10000(350)	≤2500(2.5)
100000 级	≤35×100000(3500)	≤25000(25)

注:对空气洁净度为 100 级的洁净室内≥5μm 尘粒的计数,应进行多次采样。当其多次出现时,方可认为该测定数据是可靠的。

(三)空气悬浮微粒的捕集机理

1. 惯性效应

由于纤维错综排列,故气流在纤维层内穿过时,其流线要多次转弯,此时,若尘粒质量较大或速度(可以看成等于气流速度)较大,则尘粒受惯性力作用,不能随气流转弯,而仍保持其原有的运动方向,便与纤维碰撞并附着在纤维上。这种现象称为惯性效应。惯性作用随着尘粒质量和过滤风速的增加而增大。

2. 重力作用

含尘气流通过纤维层时,尘粒在重力作用下,产生脱离流线的位移而沉降到纤维表面上,这种作用只有在尘粒较大(>5mm)时才存在。对小尘粒 (<0.5mm)的过滤,完全可以忽略重力作用。

3. 截留效应

对于粒径在亚微米范围内的小尘粒,可以认为没有惯性,尘粒随着气流流线运动,当流线紧靠纤维表面时,尘粒由于与纤维表面发生接触而被拦截(阻留)下来,这种作用称为截留效应。另外当微粒尺寸大于纤维网眼而被阻留时,这种现象称为筛滤作用。粗孔或中孔的泡沫塑料过滤器主要依靠筛滤作用进行除尘。

4. 扩散效应

小于1μm 的微粒在气体分子撞击下,像气体分子一样作布朗运动。如果微粒在运动过程中和物体表面接触,就会从气流中分离,这个机理称为扩散效应。

5. 静电效应

当含尘气流通过纤维滤料时,由于气流摩擦,使纤维和尘粒都可能带上电荷,从而增加了纤维吸附尘粒的能力。但是,因这种电荷既不能长时间存在,电场强度又很弱, 故产生的吸附力很小,所以,一般可以忽略。

(四)分类

1. 粗效过滤器

过滤对象是新风过滤,尘粒 >10mm;材料是易于清洗和更换的粗、中孔泡沫塑料或其他滤料;阻力小于 30Pa;计数效率(对于 0.3μm 的粉尘)低于 20% 。

(1)块状过滤器(即平板状):金属网格浸油过滤器、干式玻璃纤维填充式过滤器。

(2)抽屉式泡沫塑料过滤器:过滤效率和额定风量比板式高。

(3)袋式泡沫塑料过滤器: 过滤效率和额定风量比板式高

(4)自动卷绕式空气过滤器:减少清洗过滤器的工作量(人工清洗或更换),提高运转维护水平。这种过滤器采用合成纤维制成的毡状滤料,并装置在能自动卷绕的机构上,当滤料积尘到一定程度后,卷绕机构在滤料前后空气压差的控制下,使滤料自上而下地移动,当一卷滤料用完后,再更换新的。

(5)自动清洗浸油过滤器:金属过滤网板由传动机构带动,慢速移动,沾尘后在油梢内自行清洗,因此能连续工作。

2. 中效过滤器

过滤对象是新风和回风过滤,延长高效过滤器的使用期限,尘粒 1 ~ 10mm;材料是中、细孔泡沫塑料或其他纤维滤料;阻力小于 100Pa;计数效率(对于 0.3μm 的粉尘)约为 20% ~90% 。

常用的中效过滤器有抽屉式或袋式泡沫塑料过滤器、抽屉式或袋式玻璃纤维过滤器。

3. 高效过滤器(亚高效、高效、超高效)

过滤对象是尘粒<5mm;材料是超纫玻璃纤维和超细石棉纤维;阻力小于150Pa;计数效率(对于0.3μm的粉尘)约为90%~99.9%。

滤料均做成纸状,这些滤纸的孔隙非常小,并且允许采用的滤速很低,这就增强了小尘粒的筛滤作用和扩散作用,所以,具有很高的过滤效率。在一定的风量下,为能实现低滤速以减少过滤器阻力和提高过滤效率,就必须尽量增大过滤面积,为此,在制作过滤器时,将滤纸往返折叠多次,使其过滤面积为迎风面积的60余倍。折叠后的滤纸间通道用波纹分照片分隔。

4. 静电集尘器

(1)性质:中效或亚高效过滤器,可以过滤掉10um以下的大部分尘粒。

(2)特点:空气阻力低,以及积尘后阻力变化小等,一般仅作为中间过滤器使用;过滤效率随着电场强度的增加和过滤风量的减少而提高。

(3)结构:由电过滤器、高压发生器、控制盒以及清洗用水系等组成。

电离区:在一组等距离平行安装的金属板(也有管柱状的)接地电极之间,布有金属放电线(如0.2 mm钨丝,亦称电晕极或电离极),并加上有足够高的直流正电压(10~12kV),放电线与接地电极之间形成不均匀电场,致使金属放电线周围产生电晕放电现象,含尘空气经过电离极时,空气被电离,使放电线周围充满正离子和电子,电子移向放电线,并在其上中和,而正离子在遇有中性尘粒时就附着在上面,使中性尘粒带上正电荷,然后随气流流入集尘区。

集尘区:由一组接地金属极板(集尘极)和高正电位的金属极板(加有5000V直流电压)按平行于气流的方向交替排列而成,在各对电极之间形成一个均匀电场。当来自电离区的带有正电荷的尘粒进入均匀电场后,在强大的电场作用下,尘粒便沉积在负极性的接地极板上。

三、风道调节阀

在新风口和回风口上装有调节阀,按需调节吸入量、新风比(新风量/送风量)或回风比(回风量/送风量)。

调节阀有手动、电动执行机构进行控制。一般采用对开式多叶调节阀。由框架、导风叶片和传动机构等构成。叶片的边缘镶有橡皮条,阀门能全关或全开,且关闭时严密。橡皮条有利于消除开启时叶尖空气噪声。采用对开方式使空气流过阀时气流均匀,可不改变方向。

四、风机

空调系统中的风机(也称通风机)是由电动机驱动的气体输送机械,它对气体进行较小的增压,将经过处理的空气输送到工作场所中。

(一)分类

1. 根据位置划分

(1)吸入式风机:风机位于空调器出口处。适用于低速系统。空气能均匀流经热交换器。

(2)压出式风机:风机位于空调器进口处。适用于高速系统。可以获得较低的供风温度。

2. 根据原理划分

(1)离心式风机:适用于通风量适中、风压较高的系统。前弯叶片的风量较大,后弯叶片的效率较高。

(2)轴流式风机:适用于通风量大、风压较低的系统。

(3)贯流式风机:适用于小型系统。

(二)结构和原理

1. 离心式风机

叶轮装在一个螺旋形的外壳内，当叶轮旋转时，流体轴向流入，然后转 90°进入叶轮流道并径向流出。叶轮连续旋转，在叶轮入口处不断形成真空，从而使流体连续不断地被泵吸入和排出。

叶轮高速旋转时产生的离心力使流体获得能量，即流体通过叶轮后，压力能和动能都得到提高，从而能够被输送到高处或远处(图 6.4-1)。

2. 轴流式风机

叶轮安装在圆筒形(风机为圆锥形)泵壳内，当叶轮旋转时，流体轴向流入，在叶片叶道内获得能量后，沿轴向流出。轴流式风机适用于大流量、低压力。

旋转叶片的挤压推进力使流体获得能量，提高空气的动能和压力能，实现空气的输送(图 6.4-2)。

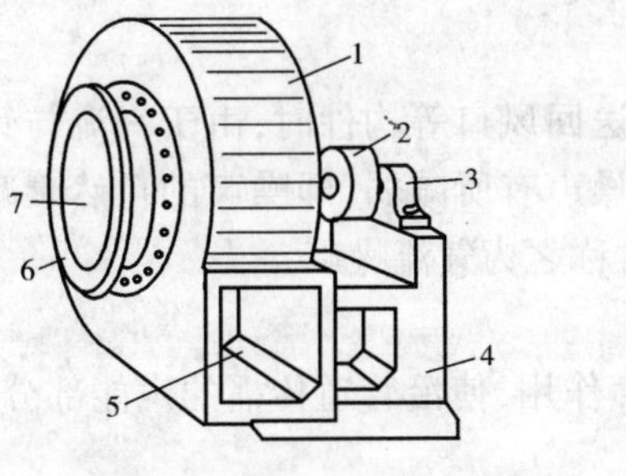

图 6.4-1　离心式风机

1-外壳；2-皮带轮；3-轴泵；4-机座；5-排出口；6-吸入口；7-叶轮

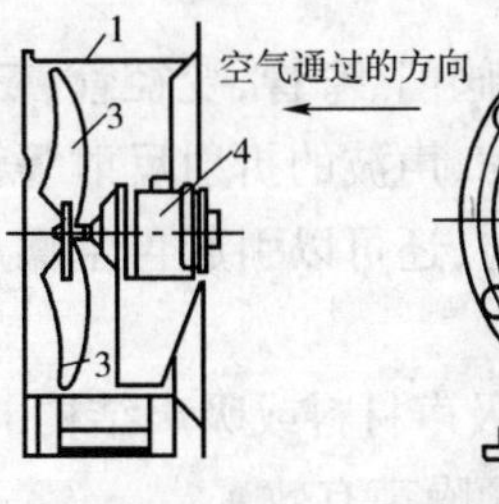

图 6.4-2　轴流式风机

1-外壳；2-心轴；3-叶轮；4-电机

3. 贯流式风机

由于空气调节技术的发展，要求有一种小风量、低噪声、压头适当和在安装上便于与建筑物相配合的小型风机。贯流式风机就是适应这种要求的新型风机(图 6.4-3)。

贯流风机不是靠普通的螺旋桨叶来使空气流动，而是使用一个比较长的圆桶状扇叶轮进行工作，这个圆桶状扇叶的口径都比较大，因为口径大，才能在保证整体空气循环量的基础上使用比较低的转速，从而降低由于高速运转带来的噪声。

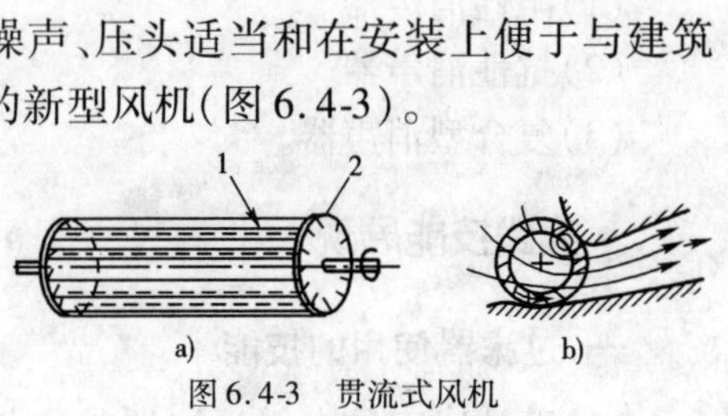

图 6.4-3　贯流式风机

1-叶片；2-端面

风机的叶轮必须做动平衡，保持叶轮在运转状态下的平衡，减低噪声。

风机的扇叶是经过精心计算，有意使扇叶之间的距离“杂乱无章”，呈现一种“不等距”的状况，它使风机转动产生的噪声“不规律”，成为“一片”风声，而不是集中在某个频段上的风声。噪声有窄带噪声和宽带噪声两种，有规律的窄带噪声容易吸引人们的注意力，让人心烦；而宽带噪声比较接近自然界的噪声情况，虽然不能消除，可是相对“耐听”一点，让人不是那么心烦。

使用优质的扇叶制造材料。空调器室内侧的风机扇叶是比较长的，这样的一个圆桶状的扇叶如果使用劣质材料制造，是可以节省不少成本，可是转不了多久，就会发生变形，整个扇叶不再是在一条直线上，而是中间下垂，这样下垂的扇叶在转起来后，会产生高噪声！

贯流式风机的主要特点如下：

(1)叶轮一般是多叶式前向叶形，但两个端面是封闭的。

(2)叶轮的宽度没有限制，当宽度加大时流量也增加。

(3)贯流式风机不像离心式风机是在机壳侧板上开口使气流轴向进入风机，而是将机壳部分地敞开使气流直接径向进入风机。气流横穿叶片两次。某些贯流式风机在叶轮内缘加设不动的导流叶片改善气流状态。

(4)在性能上，贯流式风机的效率较低，一般约为 30% ~50%。

(5)进风口与出风口都是矩形的，易与建筑物相配合。

五、消声器

(一)噪声来源

(1)机械设备的噪声：通风机、空调机、冷却塔、制冷机、水泵等。

(2)气流流动产生的噪声：风道、风口。

(3)入射到风管内的其他噪声：串音、管壁传音。

(4)固体传声。

当气流流过风道、阀门、弯管，变径管、三通、送回风口等构件时，由于气流与管壁的摩擦，气流的转弯、扩张、收缩、声波的折射反射等都使噪声有所减弱，即噪声的自然衰减；而同时气流以较高的速度流过时，还可以引起再生噪声，常称之为气流噪声。

(二)消声原理

(1)阻性消声：由吸声材料或吸声结构的吸声作用，使沿管道传播的声能部分地转化为热能而消耗掉。对中高频噪声有效。

(2)抗性消声：由变体结构的反射作用，使沿管道传播的某些特定频率的噪声在突变处向声源反射或消耗掉。对低频噪声有效。

(三)分类

(1)阻性消声器。

(2)抗性消声器。

(3)复合型消声器。

● 实践技能展现

一、过滤器使用的技能

(1)若洁净室的末级过滤器是高效过滤器，那在它之前应依次设置粗效和中效过滤器。否则，高效过滤器会在短时间内因被堵塞而影响其正常工作。

(2)超净房间必须要补充一定量的新风以维持房间正压来阻止外部污染空气的进入。一般压力应高于外界 10 ~20Pa。

(3)超净房间的高效过滤器应设置在正压段，且应安装于空调系统的末端。

(4)除设置净化装置外，还应考虑建筑材料房间的位置和周围环境对超净房间的影响。

(5)在滤器的前后，通常都装有 U 形玻璃管式压差计，以便测量滤器前后的风压差。清洁的滤器其空气阻力约为 20 ~100 Pa，若阻力上升到 250Pa 左右则说明滤器已经脏堵，即应拆下清洗；若滤器阻力过低，则说明滤层破损，应检查换新。

二、空调系统中风机应用观察的技能

(一)分体家用空调系统中风机的观察

首先进行分体家用空调系统室内风机的观察。打开室内机机罩，观察其中的贯流式风机。注意观察风机的进风口和出风口位置。然后观察室外机部分。室外机内装有冷凝风扇，注意观察其叶形结构，并了解风扇旋向和风的流向。观察柜式家用空调器室内机中的离心式风机，观察气流进、出位置。观察过程中注意分析这些风机的运行原理、结构和功能。

(二)中央空调系统中风机的观察

中央空调空气处理机组如图6.4-4和图6.4-5所示。注意观察其中离心风机的安装位置和结构，分析其功能并给出分析结论。

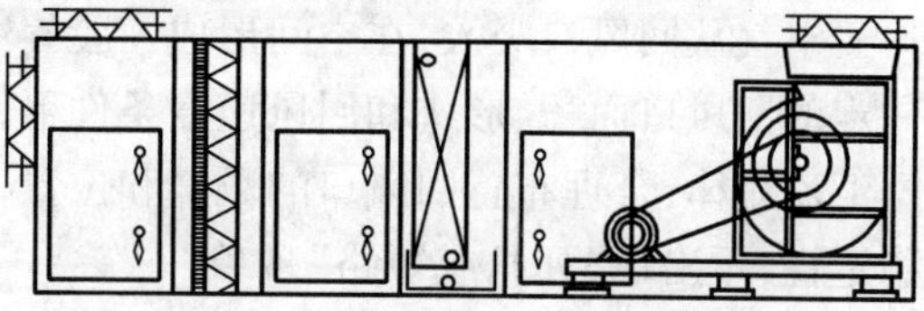

图6.4-4　组合式中央空调空气处理机组结构

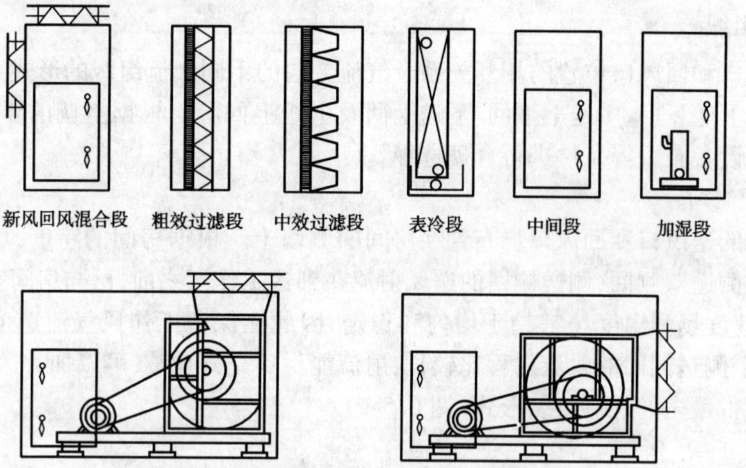

图6.4-5　组合式中央空调空气处理机组结构分解图

工作任务6.5　空气分配设备的拆装维护

●知识点导入

理论知识点	实践知识点
1. 空气分配的意义； 2. 气流组织； 3. 风口； 4. 布风器； 5. 变风量(VAV)末端装置； 6. 空气幕	1. 风口选择的技能； 2. VAV末端装置风量确定的技能； 3. 热空气幕选用的技能

●理论信息获取

一、空气分配的意义

空气从出风口吹出，在空间形成一股气流称为射流。射流规律就是出风口的气流流动在一定的出风口面积、形式和出风速度条件下，气流速度和温度的沿程变化体现一定的规律。根据射流规律，合理布置送风口的数量和位置，保证人呼吸区或者某个特定区域内的空气的温度、速度、洁净度等参数满足要求。

空气从回风口吸入，在空间形成一股气流称为汇流。汇流规律就是回风口的气流流动在一定的回风口面积、形式和回风速度条件下，气流速度和温度的沿程变化体现一定的规律。根据汇流规律，合理布置回风口的数量和位置，使其与送风口相配合，保证室内气流的均匀性和稳定性，不出现“死角或短路”现象。

在室内的气流流场中，回风口汇流的影响范围很小，影响室内气流运动规律和室内空气参数分布的主要因素是送风射流。因此合理选择送风口的形式和数量、布置位置具有重要意义。

二、气流组织

按照送风口和回风口位置的相互关系及气流方向的不同气流组织的形式大致分为以下几种：侧送侧回、上送下回、中送上下回、下送上回及上送上回等。根据空调的要求，结合建筑结构特点及工艺设备布置等条件进行合理选择。

（一）侧送侧回

侧送侧回的送风口和回风口均布置在房间的侧墙上。根据房间的跨度，可以布置成单侧送单侧回和双侧送双侧回，侧送侧回的送风射流在到达工作区之前，已与房间空气进行了比较充分的混合，速度场和温度场都趋于均匀和稳定，因此能保证工作风气流速度和温度的均匀性。此外，由于侧送侧回的射流射程比较长，射流能得到充分衰减，可以加大送风温差。因此，侧送侧回是用得最多的气流组织形式（图 6.5-1）。

（二）上送下回

上送下回的送风口位于房间上部，回风口侧置于房间的下部，此方式的送风气流在进入工作区前就已经与室内空气充分混合，易于形成均匀的温度场和速度场，且能有较大的送风温差，从而降低送风量，这是最基本的气流组织形式（图 6.5-2）。

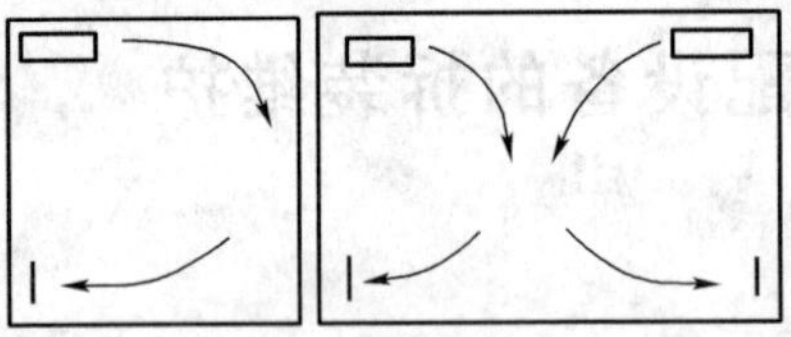

图 6.5-1　侧送侧回

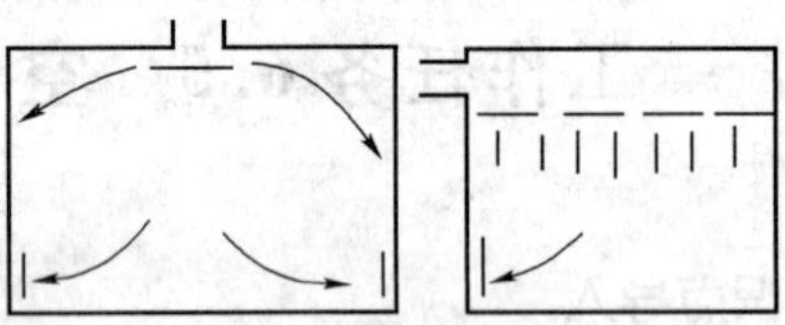

图 6.5-2　上送下回

（三）中送下回

对于高大空间的空调房间，其上部和下部所要求的温差比较大，为减少送风量，降低能耗，在房间高度上的中部位置采用侧送风口或喷口送风，将房间下部作为空调区，上部作为非空调区，回风口设置在房间下部。为及时排走上部非空调区的余热，在顶部设排风装置（图6.5-3）。

（四）下送上回

下送上回的送风口布置在下部，回风口布置在上部。这种形式的特点为：一是能使新鲜空气首先通过工作区；二是由于是顶部回风，房间上部余热可以不进入工作区而被直接排走。故对于室内余热量大，特别是热源又靠近顶棚的场合，如大型计算机房、电信自动交换中心等，最适合于采用这种气流组织形式（图 6.5-4）。

（五）上送上回

上送上回形式是将送风口和回风口叠在一起，明装布置在房间上部。对于那些因各种原因不能在房间下部布

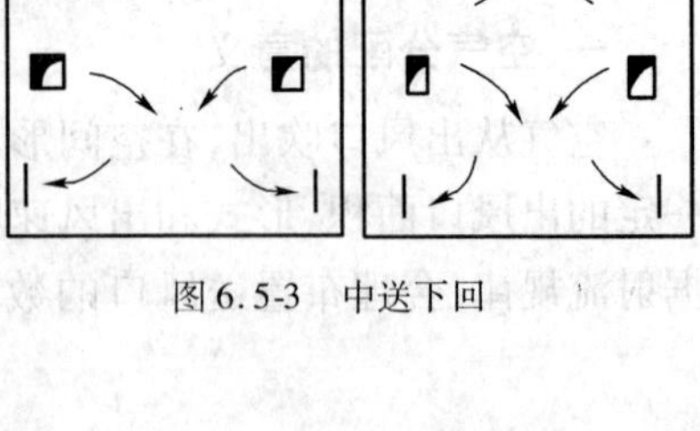

图 6.5-3　中送下回

置回风口的场合，上送上回是最合适的。但应注意控制好送风、回风的速度，以防止气流短路（图 6.5-5）。

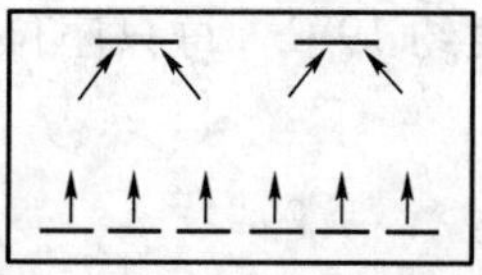

图 6.5-4　下送上回

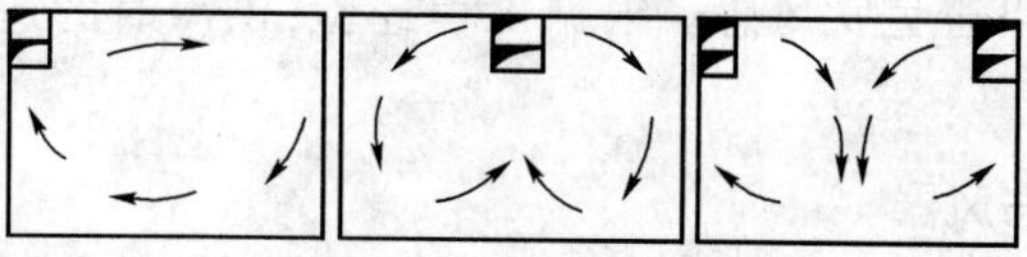

图 6.5-5　上送上回

三、风口

（一）参数

1. 射程

$V_x = 0.5\text{m/s}$ 或 $V_x = 0.25\text{m/s}$ 处的距离，与喷射风速有关。

2. 噪声

与喷射风速有关。

3. 阻力

阻力系数一般为常数。

4. 风量

有额定风量范围，风速范围。

（二）类型

1. 百叶风口

适用于侧送风，有导向功能。

此类风口常向房间横向送出气流，百叶送风口内，一般根据需要设置 1 ~ 3 层可转动的叶片，外层水平叶片用以改变射流的出口倾角，垂直叶片能调节气流的扩散角。内层对开式叶片则是为了调节送风量而设置的。

2. 散流器

适用于吊顶送风。

散流器是一类安装在顶棚上的送风口，可以与顶棚下表面平齐，也可以在顶棚下表面以下。盘式散流器的送风气流呈辐射状。片式散流器设有多层散流片，片的间距有固定的也有可调的，使送风气流呈辐射形或锥形扩散。

3. 条缝风口

适用于内区吊顶、周边吊顶、窗台、地板、上侧送风。

4. 旋流风口

适用于下送风。

5. 投射喷口

适用于自由射流，高大空间集中送风。根据工作区长度与落差来选取喷口。

6. 格栅风口

适用于垂直送风，侧送风，上送风，用于一般空调工程。

7. 孔板

适用于送风速度 3m/s 以上、送风温差 3℃以上的系统。

空气经过开有若干圆形或条缝形小孔的孔板而进入室内，此风口称为孔板送风口。该风口和前述所有风口比较，其特点是送风均匀，速度衰减较快。

8. 其他

座椅送风口设置在影剧院、会场的座椅下,经处理后的空气以约低于 0.2m/s 的风速从风口送出,以避免吹风感。根据工程经验,供冷时的送风温度约 19℃ ,每只座位的送风量约 $45m^3/h$。

四、布风器

布风器是空调系统最末端的设置,装于空调房间内,其任务是把加工处理后的空气以一定的流速和方向供入房间,使供风与室内空气混合良好,温度分布均匀,能保持房间内风速适宜。并能对房间气候进行个别调节,阻力噪声较小,结构紧凑,外形美观,价格低廉。

布风器按诱导作用的强弱可分为直布式和诱导式两类。

(一)直布式布风器

直布式布风器出口风速较低,一般为 2~4m/s,流阻小、噪声低、对室内空气吸卷,诱导作用不明显,供风温差不宜过大(10℃),价格较低,噪声较小。常用于低压空调系统。按安装位置不同,布风器又分壁式和顶式两类。船舷空调系统普遍采用顶式,它装在天花板上,不占用房间地面。如图 6.5-6 所示。

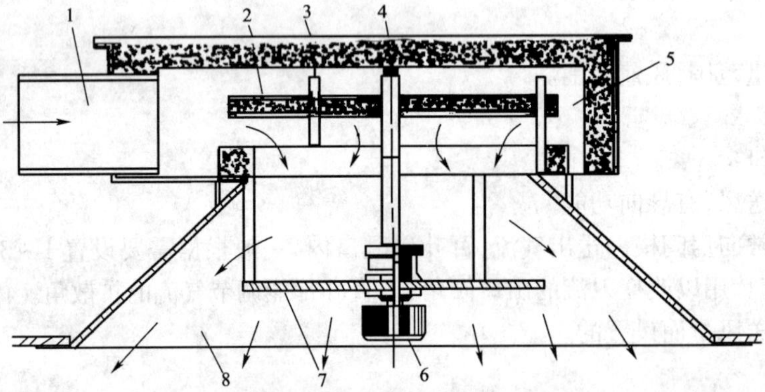

图 6.5-6 直布式布风器

1-进风管;2-调风门;3-风门导杆;4-调节螺杆;5-消音室;6-风门调节旋钮;7-挡风板;8-出风口

这种布风器属锥形扩散式,进风管 1 通入处设有容积较大的、内贴吸声材料的消音箱 5,然后从锥形的散流器 8 均匀地向四周喷射,形成贴近天花板的射流,而不致直接吹到人身上使人感到不舒适。由于射流不断扩散并卷吸室内空气与之混合,其速度不断降低,以至最终消失。可见射流的流程越长,混合的效果就越好,所以射流最好能达到对面的舱壁;而射流较短(例如在减小送风量时)则会使死区(滞流区)扩大。死区通常出现在房间角落里,该处的空气不大流动,温度偏低(冬)或温、湿度偏高(夏)。而室内气流流向回风口的回流区和受射流诱导而产生的回旋风区的风速适宜,温、湿度也较均匀。所以在选用和布置布风器与回风口时,应使回流区和回旋区发生于人经常活动区域,尽量缩小死区。布风器的风量调节靠风量限位挡板和风量调节机构完成。前者设在布风器前的风管中,由船厂调试人员调节,按设计图纸的要求分配风量,平衡各送风管阻力;后者是靠调节旋钮 6,可使风门 2 升降以调节风量,由室内人员按自己的需要调节风量。这种布风器的颈部风速可从 2m/s 直至 10m/s,对室内空气具有一定的诱导作用,故送风温差可提高到 10℃左右,而其阻力在直布式布风器中也属稍大,为 150~300Pa。

用于末端再热式空调系统的布风器的消音箱中另设有电加热器,可以将送风温度提高到55~60℃。消音箱的结构必须保证空气流过电加热器的风速达到要求,即使用调节旋钮完全关闭风门时,布风器仍然向舱内输送最小通风量,以利加热器散热。加热器的电路与空调器风机连锁;消音箱内还设有温度控制器和温度安全开关,当控制电加热器接通与切断的温度控制器万一失灵时,送风温度升高则温度安全开关会自动切断加热器电源,这就提供了防止过热的双重保护。有的末端电加热布风器的加热电阻有调温旋钮。

(二)诱导式布风器

诱导式送风从喷嘴喷出,有较强的诱导室内空气与之混合的作用,可采用较大的送风温差;但要求风压高,噪声大。

1. 构造原理

经过集中处理的空气(一次风)由风机送入空调房间的诱导器中,诱导器是分设于各室的局部设备(或称末端装置)。它由静压箱、喷嘴和盘管(又称二次盘管,有的不设盘管)等组成。一次风进入诱导器的静压箱,经喷嘴以高速射出。由于喷出气流的引射作用,在诱导器内造成负压,室内空气(即回风,又称二次风)被吸入诱导器,一、二次风相混合由诱导器风口送出(图6.5-7)。

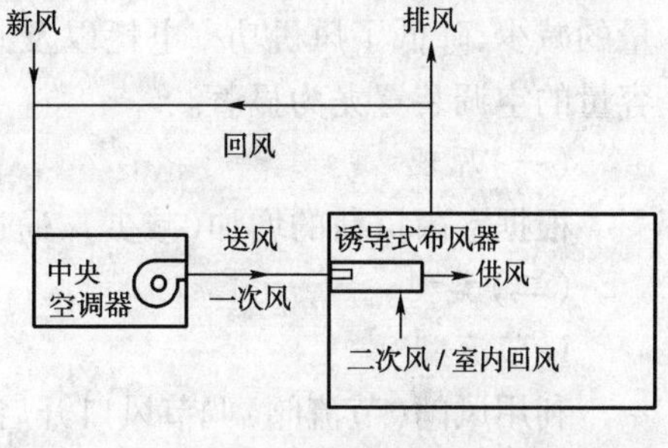

图6.5-7　诱导原理

2. 分类

诱导器按诱导器内是否设置盘管分为全空气诱导器和空气—水诱导器。

(1)全空气诱导器。采用这种设备的系统时,室内所需的冷负荷全部由空气(一次风)负担,所以称为全空气诱导系统。这种诱导器不带二次冷却盘管,故又称简易诱导器。它实际上是一个特殊的送风装置,它能诱导一定数量的室内空气,达到增加送风量和减少送风温差的作用。有时也可在简易诱导器内装置电加热器以适应室内负荷变动的需要。

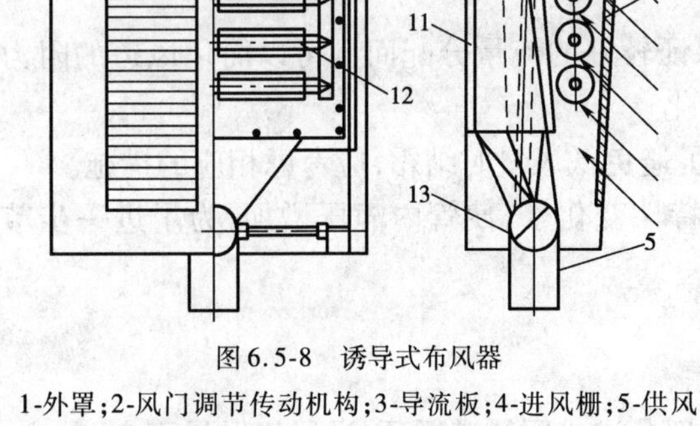

图6.5-8　诱导式布风器

1-外罩;2-风门调节传动机构;3-导流板;4-进风栅;5-供风管;6-出口格栅;7-调温旋钮;8-通风旋钮;9-喷嘴;10-静压箱;11-消音层;12-电热器;13-调风门

诱导式布风器(图6.5-8)常通过喷嘴(26~46个)的增速作用,使布风器出口(一次风)风速可达20~40m/s,能吸卷、诱导房间内的空气(二次风)与之混合,再由布风器吹出。这样室内空气流动通畅,室温均匀,能显著提高供风温差(顶式10~15℃,壁式13~20℃),风机的供风量和风管尺寸可减小,但因风速大,噪声较高(50~55dB)。通常把布风器能将供风与室内空气混合均匀的能力用诱导比表示,诱导比等于二次风质量流量与一次风质量流量之比。诱导比大,二次风与一次风能在短时间内混合均匀,但产生的噪声也越大,因此一般控制在2~4为宜。调风旋钮用来调节风门开度,改变一次风风量,作变量调节,调温旋钮调整电加热器接入电路的电阻丝长度,改变发热量,作变质调节。

$$诱导比\beta = 二次风量G_2/一次风量G_1 = Q_2\rho_2/Q_1\rho_1 \approx Q_2/Q_1$$

一般诱导比$\beta \approx 2 \sim 4$，静压箱风压为15～50mmH$_2$O。

(2)空气-水诱导器。这种设备的系统的一部分夏季室内冷负荷由空气(由集中空气处理箱处理得到的一次风)负担，另一部分由水(通过二次盘管加热或冷却二次风)负担。

五、变风量(VAV)末端装置

普通集中式空调系统的送风量是全年固定不变的，并且按房间最大热湿负荷确定送风量，称为定风量(CAV)系统。实际上房间热湿负荷不可能经常处于最大值，而是在全年的大部分时间低于最大值。当室内负荷减少时，定风量系统是靠调节再热量以提高送风温度（减小送风温差)来维持室温的。这样既浪费热量，又浪费冷量。如果能采用减少送风量（送风参数不变)的方法来保持室内温度不变，则不仅节约了提高送风温度所需的热量，而且还由于处理风量的减少，降低了风机功率电耗以及制冷机的冷量。VAV系统的运行费用相当经济，对于大容量的空调装置尤为显著。

(一)原理

根据室内负荷的增加(减少)、通过特殊的装置(末端设备)增加(减少)房间的送风量。

(二)类型

1.节流型

利用风门(节流阀)调节风口开启大小来调节风量。

(1)百叶型。

(2)文丘里型。文丘里型管内装可以滑动的滑块，通过滑块的移动改变气流流动截面面积从而改变风量。内部具有弹簧的锥体构件是风量调节机构。它具有两个独立的动作部分：一个是随室内负荷变化由室内恒温控制器的信号来动作电动的或气动的执行机构控制锥体中心的阀杆，使锥体在文氏管内移动，调节锥体与管道之间的通流面积，从而调节风量；另一个部分是定风量机构。所谓“定风量”就是能自动克服某一风口因风量调节造成风管内静压变化而引起的风量再分配(即风量失调)的影响。该定风量机构是依靠调整锥体内的弹簧来达到的。当上游静压变化时，可使构件内弹簧伸缩而使锥体沿阀杆位移，以平衡管内压力的变动，锥体与文氏管之间的开度再次得到调节，因而克服了因静压变化而引起风量失调的影响，维持原来要求的风量。

(3)气囊型。通过气囊膨胀(收缩)改变气流流通面积来变风量。静压箱既可消声又可获得均匀出风作用。这种末端装置由室内感温元件所控制的弹性皮囊来变化风口通流面积(如室温过高，则皮囊中的部分空气被放出)，以达到调节风量的目的。

节流型装置的特点：

(1)装有定风量机构的变风量末端装置能保证较好的流量分配而且可以简化风道的阻力计算，因定风量机构能自动平衡管道内的压力变化。

(2)对采用直接蒸发的空气冷却器来说，为了避免低风量时结霜，应考虑相应的措施。

(3)送风口节流后，风机与风道联合工作的特性变化了，使管内静压增加，为了进一步节能，应设静压调节器调节风机风量。

(4)节流型的风口噪声较大。

2.旁通型

利用旁通风阀改变送入房间的风量，而其余部分进入回风道循环，送风机风量不变。

旁通型装置的特点：

(1)即使负荷变动,风道内静压大致不变化,也不会增加噪声,风机也不必进行控制。

(2)当室内负荷减少时,不必增大再热量(与定风量系统比较),但风机动力没有节约,且需加设旁通风的回风道,使投资增加。

(3)大容量的装置采用旁通型时经济性不明显,它适用于小型的并采用直接蒸发式冷却器的空调装置。

3. 诱导型

通过改变一次风与二次风的混合比以改变送风温度(送风量变化不大)。

诱导型风口就是用一次风高速诱导二次风,经过混合后送入室内。

诱导型变风量装置特点:

(1)由于一次风温可较低,所需风量少了,同时又采用高速,所以断面较小,为了达到诱导作用却提高了风机压头。

(2)可利用室内热量,特别是照明热量,故适用于高照度的办公楼等。

(3)室内空气(二次风)不能进行有效的过滤。

(4)即使负荷减少而房间风量变化不大,故对气流分布影响较节流型为小。

4. 风机动力型

在节流变风量箱中内置加压风机。

5. 单双风道型

由冷热两个变风量箱组合而成。

(三)VAV 末端装置的气流分布

(1)采用扩散性能好的风口(条缝型散流器)。

(2)尽量多布置风口。

(四)VAV 末端装置的自动控制

(1)由室内恒温控制器调节 VAV 末端装置来改变风口送风量。

(2)系统风量的变化由风道静压控制器调节房间的风量。

(3)最小新风量的控制:使新风阀与送风机控制器联动,达到最小新风量后锁定新风阀。

六、空气幕

空气幕是利用条形空气分布器喷出一定速度和温度的幕状气流，借以封闭建筑物的门、门厅、通道、门洞、柜台等的特殊通风系统和设备。

(一)作用

减少或隔绝外界气流的侵入,以维持室内或工作区域的封闭环境条件,具有隔热隔冷作用;阻挡外界尘埃、有害气体及昆虫等的进入室内,具有隔尘、隔害作用。

由于空气幕具有以上特性,故近年来已广泛用于中央空调和通风系统的局部封闭,所以维持室内舒适性和洁净性环境条件,并减少系统的冷(热)能耗。

(二)送风形式及使用特点(表 6.5-1)

(三)热空气幕

(1)位于严寒地区、寒冷地区的公共建筑和工业建筑,对经常开启的外门,且不设门斗和前室时设置热空气幕。

(2)位于严寒地区、寒冷地区及其以外的公共建筑和工业建筑,当生产或使用要求不允许降低室内温度时,或经技术经济比较设置热空气幕合理时。

送风形式及其使用特点 表6.5-1

<table>
<tr><th colspan="2">名称</th><th>简 图</th><th>使 用 特 点</th></tr>
<tr><td colspan="2">上送式空气幕</td><td>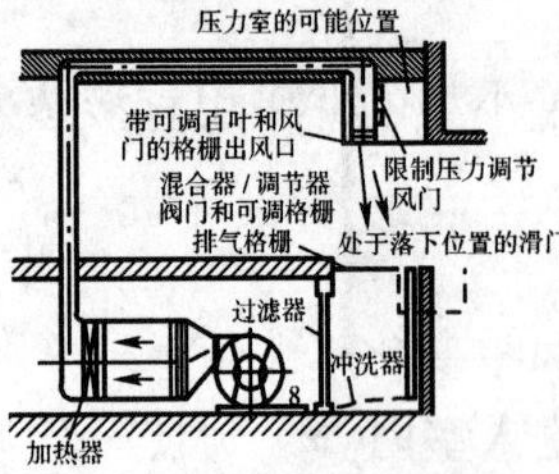
</td><td>左图为设有回风口的上送式空气幕。大门上方为吹风口，下方为回风口。回风经设在地面 下的空气处理设备过滤、加热等处理后，循环使用。为了人受吹风的舒适感，送风速度控制在4－6m/s 范围之内。
通常不设回风口，让射流与地面接触后自由向室外扩散，这种大门空气幕称为简易空气幕</td></tr>
<tr><td rowspan="2">侧送式</td><td>单侧空气幕</td><td>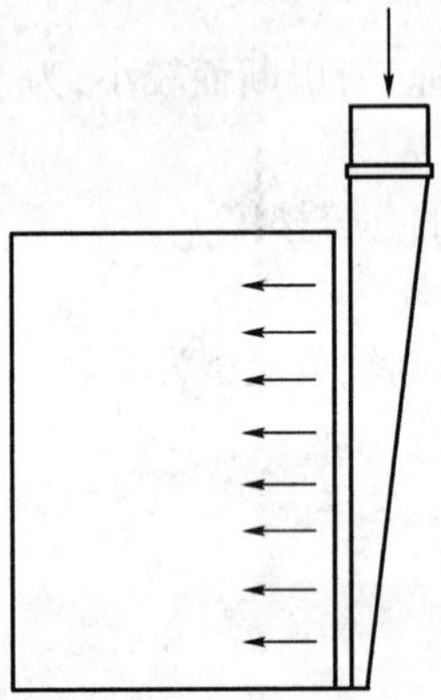</td><td>左图的单侧空气幕，适用于宽度小于4m 的门洞和车辆通过门洞时间较短的工业厂房。工业建筑的门洞高度较高时常常采用此种形式。
缺点是：
1. 需占用一定的建筑面积；
2. 为了不阻挡气流，侧送式空气幕的大门严禁向内开启；
3. 挡风效率不及下送式空气幕</td></tr>
<tr><td>双侧空气幕</td><td>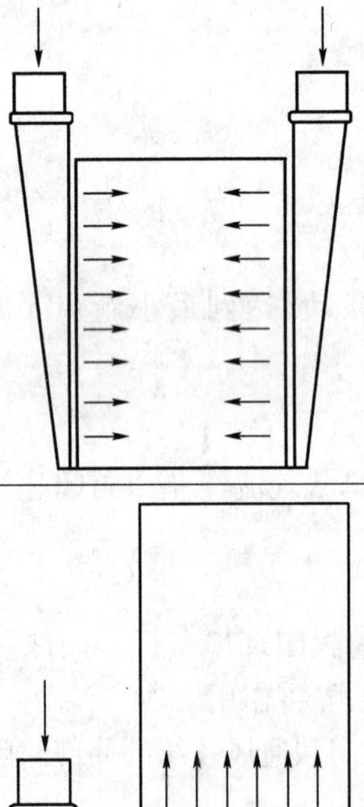</td><td>左图的双侧空气幕，适用于门洞宽度大于4m 的工业建，其卫生条件较下送式为好。
缺点与单侧空气幕相同</td></tr>
<tr><td colspan="2">下送式空气幕</td><td>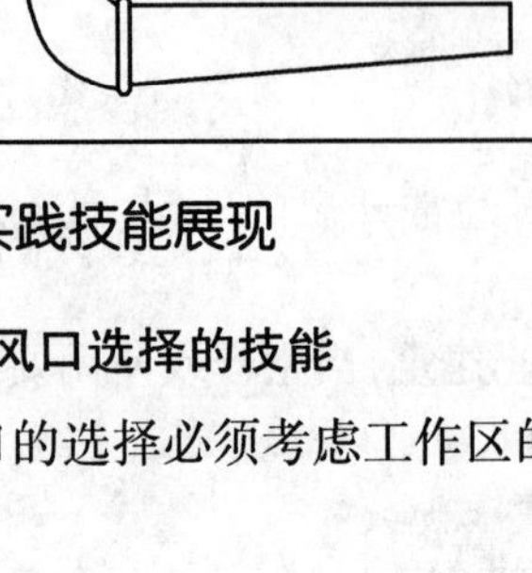</td><td>左图的下送式空气幕，安装于地下。下送式其射流最强区贴近地面，冬季抵挡冷风从门洞下部侵入的挡风效率最好，且不受大门开启方向的影响。由于送风口在地面下，易被脏物堵塞；下面送风易扬起衣裙，不受欢迎，故目前已较少使用</td></tr>
</table>

● 实践技能展现

一、风口选择的技能

风口的选择必须考虑工作区的温度衰减、速度衰减和贴附长度。具体包括：

(1)由室内负荷确定送风量、送风温差。

(2)根据建筑空间的特点选择流型和风口类型。

(3)确定每个风口的流程或服务范围。

(4)由工作区最大允许风速、流程求送风速度。

(5)求工作区最大温度波动。若超标准,需要调整设计,再重新核算。

(6)由每个送风口的服务范围求送风口个数和每个送风口的送风量。

(7)由每个送风口的送风量和送风速度求送风口规格。

(8)对于贴附射流需要校核贴附长度。若不满足要求,加大风速或减小送风温差,同时根据房间高度调整风口至顶棚的距离。

二、VAV 末端装置风量确定的技能

1. 房间(区)最大风量的确定

夏季供冷所需的风量;夏季除湿所需的风量;冬季供热所需的风量。

2. 房间(区)最小风量的确定

满足卫生要求的新风量;满足补偿排风的需要;满足气流分布的需要;满足除湿要求。

3. 系统的最大风量(设计风量)

各房间(区)设计风量之和,再考虑同时使用系数 70% ~80%;

4. 系统最小风量

系统最大风量的 40% ~50%。

三、热空气幕选用的技能

1. 热空气幕的送风方式

对于公共建筑,宜采用由上向下送风;工业建筑宜采用侧送风。

当外门宽度小于 3m 时,可采用单侧送风;当大门宽度超过 18m 时,宜采用此向下送风。

侧面逆风时,严禁外门向内开启。

2. 热空气幕的送风温度,应根据计算确定

对于公共建筑和工业建筑的外门,不宜高于 50℃;对高大的外门,不应高于 70℃。

3. 热空气幕的出口风速,应通过计算确定

对于公共建筑的外门,不宜大于 6m/s;对于工业建筑的外门,不宜大于 25m/s。

工作任务 6.6　空气自控设备的拆装维护

• 知识点导入

理论知识点	实践知识点
1. 降温工况的自动控制; 2. 取暖工况的自动控制; 3. 静压调节	降温工况温度自动控制的分析技能

• 理论信息获取

空气自动控制设备的作用是:控制空调系统中的温度、相对湿度、静压,并根据参数的变化

自行调节供冷、热量与回风量,保持舱室空气热、湿量与新鲜度的平衡。

一、降温工况的自动控制

降温工况用空气冷却器对空调送风进行冷却、除湿,当送风进入舱室后,按舱室的热湿比升温增湿,吸收热负荷和湿负荷,使室内保持合适的空气参数。

降温工况时空调装置的热负荷受外界气候条件的影响较大,为了保持空调舱室合适的温度,必须进行相应的自动调节。这种调节根据空气冷却器是采用直接蒸发式还是间接冷却式而不同。前者是将制冷剂的蒸发温度控制在一定范围内;后者则是控制流经空气冷却器的载冷剂的流量。显然,这样并不能完全阻止送风温度随外界空气温、湿度的增减而升降,故舱室内的温度也会因送风温度和显热负荷的增减而升降,然而降温工况这种室温的浮动是合乎要求的。因为舒适性空调并不要求室温恒定,相反却希望它随外界气温的升降而在一定的范围内浮动,使室内外温差不超过6~10℃,以免进出舱室感觉不适。

(一)降温工况温度的自动控制

大多数船舶空调系统采用直接蒸发式空气冷却器进行夏季空气冷却和除湿处理。通过热力膨胀阀控制调节供入蒸发器的冷剂流量。当负荷增大时(外界气温升高),冷却器进口空气温度升高,因此,制冷剂在空气冷却器中吸热量增加。热力膨胀阀感受空冷器出口处制冷剂的过热度增加,膨胀阀自动开大,增加供液量,提高空气冷却器的制冷能力。

通常,空调冷却器热负荷变化范围较大,一般设有大小两个膨胀阀,压缩机采用分级卸载(加载)能量调节机构。当空冷器负荷变化时,压缩机感受吸气压力变化,由压力继电器控制,自动切换大小热力膨胀阀,同时压缩机自动改变工作缸数,以使供风温度维持合适范围。一般地,大小热力膨胀阀同时工作,压缩机六缸运行;只有大热力膨胀阀工作,压缩机四缸运行;只有小热力膨胀阀工作,压缩机二缸运行;大小热力膨胀阀都关闭,压缩机停止工作。如图6.6-1所示。

间接冷却式系统则需要调节载冷剂(冷媒)流量,通常以回风温度作为自控信号,自动增减供入空冷器冷媒流量,控制方式可采用比例调节、双位调节、双位与比例控制相结合。信号可取自回风温度,也可取送风温度,回风温度代表性强,但动态偏差较大。如图6.6-2所示。

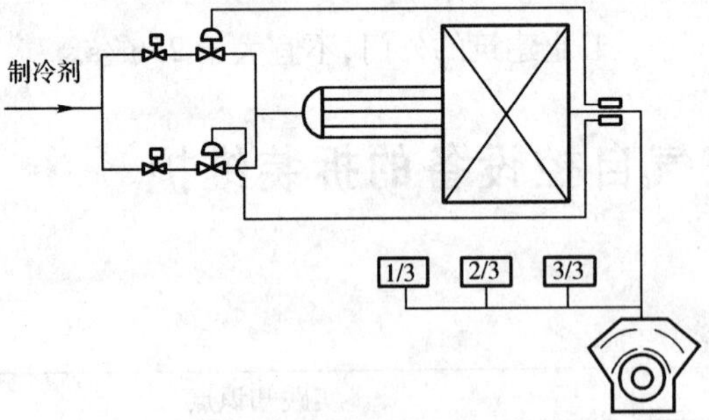

图6.6-1 直接蒸发式温度自控原理

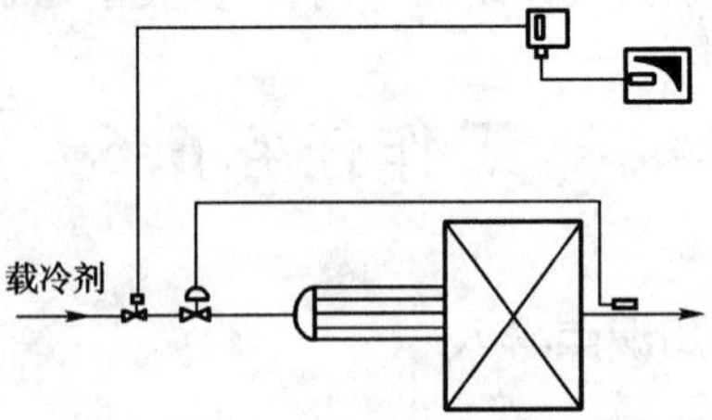

图6.6-2 间接冷却式温度自控原理

(二)降温工况湿度的自动控制

降温工况只要能保持空气冷却器中足够低的制冷剂蒸发温度或载冷剂温度,即可保持足够低的空气冷却器壁面温度,便有足够的除湿效果,能使一般舱室的相对湿度保持在合适的范围内,故降温工况通常都不对送风湿度再作专门调节。

二、取暖工况的自动控制

取暖工况用空气加热器和加湿器对空调送风进行加热、加湿，当送风进入舱室后，按舱室的热湿比降温减湿，放出热负荷和湿负荷，保持合适的空气参数。

(一)取暖工况温度的自动调节

1. 控制供风温度

控制供风温度是常用的调节方案，其特点是调节滞后时间短，测温点离调节阀近，可采用比较简单的直接作用式温度调节器控制的空调系统。

图 6.6-3 所示是单脉冲供风温度调节系统。

感温元件放在空调器的出口分配室内，感受供风温度，将信号送到调节器。当室外新风温度变化时，供风温度也会随之变化，在供风温度与调节器调定值发生偏差时，调节器发出信号，改变加热工质流量调节阀的开度，使供风温度大致稳定。但是，外界温度变化还使舱室热负荷变化，因此，仅控制供风温度不变是不够的，在对室温要求较高的场合，则使用双脉冲温度调节系统。

图 6.6-4 所示是双脉冲温度调节系统。

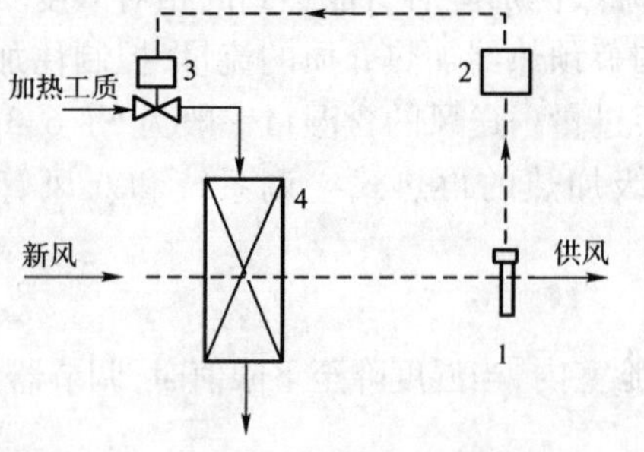

图 6.6-3　单脉冲供风温度调节系统示意图

1-供风温度传感器；2-单脉冲温度调节器；3-流量调节阀；4-加热器

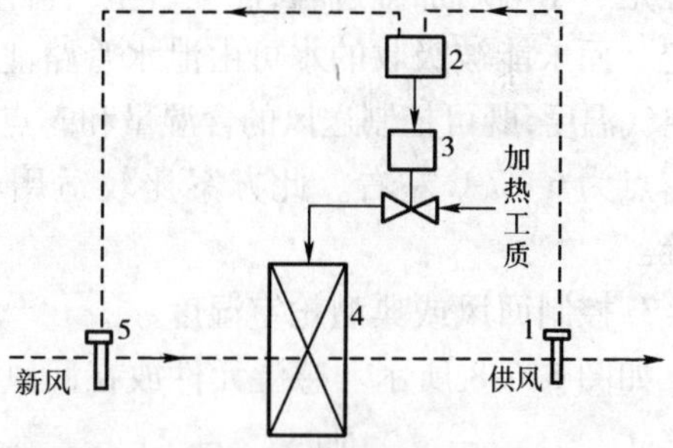

图 6.6-4　双脉冲供风温度调节系统示意图

1-供风温度传感器；2-双脉冲温度调节器；3-流量调节阀；4-加热器；5-新风温度传感器

双脉冲温度调节系统具有两个感温件 5 和 1。温包 5(位于新风口，涂蓝色)感受新风温度，温包 1(位于空调器分配室内，涂红色)感受送风温度。调节器同时接受两个信号综合后再产生信号，操纵流量调节阀，这种系统能够补偿外界气候的变化，使室温变动减小，甚至保持室温不变。供风温度变化量 Δt_s 和室外气温变化量 Δt_w 之比，称为温度补偿率，用 K_T 表示。它表示新风温度变化 1℃时供风温度的改变量，即：

$$K_T = \Delta t_s / \Delta t_w$$

双脉冲温度调节器(图 6.6-5)常采用充注甘油之类的液体温包。它利用液体受热膨胀的特性，将温包感受的温度信号转变为压力信号。液体温包的容积都做得较大，这样，毛细管和调节器本体中的液体相对就少得多，从而可减少输出压力受温包以外温度的影响。两个温包有多种规格，温度补偿率的大小与两个温包的容积比有关。若容积相同，则气温每下降 1℃，送风温度约升高 1℃；若送风温包比新风温包大 1 倍，则气温每下降 2℃时大约能使送风温度升高 1℃。可见，温度补偿率 K_t 约为新风温包与送风温包容积之比。

2. 控制回风温度

回风温度可大致反映各舱室的平均温度，因此，将感温元件放在回风总管中，当回风温度偏离调定值时，通过改变加热工质流量来改变供风温度，使回风温度(舱室平均温度)大致保持不变。这种方法的测温点也不远,同时可采用直接作用式温度调节器;在采用单脉冲调节时,它比控制供风温度合理,但调节滞后时间较长,动态偏差较大,但因舒适性空调要求低,使用仍较多。

(二)取暖工况湿度的自动调节

取暖工况多用蒸汽加湿,只要控制喷入的蒸汽流量就可保持室内空气的湿度适宜,通常加湿蒸汽流量调节阀由湿度调节器控制。

1. 控制送风湿度

如图6.6-6所示。感湿元件1放置在空调器出口的分配室内,用以感受送风的相对湿度,然后将信号送至比例式湿度调节器2。当送风的相对湿度偏离整定值时,调节器会使加湿蒸汽调节阀3的开度与送风湿度的偏差值成比例地变化,将送风的相对湿度控制在一定的范围内。这种调节滞后,时间短,不宜采用双位调节。

2. 控制送风的含湿量

如图6.6-7所示。含湿量确定,即露点确定,因此,往往将控制送风的含湿量的湿度调节也叫露点调节。这种系统比较复杂,需采用两级加热,即在预热器后再设喷水加湿器4。喷水加湿是一个等焓加湿过程,加湿后空气温度会有所降低,但加湿后所能达到的相对湿度一般较稳定。而未能被吸收的水可由泄水管路泄出,只要调节预热器加热介质的流量,控制住加湿后的空气温度,既可控制送风的含湿量和露点,加湿不会过量。送风的含湿量一般为6~6.3g/kg,即露点为6~7℃左右。此方案比较适用于采用两级加热的再热式空调系统和双风管空调系统。

3. 控制回风或典型舱室湿度

如图6.6-8所示。感湿元件放在回风口或典型舱室内,当湿度降至下限值时,调节器使加

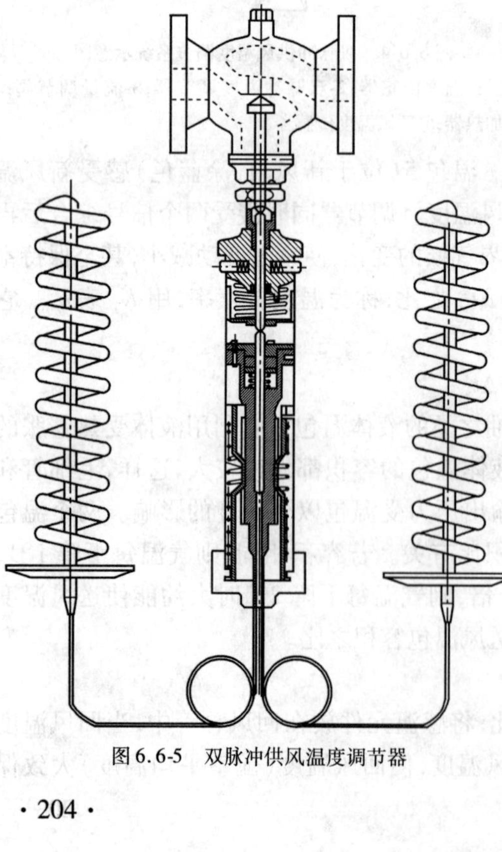

图6.6-5 双脉冲供风温度调节器

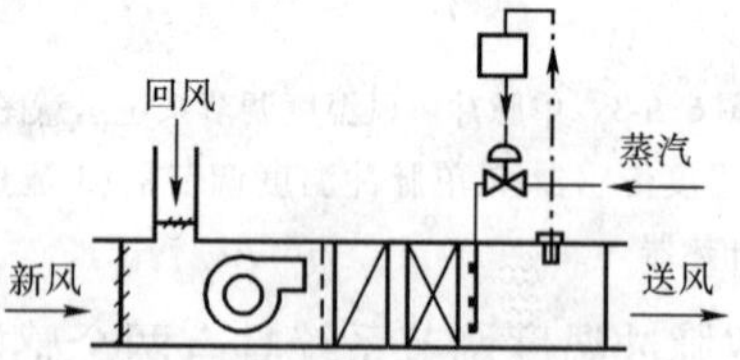

图6.6-6 送风湿度自控原理

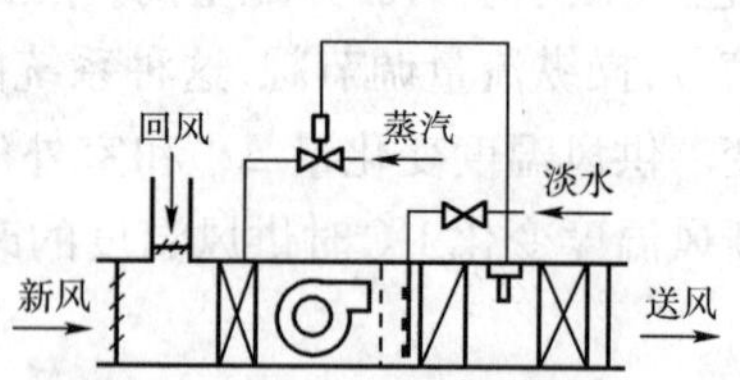

图6.6-7 送风含湿量自控原理

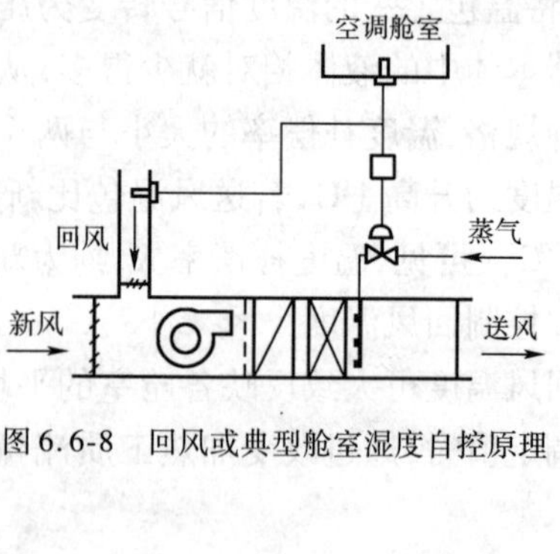

图6.6-8 回风或典型舱室湿度自控原理

湿电磁阀开启加湿,使舱内湿度增加,当湿度达上限值时,调节器使电磁阀关闭,加湿停止。这种调节滞后,时间长,如果布风器诱导作用不强,送风与室内空气混合不良,室内空气湿度的不均匀性会较大。如果改用比例调节,则可得到改善。

根据感湿元件不同,常用的湿度调节器有:

(1)电容式。感湿元件是一对金箔制的平板电极,薄到能允许水蒸气通过。极间介质是聚合物薄膜,其含水量随空气相对湿度而变。当极间介质的含水量改变时,平板电容器的电容量变化,由检测电路转换成直流电压,对加湿阀进行双位或比例控制。电容式感湿元件精度较高、体积小、量程宽、反应快,性能稳定,使用寿命长,无须维护,被认为是理想的测量相对湿度的方法,但价格较贵。

(2)电阻式。感湿元件是平行缠有两根银丝的绝缘圆柱体,外涂含氯化锂的涂料。当空气相对湿度变化时,氯化锂涂料的含水量改变,导电性随之改变,通过元件的电流就成比例地变化,经晶体管放大器放大后对加湿电磁阀进行双位控制。

氯化锂的电阻值除与含水量有关外,还与温度有关。湿度调节器上设有可改变晶体管放大器中电位器电阻值的调节旋钮,可按当时的环境温度调节旋钮的位置。

氯化锂感湿元件反应快,精度高,但日久涂料会脏污或剥落,需定期清洁和更换。

(3)毛发(或尼龙薄膜)式。感湿元件采用脱脂毛发或尼龙薄膜,在一定的拉力作用下长度会随相对湿度的升降而增减,位移信号可转换成电动调节器的电信号,也可通过喷嘴挡板机构转换为气动调节器的气压信号。

毛发或尼龙薄膜的电动调节器简单价廉,无须特别维护,量程和精度能满足舒适性空调要求;但灵敏度差,而且毛发或尼龙薄膜用久易塑性变形和老化,零值和终值常需调整。

此外,还有利用干、湿球温差反映相对湿度的湿度调节器。它需要经常保持湿感温元件外面所套的湿纱布浸水、清洁和通风,维护较麻烦,船上较少采用。

三、静压调节

由于各空调房间布风器的风门开度是可以根据人体需要分别进行调节的。各房间布风器风门开度的变化将引起供风静压的波动,不是风太大就是风太小,从而影响空气调节质量,因此需要通过对供风系统的自动调节来保持供风静压的基本稳定。供风调节主要有二种方法:

1. 主风管节流法

风管内静压增大时,通过执行机构关小空调器分配室出口处主风管进口的节流风门,减小风管静压,这种方法会使风机风压易提高,噪声增大,稳定性较差。

2. 主风管泄压法

当控制点静压升高时,调节器会使该风管道走廊的泄放风门自动开大以降低主风管中的静压。此法运行稳定,经济性较差,但可改善走廊的气候条件。

过去曾采用过的高速送风系统风压较高,为避免同一风管上所装的各布风器各自启闭时影响风管风压,干扰其他房间送风,一般采用直接作用式静压调节器或间接作用式静压调节器对送风静压自动调节。现今空调系统多采用中速送风,风压不高,相互干扰并不明显,一般无须静压调节。

• 实践技能展现

降温工况温度自动控制的分析技能如下:

降温工况温度自动控制如图 6.6-9 所示。

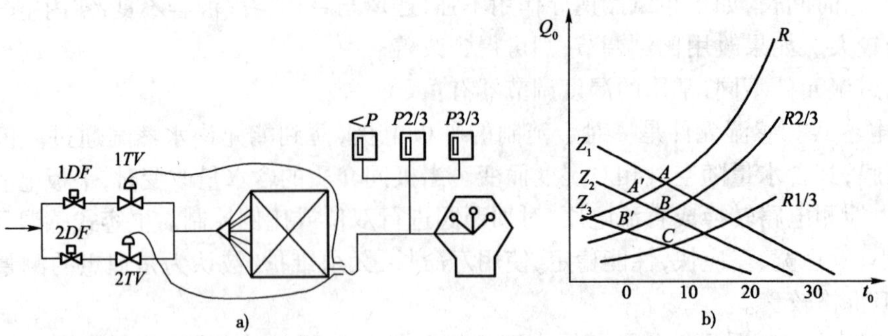

图 6.6-9　降温工况温度自动控制

(1)当外界空气温度和湿度较高、送风量较大时,空冷器热负荷较大,其性能曲线如图 6.6-9b)中 Z_1 所示,这时因 p_0 较高,两个能量调节压力继电器 $P2/3$、$P3/3$ 和低压继电器 $<P$ 都接通,压缩机六缸运行,两个电磁阀 1DF、2DF 同时开启,较小的膨胀阀 1TV 和较大的膨胀阀 2TV 同时供液,压缩冷凝机组的性能曲线为 R,工况点为 A。

(2)随着外界空气温度、湿度的降低,部分布风器也可能关小,空冷器的热负荷相应减小,其性能曲线便向左移动,p_0 随之降低。为了避免 p_0 太低使制冷系数太小,同时为防止空冷器结霜,当工况点左移到一定程度(例如图中的 A'点)时,相应的 p_0 就会使压力继电器 $P3/3$ 断开,压缩机遂减为四缸运行,其性能曲线变为 $R2/3$,工况点也就移至 B 点;同时电磁阀 1DF 关闭,仅剩下较大的膨胀阀 2TV 供液。

(3)倘使热负荷进一步降低,以致当工况点移至 B'位置时,则更低的 p_0 又会使压力继电器 $P2/3$ 也断开,于是压缩机就减为两缸运行,其性能曲线变为 Rl/3,工况点则移至 C 点,这时电磁阀 2DF 关,1DF 开,空冷器改由较小的膨胀阀供液。

(4)与上述过程相反,当热负荷增大时 p_0 即增高,于是 $P2/3$、$P3/3$ 就会先后接通,使压缩机增缸运行,电磁阀也会相应切换,使投入工作的膨胀阀的容量与制冷量相适应。

评价反馈

方　式	项　目
内容评价	1. 如何从能量转换和传递的角度对锅炉的工作进行分析? 2. 如何从能量转换和传递的角度对冷水机组的工作进行分析? 3. 空气热湿处理设备有哪些类型? 各起什么作用? 4. 空气输送设备中过滤器的作用机理是什么? 5. 为什么要进行空气分配? 6. 降温工况空气温度自控方案有哪些? 如何进行控制?
问题反馈	1. 请你判断对“认知空调设备”情境内容的掌握程度。 2. 请你思考对“认知空调设备”情境内容的学习方法。 3. 请你提出对“认知空调设备”情境内容的改进意见。

学习情境7　应用空调装置

目标要求

主要知识目标	主要能力目标
暂无相关信息	1. 具备在各种工况下启停操作的能力； 2. 具备空调装置运行调节的能力； 3. 具备锅炉操作前准备的能力； 4. 具备锅炉点火升汽的能力； 5. 具备锅炉运行调节的能力； 6. 具备锅炉熄火停炉的能力； 7. 具备冷水机组启动操作的能力； 8. 具备冷水机组运行调节的能力； 9. 具备冷水机组停止操作的能力； 10. 具备在各种工况下空调装置管理的能力； 11. 具备使空调装置节能的能力

工作任务7.1　空调装置的操作

●知识点导入

理论知识点	实践知识点
暂无相关信息	1. 降温工况下空调装置启停操作的技能； 2. 取暖工况下空调装置启停操作的技能； 3. 通风工况下空调装置启停操作的技能； 4. 空调装置运行调节的技能； 5. 锅炉操作前准备的技能； 6. 锅炉点火升汽的技能； 7. 锅炉运行调节的技能； 8. 锅炉熄火停炉的技能； 9. 冷水机组启动操作的技能； 10. 冷水机组运行调节的技能； 11. 冷水机组停止操作的技能

●理论信息获取

暂无相关信息。

● 实践技能展现

一、降温工况下空调装置启停操作的技能

1. 启动

先开风机，后开空气冷却器（冷水机组或制冷机组）。

2. 停止

短期停用时，先停空气冷却器，后停风机；

长期停用，先回收制冷剂，再停空气冷却器，最后停风机。

二、取暖工况下空调装置启停操作的技能

1. 启动

先开空气加热器（锅炉或电加热系统），再开风机，最后开加湿器。

2. 停止

先关加湿器，30s 后停风机，再关空气加热器。

三、通风工况下空调装置启停操作的技能

1. 启动

开通风机。

2. 停止

停通风机。

四、空调装置运行调节的技能

空调系统的负荷计算、设备的选择与系统设计计算都是在室外空气处于冬、夏季以及室内负荷为最不利条件下确定的。而全年室外空气多数是按春、夏、秋、冬周期性变化的，所以说在绝大多数时间内，室外空气是处于冬、夏设计参数之间，即使在一天内，室外空气也会有相当大的变化。在这种情况下，如果空调的运行过程中不进行相应的调节，则会使室内空气参数偏离设计要求，而且还会浪费能量。因此，空调系统必须根据室外气候条件和室内热湿负荷的变化，经济合理地进行调节。

（1）通过调节，使室内的温度在允许的范围内；

（2）在冬季和夏季，为了减少热量和冷量的消耗，应尽量利用室内循环空气。

（3）在过渡季节，应尽量利用室外空气的自然调节能力，做到尽量不用冷、不用热或少用；

（4）尽量少用再热器，以免发生冷量和热量相互抵消的现象；

（5）尽可能缩短使用冷冻机的时间。

五、锅炉操作前准备的技能

（1）仔细检查锅炉本体各部分受热面及炉膛内的砖墙等是否完好无损，各有关设备和自动控制系统工作是否正常，炉舱中的防火设备是否齐全并处于备用状态。只有在确认上述一切正常之后，才能上水（即向炉内供水）。上水温度应与锅炉本体温度相差在 30℃以内。

（2）上水时，最好先、后使用两套给水系统，以确认它们的工作均正常。对于烟管锅炉，应上水至水位计的高水位，以使在升汽后通过底部排污，分数次将位于锅炉底部温度较低的炉水放掉，促使整个锅炉的温度均匀。对于水管锅炉，上水至水位计的低水位，因为产生蒸汽后，炉水会因产生气泡而膨胀，使锅筒内水位上涨。对装有经济器的锅炉，上水时经济器应充满水并保持

畅通,以免点火后它处于干烧或由于水受热膨胀而遭到破坏。上水时还应查看水位计是否完好无损,表面是否清晰透明。在船无倾斜的状态下,两只水位计的水位高度应一致。上水结束后,再添加基本使用量的炉水处理剂。同时要观察水位情况,确认各承压部件没有发生泄漏。

(3)点火前,应检查日用油柜油量和温度是否已加热至符合要求,并开泄放阀泄放残水。同时确认燃油系统中的各种设备均处于适用状态。将主、辅停汽阀关闭后再打开1/4转,防止咬住。

完成上述各项工作后,锅炉即可点火。

六、锅炉点火升汽的技能

(1)冷炉点火升汽时,锅炉各部分的温度变化很大,为使温度均匀,以人工手动控制为宜。

(2)燃油锅炉在开始点火前,一定要先预扫风5min以上,将炉内积存的油气彻底吹净。如果点火失败,再次点火前仍要进行预扫风至少3min。当多次点火失败时,应查明原因排除故障后再点火。万一发生爆炸回火,应立即关闭燃油速闭阀并停油泵,以防酿成火灾。燃烧不要太猛,也不要连续,一般是烧0.5~1min,停10~15min。对蒸发量为1~2t/h的辅锅炉,从点火到满压所需时间烟管锅炉大约为2h,水管炉因水循环良好,约需15min左右。其中从点火到产生汽压的时间约占整个点火升汽时间的2/3。如不控制燃烧,从冷炉至产生汽压的时间一般烟管锅炉仅需0.5h,有的水管锅炉仅需6min左右。这种快速升汽对锅炉保养是十分不利的。大蒸发量烟管锅炉升汽时间正常不少于8~12h,D形水管锅炉约需2~3h。

(3)在点火升汽过程中,应随时注意水位的变化,以防因底部排污阀或给水阀泄漏而失水。在升汽过程中应冲洗水位计数次,使水位计逐渐加热,同时也可防止水位计堵塞。汽压开始产生后,应关闭汽包上的空气阀。待汽压逐渐上升,锅炉由冷态进入热态后,对于停炉时曾拆卸过的人孔和手孔门螺栓以及其他紧固螺栓均应再次旋紧:这些工作必须在汽压未达到0.5MPa以前进行。当锅炉达到工作汽压后,应冲洗水位计检查水位。必要时,可使汽压提高将安全阀自动顶开,以检查其灵敏性。进行表面排污,以排除锅筒水面上的杂质和油污。随后即可送汽并改为自动操作。

(4)在送汽前应暖管:将蒸汽阀稍开,供汽加热管路,同时开启蒸汽系统中各泄水阀进行疏水。暖管时间不宜过短,否则管壁和管路上法兰及螺栓会产生较大的热应力,而且管路内凝水可能未能排净,开大停汽阀正式供汽时在高速蒸汽冲击下会出现"水击",可能损坏阀门、管路和设备。暖管时间一般不应少于15~20min。

(5)如果两台锅炉同时投入工作,应先使两者汽压相同以后再并汽。如果升汽的锅炉与另一台已在工作的锅炉并汽,锅炉中的汽压应比主蒸汽管中汽压高出0.05MPa左右再并汽。

七、锅炉运行调节的技能

(1)锅炉正常运行时应注意监视汽压、水位和燃烧,随时调节至正常工况,并检查各部件和系统是否正常工作。

(2)锅炉工作时水位计的水位总应在波动,若发现水位计水位长久静止不动,则表明通水接管堵塞或上、下两个接管同时堵塞;若发现水位一直在上升,有可能是通汽接管堵塞。这时应冲洗水位计。

(3)锅炉汽压如果超过安全阀的开启压力,但安全阀尚未开启,则必须用人力强行开启。如安全阀虽自动开启,但汽压长久降不下来,则应立即停炉。

(4)锅炉燃烧好坏主要是通过观察炉膛中火焰颜色、火焰流型和对烟气成分进行分析而判断。燃烧良好的标志是:火焰稳定并呈橙黄色;火焰轮廓清晰,炉膛内略显透明,依稀可见炉膛的后壁;烟囱排烟呈浅灰色。如果炉内火焰发白,炉膛内极透明,烟色太淡几乎看不见,则表明空气量太多。如发现火焰呈暗红色,火焰伸长跳动并带有火星,炉内模糊不清,烟色加深直至浓黑,则表明空气量太少或燃油雾化不良,与空气混合不好。为获得完全燃烧,应保持燃油系统中的油压、油温和风压稳定在规定的数值。经常注意滤器前后的油压差,一般超过0.05MPa时要及时换洗滤器。若发现喷油器雾化不良,火焰歪斜、变长,应检查喷嘴是否磨损或局部堵塞。

八、锅炉熄火停炉的技能

(1)停炉前应改用柴油,以免重油留存在管路内。熄火时应加水至水位计最高水位,以免因锅炉内水冷却收缩而看不到水位。熄火后有压缩空气吹扫系统的应将喷油嘴吹扫干净。

(2)当锅炉需要作内部检查或检修时,应让锅炉自然冷却,决不能让温度急剧降低而损伤锅炉。待锅炉中已无汽压时,打开空气阀,以免锅筒内产生真空。一般只有当炉水温度降至50℃左右时才允许打开底部排污阀放空炉水。水管锅炉在急需时可在汽压降至0.5MPa以下后放空。

九、冷水机组启动操作的技能

(1)接通机组总电源,使各控制部分及保护线路处于待工作状态。

(2)启动冷媒水系统。

(3)启动冷却水系统。

(4)轻载启动主机系统。

(5)加载。

十、冷水机组运行调节的技能

1.蒸发温度与蒸发压力

一般情况下,常控制在3~5℃范围,蒸发温度较冷水出水温度低2~4℃。

过高的蒸发温度往往难以达到所要求的空调效果,而过低的蒸发温度,不但增加了机组的能量消耗,又容易造成蒸发管道冻裂。

蒸发温度与冷水出水温度之差,随蒸发器热负荷增减而分别增大或减少。

2.冷凝压力与冷凝温度

水冷式冷凝温度要高于冷却水出水温度2~4℃;空冷式冷凝温度高于出风温度4~8℃。

3.冷水的压力和温度

标准工况下,冷水机组的冷水供水温度7℃、回水温度12℃、温差5℃。

冷水供水、回水温差实际上是规定了机组的冷水流量。这种冷水流量的控制表现为控制冷水通过蒸发器的压力降。在标准工况下,蒸发器上冷水供、回水压降调定为0.05MPa。其压降调定方法是调节冷水泵出口阀门开度和蒸发器供、回水阀门开度。

4.冷却水的压力和温度

标准工况下,冷水机组的冷却水回水温度为32℃,出水温度为37℃,温差5℃。

冷却水回水、出水温差实际上是规定了机组的冷却水流量。这种冷却水流量的控制表现为控制冷却水通过冷凝器的压力降。在标准工况下,冷凝器进出水压降调定为0.07MPa。压降调定方法是采取调节冷却水泵出口阀门开度和冷凝器进、出水管阀门开度。

应该注意的是,随意过量开大冷却水阀门,增大冷却水量藉以降低冷凝压力,试图降低能耗的做法,只能适得其反。因为,为了降低冷水机组的功率消耗,应尽可能降低冷凝温度。其可取措施有两个:一是降低冷凝器的回水温度;二是加大冷却水量。但是,回水温度取决于大气温度和相对湿度,受自然条件变化的影响和限制;而加大冷却水流量实际简单易行,但过分加大冷却水流量,往往引起冷却水泵功率消耗急剧上升,也得不到理想的效果。

5. 压缩机的吸排气温度

活塞式压缩机,过热度影响较大,吸气过热度取为 5 ~ 10℃;

离心式压缩机,过热度影响较小,吸气过热度一般取 2 ~ 3℃。

排气温度的直接影响因素是压缩机的吸气温度,两者是正比关系。在空调工况中,由于压比不大,所以排气温度并不很高。

6. 油压差、油温与油位高度

润滑油的油压差、油温与油位高度是保证机组在正常条件下运动零件润滑和冷却的三个要素。

油压差,一般都在 0.10 ~ 0.25MPa 左右;油温,一般都在 35 ~ 45℃范围内;油位,一般规定贮油容器内的油位高度应位于视镜中央水平线上下 5mm。

7. 机组运行电流与电压

电压,在压缩机铭牌规定电压的 ±5% 的范围之内;为了保护电动机,必须避免在 1h 内启动机组超过 3 次。

十一、冷水机组停止操作的技能

(1)卸载。

(2)轻载停止主机系统。

(3)停止冷却水系统。长期停机过冬时,必须排出全部冷却水。

(4)15min 后,停止冷媒水系统。长期停机过冬时,应排出全部冷水。

(5)切断总电源。

工作任务 7.2　空调装置的管理

• 知识点导入

理论知识点	实践知识点
暂无相关信息	1. 降温工况下空调装置管理的技能; 2. 取暖工况下空调装置管理的技能; 3. 通风工况下空调装置管理的技能; 4. 空调装置节能的技能

• 理论信息获取

暂无相关信息。

• 实践技能展现

一、降温工况下空调装置管理的技能

(1)运行前先检查曲轴箱油位(1/2),贮液器液位(1/2 ~ 2/3),冷却介质的压力与流量。

(2)蒸发温度一般控制在 5 ~10℃,膨胀阀不结霜,回汽管结露并有凉手感。

(3)供风温度应维持在 11 ~15℃,过低的供风温度易于房间结露或出现气雾现象。

(4)保持合适的回风比,目的是为了节能。

(5)空调装置长期停用时(1 月以上),应将制冷剂全部收入贮液器中。

二、取暖工况空调装置管理的技能

(1)释放蒸汽管中的残水,暖管,送汽,蒸汽压力控制在 0.2 ~0.5Mpa。

(2)供风温度维持在 30 ~40℃,房间 $\phi=30\%$ 左右,供风 $\phi=10\%\sim15\%$ 之间。

(3)严格控制加湿量。

必须待热平衡后按需(气温低于 0℃)开启加湿阀,房间含湿量不大于 6.5g/kg 干空气(相当于室温 22℃时,$\varphi=40\%$);当气温高于 0℃以上时一般不用加湿。

三、通风工况下空调装置管理的技能

通风工况(环境温度约在 20 ~23℃)时应全部采用外界新风,若风机具有高、低速挡,应采用低速挡,减少功耗,降低噪声。

四、空调装置节能的技能

空调装置节能措施如表 7.2-1 所示。

空调装置节能措施 表 7.2-1

合理选择室内设定值	夏季室温设定值从 26℃提高到 28℃,冷负荷可以减少 21% ~23%;露点设定值从 10℃提高到 12℃,除湿负荷可减少 17%。 冬季室温设定值从 22℃降低到 20℃,热负荷可以减少 26% ~31%;露点从 10℃降低到 8℃,加湿负荷可减少 5%
控制室外新风量	室外新风量越大系统能耗越大。应控制到卫生要求的最小值
正确利用新风量	在可变新风系统中,除装有温度、湿度调节器外,还应装有季节工况自动识别和转换装置,并至少有三个工况,即冬季工况、过渡季节工况和夏季工况。在同时有温度和湿度要求的系统中,工况转换可由室外干球温度和回风温度控制,以最大限度地达到节能效果
运行管理的自动控制	自动控制就是根据被调参数的实际值与给定值的偏差,用由专用的仪表和装置组成的自动控制系统调节参数的偏差值,使参数保持在允许的波动范围内

评价反馈

方　式	项　目
内容评价	1. 如何判断空调装置的各种操作步骤是否合理? 2. 在对空调装置进行管理时要重点注意哪些方面?
问题反馈	1. 请你判断对"应用空调装置"情境内容的掌握程度。 2. 请你思考对"应用空调装置"情境内容的学习方法。 3. 请你提出对"应用空调装置"情境内容的改进意见。

学习情境8　有关空调装置的案例分析

目标要求

主要知识目标	主要能力目标
有关空调装置的综合知识	1. 具备综合利用空调知识的能力； 2. 具备解决空调领域实际问题的能力； 3. 具备空调知识的自我总结和拓展能力

工作任务8.1　船舶空调主机损坏的解决

• 知识点导入

理论知识点	实践知识点
船舶空调主机损坏的故障现象	1. 船舶空调主机损坏的分析处理的技能； 2. 解决船舶空调主机损坏的经验总结的技能

• 理论信息获取

故障现象

某船的 YORK 空调装置的压缩机是 CM028 型，共 8 缸，分为 1，2，3，4 等四个缸组，三只能量调节电磁阀，可实现四级能量调节，启动负荷为 25%。增加负荷时按照 4-3-2-1 的缸组顺序加载；卸载时按照 1-2-3-4 顺序逐级减少工作缸组，每级 25%。故障现象是顶部两个缸组中靠近轴侧的缸，高压阀组件、活塞、缸套、连杆等损坏，并波及相邻缸。

据了解，另外两艘姐妹船配备同样的空调装置，在保修期内也出现过类似故障。而与三艘“湾”字号船同期建造的“洋”字号和 “池”字号油船，也都配备丹麦 YORK 同样型号的空调装置，却都没有出现这样的故障。

• 实践技能展现

一、分析处理的技能

故障发生后，公司咨询厂家，得到的答复是，从来没发生过这样的事情，一定是有什么地方不对才会如此。而据观察，该船空调装置运行时有液击现象：吸入压力忽高忽低，缸头声音忽大忽小，呈周期性变化；低负荷状态和两台空调压缩机各自单独运行时，几乎没有敲击声；两台空调压缩机并联运行且最大负荷时，容易发生液击；压缩机吸入压力上升阶段可闻明显敲击声;压缩机负荷降低时一定会液击。

当时,也怀疑压缩机排出阀存在设计缺陷。排出阀结构非常简单,其固定螺栓及其上部的碗状弹簧导套共用一只 M8 螺帽和一只弹簧垫圈锁定。但即便如此,如果工作状态良好,锁帽也不会轻易松动。

据认为,正是间断但长期存在的液击产生的冲击和震动,造成排气阀固定螺栓锁帽松动和弹簧导套等损坏,而弹簧导套的损坏更加快了锁帽的松动。一旦锁帽松脱,排气阀固定螺栓就会落入缸内,活塞、缸套甚至连杆等铝合金材质的部件必碎无疑。

首先损坏的,多是压缩机顶部两个缸组中靠近轴侧(即靠近进气阀)的 2 个缸中的 1 个,以 2 缸组的这一缸可能性最大(按照说明书中缸组排列顺序),因为其吸口距低压进口最近,当液击比较轻微时一般只有这个缸有敲击声。这一点,可以从修改参数后的实际运行情况得到验证。

该机型各缸之间结构紧凑,单缸发生这类的损坏时很容易波及相邻缸。该船的故障,就是一缸故障连带损坏了另一只缸套;该船的一次故障共损坏了 4 只缸套。

如果活塞破碎,连杆损坏严重或断裂,滑油压力便难以维持,压缩机多会因滑油低压保护而停车。

(一)该船空调装置控制系统的基本组成和工作原理

该船配置的 YORK 空调装置,其控制系统由下列四部分组成:操作和界面显示面板 E200,输入、查看和修改参数;调节单元,即 PLC 模块;执行机构,包括 AKV 电子膨胀阀,和压缩机能量调节电磁阀;测量单元,包括各温度和压力变送器等。

电子膨胀阀(简称 AKV 阀),实质上是一个受调制脉冲控制的电磁阀。AKV 阀的工作状态,是非开即关,开则全开,关则全关,不存在保持在某一开度的状态。AKV 阀处于开启状态时,由阀中的节流板节流降压,冷剂流量达到最大。这与传统的热力膨胀阀不同。AKV 阀的优点,是灵敏度高、动态特性好、热惯性小等。调节单元将供风温度的设定值与测量单元送来的实际值比较,根据偏差的大小和方向,通过 PI 作用规律,输出一个调制脉冲信号。调制脉冲信号经光电藕合器到执行机构——AKV 阀。AKV 阀的开和关,受调制脉冲的控制。调制脉冲周期为 T_s(等于其取样时间)。一个周期里,AKV 阀的实际开阀时间在 0 到 T_s 之间变化。E200 显示的所谓 AKV 开度:若为 0%,表示整个脉冲周期内,AKV 阀始终关闭;若为 100%,表示整个脉冲周期内 AKV 阀始终打开;若为 0% ~100% 之间的某一值,表示开阀时间所占脉冲周期的百分比。AKV 阀就是通过改变调制脉冲周期内的开阀时间,实现所谓开度的调节。例如:该船空调装置的 T_s 为 6s。如果 E200 显示 AKV POS. =25%,则每一调制脉冲周期的开阀时间为 6×25% =1.5s。即在 6s 的脉冲周期内,只有 1.5s 的时间 AKV 阀是打开的,其余时间则保持关闭,从而使冷剂得以在蒸发器内膨胀。

(二)几个参数和概念(引用的数据均为该船空调装置目前参数设置)

1. 供风设定值 SP(18.0℃)

即期望的送风温度。

2. 过热度调节模式 SUPERHEAT MODE

以蒸发器后过热度的大小来决定执行机构的动作。在一定条件下,AKV 阀和压缩机均可工作在这种模式。

3. 供风调节模式 SUPPLY AIR MODE

以实际供风温度与 SP 的偏差来决定执行机构的动作。在一定条件下,AKV 阀和压缩机均可工作在这种模式。

4. 偏差 OFF SET（1.5℃）

与 SP 之和，是 AKV 阀以 SUPER HEAT MODE 或以 SUPPLY AIR MODE 工作的转换点。

5. 最低过热度限制 LT SUPERH（即 LIMIT SUPERHEAT）

蒸发器后冷剂过热度下限。这是一个很重要的参数，当过热度小于等于这个下限值时，无论 AKV 阀工作在什么模式，立即关闭到零位。

6. AKV 阀初始位置 START POS.

它只在系统刚刚启动时有用；随着压缩机的启动，电子膨胀阀开度立即从 0% 达到 20%，目的是避免压缩机启动造成低压管系压力突降，防止压缩机低压停车和减少奔油可能。

（三）空调系统的制冷调节过程分析（以压缩机自动状态为例，从系统启动开始说起）

1. 电子膨胀阀

风机处于运行中且各阀准备完毕后，一旦压缩机启动，AKV 阀便处于 20% 开度（START POS.）。若测得目前的供风温度为 29℃，远高于 SP + OFF SET（18.0℃ + 1.5℃ = 19.5℃），此时控制系统要求制冷调节加大，以达到快速制冷的目的。

这个阶段，AKV 阀工作在过热度控制模式，从 20% 的起始位置不断增加"开度"。随着"开度"的增大，蒸发器后压力上升，过热度下降。一旦过热度降到 LT SUPERH 的设定值，AKV 阀马上"关闭"（即所谓的"开度"为零），直到过热度回升到 LT SUPERH 以上，再恢复调节。根据热湿负荷情况，AKV 阀"开度"最终可达 100%。

至于达到 100% 的时间长短，视 *PI* 作用的强弱而定。在 AKV 电磁阀过热调节（SUPER REG.）和供风调节（SUPPLY AIR REG.）的参数中，都有积分时间 T_i 这一参数。鉴于该控制对象对消除静差的时间要求不严格，又为了提高控制系统的稳定性，积分时间 T_i 应本着宁大毋小的原则，设置不应太小。

2. 压缩机

在一定条件下，AKV 阀和压缩机分别可以工作在过热调节和供风调节模式。但它们不可工作在同一模式下，始终是相反的。

在供风温度高于 19.5℃（SP + OFF SET）时，AKV 阀工作在 SUPERHEAT 模式，则压缩机必定处于 SUPPLY AIR 模式。这种模式下，只要供风温度还高于设定值 SP，压缩机就每经过 120s 延时增加一级负荷，直到负荷达到 100%，或与 AKV 阀互换工作模式为止。随着压缩机负荷的增加，其吸排能力增加，致使其吸入压力下降，蒸发器后冷剂过热度上升。这刚好与膨胀阀的开度增大相匹配，只要这个延时时间和 *PI* 的设置合理，它们就能配合的很"默契"，当 AKV 阀开度和压缩机负荷都达到 100% 时，系统处于最大负荷工作状态。

3. 电子膨胀阀与压缩机的工作模式互换

随着膨胀阀开度的增加，冷剂的质量流量增加，制冷量也随之增加，供风温度逐渐下降。当供风温度下降到 19.5℃（SP + OFF SET）且超过 15s 延时后，AKV 阀与压缩机互换工作模式，即 AKV 阀工作在 SUPPLY AIR 模式而压缩机工作在 SUPERHEAT 模式。

系统设置在这个时候互换成二者的工作模式，是个好主意。如果说，在供风温度高于 19.5℃区间，降温步子需要快一些的话，那么在 19.5℃以下时就需要相对稳妥一些了，因为控制对象的温度已经接近设定值。此时进行工作模式互换，解决了两个问题：AKV 阀工作在 SUPPLY AIR 模式，以供风温度与 SP 的偏差来调节其开度，可以做到精确控制温度；压缩机工作在 SUPERHEAT 模式，就有了进行能量调节的依据。

压缩机在 SUPERHEAT 模式下有两个重要参数 High super 和 Low super：前者是控制压缩机减少负荷的过热度上限；后者是控制压缩机增加负荷的过热度下限。也就是压缩机只允许回气过热度在 High super 和 Low super 之间变化。如果供风温度达到设定值，AKV 阀"开度"逐渐减小，冷剂的流量就会小于压缩机高负荷下的吸排量，这必然造成蒸发器后压力下降，过热度上升。当过热度上升到 High super(22.0℃)且超过 20.0s 延时，压缩机便减小一级负荷，以适应膨胀阀开度减小的变化。

这两个参数的设置要与 LT SUPERH 相匹配，免得压缩机在 SUPERHEAT 模式下出现该调节负荷而不调节或频繁调节的情况。

4. 压缩机的手动控制

以上的控制过程是在压缩机自动状态下。若压缩机置手动，AKV 阀只有一种工作方式：过热度调节。这时它追踪的是 SUPERHEAT 模式下的 SET POINT（16℃）这个过热度设定值。由于 SET POINT 的设定一般都比较高，将压缩机置于手动也可以保证足够的过热度，缺点是需要人工根据情况调节压缩机负荷。

（四）该船空调装置液击原因分析

据以上分析，该船空调装置故障的根本原因，是控制系统的参数设置不合理，主要是回气过热度偏低，致使压缩机在特定情况下出现间断性的液击。三条"湾"字型船空调装置的参数设置，应该都是一样的，所以它们在很短的时间内出现了相同的压缩机排气阀故障。分析如下：

1. LT SUPERH 的设置

该船一直航行在中东——远东航线，空调装置绝大部分时间处在满负荷状态。这主要是指 AKV 阀全开，且一直采用两台空调压缩机并联运行。实际上，热湿负荷很大时，这种工况很难将送风温度降到设定值 18.0℃，顶多也就是达到 19.0℃或在 18.0～19.0℃之间徘徊。这个温度范围内，AKV 阀工作于 SUPPLY AIR 模式。

如前所述，AKV 阀的工作特点是非开即关，开则全开，关则全关。开启状态时，只由阀中的节流板节流降压，冷剂流量达到最大。当送风温度一直高于 SP 时，使得压缩机吸口压力忽高忽低，缸头声音忽大忽小，似有浪涌一样。因为：两只 AKV 阀保持在 100% 的开度；因为 AKV 阀内节流板的流通量非常大，阀本身对冷剂无节流作用，所以即使热湿负荷很大，蒸发器后过热度也会很快降到 LT SUPERH 这个下限，于是 AKV 阀关闭；AKV 阀关闭后，过热度仍会往下冲 2～3℃ 才回升，这个下冲阶段，吸气压力最高，过热度最低；当过热度回升到 LT SUPERH以上时，AKV 阀又恢复 100% 开度，过热度再次下降。调节过程如此反复，使回气过热度始终在 LT SUPERH 上下震荡。也就是说，LT SUPERH 决定了蒸发器后过热度的总体水平。

若 LT SUPERH 设置偏低，当过热度震荡到最低点，亦即压缩机吸入压力最高点时，低压管系内冷剂蒸气就有可能达到饱和，进而形成湿蒸气。

该船空调装置的 LT SUPERH，从 5.0℃ 调整为 9.0℃ 后，No. 1 号压缩机排气温度升到 52℃，敲击声消失，运行声音变得很温柔。

2. 低压管路容量的影响

过热度偏低，对容量不同的低压管路，会产生不同后果。其他条件相同的情况下，管路容量大，存留的冷剂质量大，过热度下冲的惯性也大，冷剂湿蒸气就可能在瞬间产生足够多的液体，即使有回气过热器也难以保证在瞬间"消化"掉。这些液体冷剂汇集在管系最低段—压缩机吸口前,从而导致液击。

该船空调装置,是双管系布置,而且管系长(目测总长度至少是"池"字型船的六倍),管径也比较粗(D_N=80,约为"池"字型船的两倍),所以在压缩机吸入压力回升阶段,排气温度偏低(点温计测量只有36℃),缸头敲击声明显。

如果该船空调装置,也像"池"字型船一样,采用短小精悍的单管系,即使瞬间内有部分蒸气冷凝,也是少量的,再加上过热器的帮助,相对于高负荷下运行的压缩机不会产生太大影响。

偶然发现一个现象,可以证明,大容量低压管路,存留的冷剂质量相当大。在该船空调装置的 LT SUPERH 从 5.0℃调整为 9.0℃后,No.1 压缩机运行良好,但换用 No.2 压缩机运行时,仍然听到最倒霉的那一缸有时声音不对(2 缸组靠近吸口,损坏过),拟将 LT SUPERH 调整为 13.0℃。调整 LT SUPERH 前,No.2 冷凝器的液位已经极低(以前大部分转入到 No.1 系统),玻璃镜及手感都找不到液位,出液管观察镜时有气泡,说明液封也难建立了,认为需要充液。调整 LT SUPERH 后,却发现冷凝器的冷剂液位已超过 1/2,按冷凝器容量计算足有 100 多升。如此多的液体从何而来?只能是低压管系!这些存留在低压管路内的冷剂,一旦具备条件,就会出来作怪。

3.压缩机减载时更容易出现液击

那么为何在压缩机减载时更容易出现液击呢?这种情况多发生在两台空调压缩机并联运行,送风温度已经达到 SP,两个 AKV 阀开度都在 50% ~60% 且逐渐减小。由于 AKV 阀开度减小,蒸发器后冷剂过热度上升,达到 High super 且超过延时,压缩机能量调节电磁阀动作使一个缸组退出工作,压缩机的排量突然减少 25%,致使回气压力陡然上升,过热度突降。这时如果压缩机减载时的过热度水平不够高,压缩机就可能会因吸入液体而敲击。其实 YORK 的控制系统已经为解决这个问题设置了前馈因数(FF FACTOR),使控制系统有一定的超前调控能力——当压缩机负荷增加或减少时,能使 AKV 阀在原来开度的基础上强制增大或减小一定开度,尽量维持吸排压力稳定。超前调控作用的强弱,可以通过修改 FF FACTOR 来改变。改变的数值越大,作用越强。

增加 FF FACTOR 和适当提高 High super 的设定值,完全能够避免由于压缩机减小负荷而导致的液击。

(五)避免液击的措施

该船空调装置,只有同时满足以下 4 个不利条件,才可能产生液击:①热湿负荷很大,两只 AKV 阀一直处于 100% 或接近 100% 的开度;②两台空调压缩机并联运行;③过热度低限的设置偏低;④管系布置不利。因此,需要从以上 4 个不利条件入手,寻找避免液击的措施。

第④条已成定局,若要改变,只能停航改造管系。对于前 3 条,则都可通过调整参数或运行方式避免液击。

1.对于第①条,是设法减小 AKV 阀的流通量

从上面的说明可以看出,一台压缩机的吸排量不足以应付两只 AKV 阀全开的冷剂流量,那么可以适当提高 SP,让 AKV 阀工作在部分开度上。有例为证:在外界热湿负荷较低,两个 AKV 阀开度均在 40% ~50% 以下时,即使使用原来的或更低的过热度设置,该轮空调运行还是很稳定的,AKV 阀可以长时间稳定地保持在一定开度上,压缩机运行也非常稳定。这种做法的不足,是供风温度稍高。

2.对于第②条,是采用 OFF 模式运行

既然在极端的气候条件下,一台压缩机难以使供风降温到 SP,就不要勉为其难,在定速航

行电力允许的情况下,还是采用 OFF 模式运行比较好。这样一台压缩机只需对付一台蒸发器和一套低压管系,哪怕在更低的过热度水平下运行也很好。该船 2 号压缩机修复后,在印度洋至中东区间,同时开启两台压缩机各与一台蒸发器配合,使用原来参数试验,两只 AKV 阀开度均达 100%,压缩机运行就非常稳定,听不到间歇性的敲击声。而此时换回两台空调压缩机并联运行,很快又听到缸头敲击。

3. 对于第③条,是提高 LT SUPERH 的设定值

提高回气过热度,可以消除诸多不利因素的影响,只要不给低压冷剂蒸气接近饱和的机会,就能保证压缩机的安全。

当然,这样会减少冷剂的质量流量,会稍微影响制冷效果。调整 LT SUPERH 的设定值,需注意几点:首先,不能盲目,需经长时间实际调试来确定,虽然推荐过热度值是 5 ~ 8℃,但若使用中发现并不合适,就需要修改;其次,要考虑到温度压力变送可能会有误差,因而过热度的计算也可能有误差,E200 显示的过热度并不能保证准确;还有,过热度的设置不可太高,否则也会带来许多弊端。

比较三方面,极端气候条件下,采用第(2)条的 OFF 模式运行,是比较好的解决办法。

二、经验总结的技能

YORK 空调装置大多都是工作很可靠和稳定的,只有在特定情况下才会出现上述现象。千万不要因为压缩机的设计有一定的抗液击能力就忽略了这些"小问题"。发现异常,只要深入分析、研究,总能找到问题的根源。参数的设置不可一概而论,厂方技术人员往往按经验值设定,但经验值只能参考,并不一定是最佳值,因为不同船舶,不同工况,不同的气候条件都会影响运行状况。本例就是通过修改参数等办法很方便地消除了故障。当然,参数修改后要仔细观察,以运行稳定、排气温度合适、无液击又能保证制冷效果为准。

工作任务 8.2　船舶空调蒸发器结霜的解决

• 知识点导入

理论知识点	实践知识点
空调蒸发器结霜的故障现象	1. 空调蒸发器结霜的分析处理的技能; 2. 解决空调蒸发器结霜的经验总结的技能

• 理论信息获取

故障现象如下:

某船集中式空调,该空调的制冷装置采用日本 KAWASAKI 公司制造的 NSAK33L 型;制冷剂 R22;设计蒸发温度 3℃;带能量调节机构的六缸活塞式制冷压缩机,型号 6C75—EB;在冷凝温度为 45℃、蒸发温度为 3℃时的设计制冷量为 112300kCal/h。

某日,轮机员在巡查空调装置时发现膨胀阀出口到蒸发器的管路结霜。

起初,怀疑膨胀阀调节不当,导致供液不足,吸气过热度偏大,蒸发压力过低所造成。但经反复调节膨胀阀的弹簧预紧力,发现吸气过热度并无变化,仔细检查发现该阀已损坏,且不可

修复。于是更换同样型号的热力膨胀阀。

再次运行后发现，膨胀阀到蒸发器的管路已不再结霜，但是蒸发器的后部及回气管路结霜。虽然我们多次调试膨胀阀并检查确认制冷剂流量充足，还调节了冷凝压力，但始终无法消除蒸发器后部和回气管路结霜的问题。

• 实践技能展现

一、分析处理的技能

由于环境条件多变，需要船舶空调系统的热负荷在较大范围内不断变化，因此要求空调系统必须能够大范围调节冷剂流量，以使装置制冷量与热负荷平衡。

压缩机调节冷剂流量，多采用吸气回流法，即根据吸气压力的变化，调整压缩机的负荷，一般可实现 33% ~100%，25% ~100% 甚至是更大范围的流量调节；一个蒸发器一般采用两个热力膨胀阀同时调节冷剂流量，必要时切换成一个。

如图 8.2-1 所示为该船空调系统制冷自动控制原理图。

压缩机安装有两个能量控制开关 *P*3/3 和 *P*2/3，能根据压缩机吸气压力的变化使 1 组或 2 组气缸投入或退出工作，从而使压缩机实现 100%（6 缸），66%（4 缸），33%（2 缸）三挡能量调节。

冷凝器为卧式壳管式，冷却水流量 $40m^3/h$；电磁阀和热力膨胀阀两组（图中 1*DF*、1*TV* 和 2*DF*、2*TV*），为同一台蒸发器供液，必要时可以切换，以实现蒸发器流量的大范围调节。两个外平衡式热力膨胀阀的型号为 ATX—71140DH。

调节送风温度的方法，是将制冷剂的蒸发温度控制在 0 - 10℃ 的范围内，既可满足送风温度的要求，也可避免蒸发器结霜。

图 8.2-2 为蒸发器、压缩机的性能曲线及工况变化

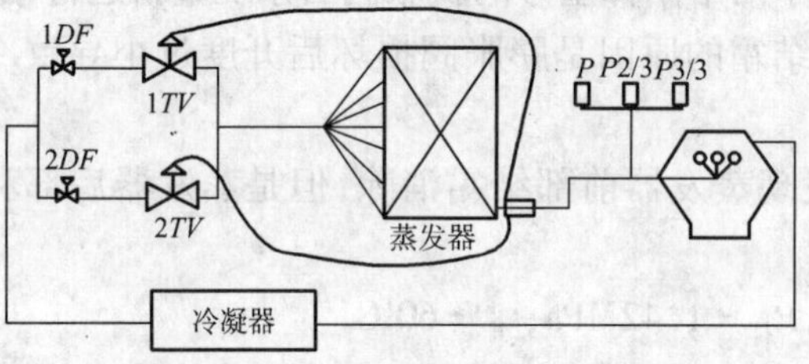

图 8.2-1　某船空调系统制冷自动控制原理图

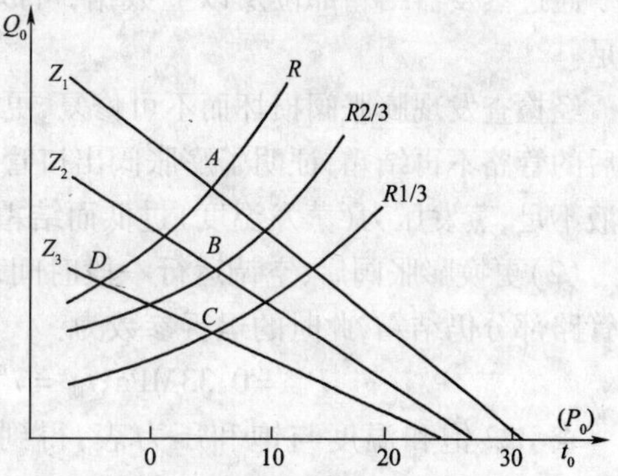

图 8.2-2　为蒸发器、压缩机的性能曲线及工况变化

图 8.2-2 中，纵坐标是制冷量，横坐标是饱和温度 t_0（对应饱和压力 P_0）；*R*、*R*2/3 和 *R*1/3，分别是压缩机组六缸、四缸和两缸运行时机组制冷量性能曲线；Z_1、Z_2 和 Z_3，分别是压缩机组六缸、四缸、两缸运行时的系统热负荷曲线。

（一）调节原理

通过下面的工况点分析可看出其基本调节原理。

当外界空气温度和湿度较高、送风量较大，即热负荷较大时，压缩机六缸运行，机组制冷量性能曲线为 *R*；系统热负荷曲线相应为 Z_1，此时蒸发压力 P_0 较高，两组电磁阀和膨胀阀同时开

启，工况点为 R 与 Z_1 的交点 A。

随着外界气温的降低，系统热负荷相应减小，蒸发压力 P_0 降低，工况点左移。当 P_0 降低到压力继电器 $P2/3$ 的设定值时，压缩机减为四缸运行，机组制冷量性能曲线变为 $R2/3$；系统热负荷曲线相应为 Z_2。此时电磁阀 $1DF$ 关闭，仅剩下膨胀阀 $2TV$ 供液，系统的工况点为 B 点。

同理，当蒸发器的热负荷进一步减小，蒸发压力 P_0 进一步降低，工况点左移。当 P_0 降低到压力继电器 $P1/3$ 的设定值时，压缩机减为两个基本缸运行，机组制冷量性能曲线变为 $R1/3$；系统热负荷曲线相应变为 Z_3。此时系统的工况点为 C 点。

总之，该系统根据热负荷的变化相应调节压缩机工作缸数和蒸发器的冷剂流量，使其工况点 A，B，C 的蒸发温度维持在 0～10℃的范围内。

从上述分析可以看出，空调系统蒸发器及其回气管路结霜的直接原因，是冷剂的蒸发温度低于 0℃；而导致蒸发温度过低的根本原因，则是制冷剂的蒸发压力太低。

造成冷剂蒸发压力过低的具体原因可能有多种，比如冷剂不足，冷凝压力过低，液管堵塞或膨胀阀开度不足，以及压缩机与蒸发器的不匹配等。

（二）故障原因

据上述情况推断，主要原因如下：

（1）更换膨胀阀前，膨胀阀打不开，膨胀阀出口管路结霜，是供液不足所致。

此时制冷剂经过膨胀阀后便全部气化，蒸发器内冷剂的过热度太大。当时空调运行实际参数为：

$$P_{吸}=0.29\text{MPa};t_{吸}=20℃;P_{排}=1.37\text{MPa};t_{排}=55℃。$$

查 R22 饱和温度与饱和压力表，得到 R22 在绝对压力为 0.39 MPa 时的饱和温度是 -7℃，那么，压缩机吸气过热度是 $\Delta t=27℃$。可见，吸气过热度过高（一般在 3～6℃），吸气压力过低。

通过蒸发器结霜部位及以上数据，可以断定结霜原因是膨胀阀开度过小，导致冷剂流量不足。

经检查发现膨胀阀损坏而不可修复，更换了两个同样型号的膨胀阀后系统重新运行，膨胀阀后的管路不再结霜，证明了膨胀阀出口管路结霜的原因是膨胀阀损坏后开度过小导致冷剂供液不足，蒸发压力（蒸发温度）过低而结霜。

（2）更换膨胀阀后，空调运行一段时间，发现蒸发器前部结霜消除，但是蒸发器后部和回气管路部分仍结霜，此时的运行参数为：

$$P_{吸}=0.33\text{MPa};t_{吸}=7℃;P_{排}=1.42\text{MPa};t_{排}=60℃。$$

查 R22 饱和温度与饱和压力表，得到 R22 在绝对压力为 0.43 MPa 时的饱和温度为 -4℃，那么，压缩机吸气过热度为 $\Delta t=11℃$。可见，吸气过热度稍大但并不太大，说明膨胀阀所控制的蒸发器的流量基本合适，但吸气压力较低。

根据前面对该系统温度控制原理的分析，蒸发器后部和回气管路部分仍结霜，可能是压缩机与热负荷不匹配造成的——当系统热负荷已经减小，热负荷曲线为 Z_3，但是由于某种原因压缩机不能正常卸载，机组制冷量性能曲线仍为 R，则此时的工况点为 Z_3 与 R 的交点 D，由图 8.2-2 可见系统的蒸发压力明显低于 0～10℃蒸发温度所对应的压力范围，从而导致蒸发器结霜。

（三）检修结果

检修结果验证了当初的推断：

（1）压缩机能量调节机构损坏，在吸气压力低于压力开关动作值时不能减缸。

判断方法是：首先手动缓慢关小压缩机吸气截止阀，使吸气压力变为0.28MPa，明显低于压缩机卸载的动作值0.36MPa；运行一段时间后，用手摸三组气缸表面的温度，发现并无差别，用金属棒紧贴缸盖表面也听不出不同的运转声音。由此断定压缩机未减缸运行。

(2)蒸发器局部损坏，导致蒸发器性能下降。

蒸发器的制冷量取决于蒸发器的传热面积、传热系数和传热温差。

该船蒸发器大约有1/5面积的蛇形肋片管损坏（进口被封死），蒸发面积减小，导致蒸发器性能下降。

(3)外界气温低，导致系统热负荷降低。

当外界的气温降低时，新风温度降低，则空气与制冷剂的平均传热温差也降低，导致系统热负荷降低。

当时6月末7月初，天津地区气温25～30℃，换热温差小，系统热负荷降低。

(四)采取措施

根据以上分析，采取下列措施解决蒸发器结霜的问题。

(1)航行期间压缩机的能量调节机构无法修复，只能维持使用。

(2)关小压缩机吸气截止阀进行节流，调节压缩机的吸气量。这种办法不经济，但比较方便实用。

(3)关闭回风口，采用全新风的方法，增加系统的热负荷。

经过上述调整，压缩机的吸气压力明显上升，在0.43MPa左右变化，蒸发器和回气管上的大部分霜层开始融化。后来继续向南航行，气温逐渐升高，结霜现象已完全消除，吸气管发凉结露，制冷系统在比较满意的工况下运行。

二、经验总结的技能

蒸发器结霜，分为两种：

(1)蒸发器前部结霜，同时吸气压力过低，吸气过热度偏大，一般是由于蒸发器供液不足造成的。

(2)蒸发器后部结霜，且吸气压力过低，但是吸气过热度并不太大，一般是由于蒸发器和压缩机性能不匹配，造成蒸发温度过低，管壁结霜。

同样的故障现象，原因可能并不相同。实际管理中，应认真观察，分析现象和运行数据，结合系统控制原理反复试验，仔细研究，才能准确找出故障原因，从而选择消除故障的正确方法。

评价反馈

方　式	项　　目
内容评价	1. 在对空调装置的有关故障进行描述时应注意哪些方面内容？ 2. 在对空调装置的有关故障进行分析时应从哪个角度切入？ 3. 在对空调装置的有关故障进行处理时应符合哪些原则？ 4. 针对空调装置的有关故障解决后应如何进行总结？
问题反馈	1. 请你判断对“有关空调装置的案例分析”情境内容的掌握程度。 2. 请你思考对“有关空调装置的案例分析”情境内容的学习方法。 3. 请你提出对“有关空调装置的案例分析”情境内容的改进意见。

附图一　R22 的压焓图

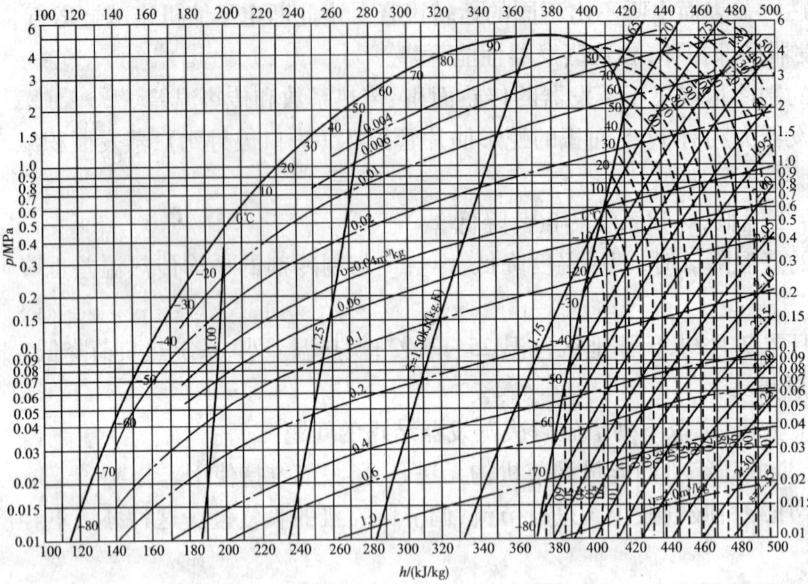

附图二　空气的焓湿图

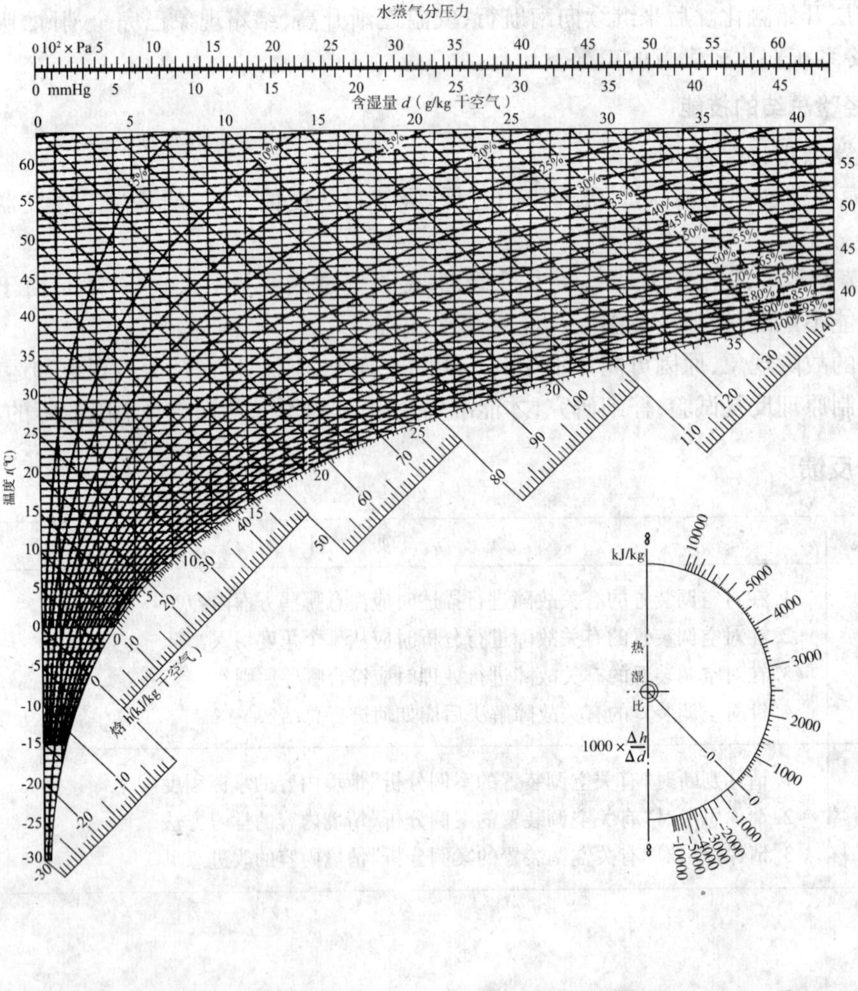

参考文献

[1] 曹德胜,史琳. 制冷剂使用手册. 北京:冶金工业出版社,2003
[2] 李宏毅,金磊. 建筑工程电气节能. 北京:中国电力出版社,2004
[3] 孙成宝,金哲. 现代节电技术与节电工程. 北京:中国水利水电出版社,2005
[4] 缪道平,吴业正. 制冷压缩机. 北京:机械工业出版社,2001
[5] 张祉佑. 制冷空调设备使用维修手册. 北京:机械工业出版社,1998
[6] 龙惟定. 建筑节能与建筑能效管理. 北京:中国建筑工业出版社,2005
[7] 刘卫华. 制冷空调新技术及进展. 北京:机械工业出版社,2005
[8] 章建民. 制冷机器. 北京:化学工业出版社,2000
[9] 张华俊. 制冷压缩机. 北京:科学出版社,1999
[10] 邢子文. 螺杆压缩机理论. 设计及应用. 北京:机械工业出版社,2000
[11] 中国标准出版社第四编辑室. 空气调节器标准汇编. 北京:中国标准出版社,1998
[12] 董天禄. 离心式/螺杆式制冷机组及应用. 北京:机械工业出版社,2002
[13] 韩宝琦,李树林. 制冷空调原理及应用(第二版). 北京:机械工业出版社,2002
[14] 尉迟斌. 实用制冷与空调工程手册. 北京:机械工业出版社,2003
[15] 雷霞. 制冷原理. 北京:机械工业出版社,2005
[16] 史绍华等. 从THH轮伙食冷库故障谈制冷系统的日常管理. 航海技术. 2003(3):48~49
[17] 魏安. 外平衡式热力膨胀阀顶杆填料密封不良故障分析. 航海技术. 2005(4):68~69
[18] 耿佳东. 从一例故障分析YORK空调控制系统. 航海技术. 2006(3):59~62
[19] 何昌伟. 从船舶空调蒸发器结霜故障分析. 航海技术. 2006(3):63~64